混凝土断裂力学

Fracture Mechanics of Concrete Materials and Structures

白植舟　马如进　区达光　编著

内 容 提 要

本书主要介绍了混凝土断裂力学现有的理论和模型，在此基础上对断裂现象的试验和数值进行了研究，主要涉及宏观的断裂理论和方法，并对微细观机理作了简要探讨。具体包括线弹性和弹塑性断裂力学简介、混凝土的微观结构和拉伸行为以及混凝土断裂模型等。书中同时介绍了作者关于混凝土断裂力学的部分研究成果，即考虑循环加载时混凝土结构断裂分析的旋转弥散裂缝法。

本书可作为高等院校土木工程专业研究生教材，也可供相关工程人员使用。

图书在版编目(CIP)数据

混凝土断裂力学 / 白植舟，马如进，区达光编著
.—上海：同济大学出版社，2020.7
ISBN 978-7-5608-9416-4

Ⅰ.①混… Ⅱ.①白… ②马… ③区… Ⅲ.①混凝土
—断裂力学 Ⅳ.①TU528

中国版本图书馆 CIP 数据核字(2020)第 132955 号

混凝土断裂力学

白植舟　马如进　区达光　**编著**

责任编辑 李　杰　**责任校对** 徐春莲　**封面设计** 张　微

出版发行　同济大学出版社　www.tongjipress.com.cn
(地址:上海市四平路 1239 号　邮编:200092　电话:021-65985622)
经　　销　全国各地新华书店
排　　版　南京文脉图文设计制作有限公司
印　　刷　常熟市华顺印刷有限公司
开　　本　787 mm×1092 mm　1/16
印　　张　10.75
字　　数　268 000
版　　次　2020 年 7 月第 1 版　2020 年 7 月第 1 次印刷
书　　号　ISBN 978-7-5608-9416-4

定　　价　49.00 元

前　　言

1954年1月10日，英国海外航空公司一架“彗星”I型客机(航班编号781)从意大利罗马起飞前往英国伦敦。该客机在起飞26分钟后，机身于空中解体坠入地中海，机上乘客和机组人员全部遇难。在该型客机停飞两个月之后，英国海外航空公司总裁宣称，经过灾难调查和维护，信誓旦旦保证该机型不会再出现问题。然而，复飞后不久，另一架“彗星”型客机也发生了同样的空中解体事故，在意大利那不勒斯附近海域坠毁。那一年，总共有3架“彗星”型客机先后在空中解体坠毁。

通过对事故的调查发现，“彗星”型客机采用的方形舷窗在多次起降后，在气压等荷载的反复作用下，方形舷窗的直角拐角处会出现应力集中导致的小裂缝并最终发生不稳定扩展，这是引发灾难事故的根源。后来，客机舷窗均改为圆形或大圆角设计，避免机身结构受力出现应力集中的现象，防止裂缝形成和失稳扩展产生灾难性断裂破坏。

现代客机舷窗

该灾难事件的调查和随后的研究促进了断裂力学学科的正式诞生和快速发展。1957年，美国科学家欧文(Irwin)提出“应力强度因子”概念，从此线弹性断裂力学的理论基础正式建立起来，断裂力学这门学科得以诞生。自断裂力学诞生并用于结构设计后，源于裂缝引发的灾难事故大大减少。因此，断裂力学是破解结构低应力破坏的金钥匙。

关于线弹性断裂理论的研究最早可以追溯到20世纪初(Inglis，1913；Griffith，1921)，线弹性和弹塑性断裂力学先后成功应用于脆性材料(如玻璃)和延性材料(如金属)。混凝土是一种介于脆性和延性之间的准脆性材料，同时也是一种典型的多相复合材料，线弹性和弹塑性断裂力学不能完全适用于混凝土断裂行为和规律的分析，而需要采用非线性断裂力学方法确定其断裂扩展机理和规律，并建立其独有的断裂准则。

1961年，Kaplan首次进行了混凝土断裂韧度的试验研究。20世纪70年代中期，混凝土断裂力学取得较大进展。随后，科学研究人员持续进行了大量的研究，使得混凝土断裂力学在梁柱结构、大坝结构中的应用也普遍起来。

混凝土断裂力学的研究在我国始于20世纪70年代末，源于湖南柘溪混凝土大头坝出现的严重断裂事故。为了给大坝安全评估和修复提供科学依据，国内学术界开始了混凝土断裂力学的研究，相关学者陆续发表了颇具影响的几篇论文(章全，1979；潘家铮，1980；于骁中，1980；徐世烺，1984)。

现有的混凝土断裂力学理论还不能算是一个完善的理论，相关研究依然在持续进行，并且正逐渐向细观、微观、纳观等精细化方向发展，从而使断裂力学有可能在根本理论上得到统一。本书介绍了混凝土断裂力学现有理论和模型，在此基础上对断裂现象的试验和数值进行了研究，主要介绍的是宏观的断裂理论和方法，并对微细观机理作了简要探讨。本书既可以作为高等教育研究生教材，也可作为该学科研究的入门资料。书中同时包括了作者关于混凝土断裂力学的部分研究成果，即考虑循环加载时混凝土结构断裂分析的旋转弥散裂缝法的介绍。

书中若有错误之处，可发送至邮箱 zzbai@tongji.edu.cn，敬请读者指正。

编　者

2019 年 11 月

目　录

第1章　绪　　论

1.1　混凝土作为一种材料

自19世纪中叶以来，混凝土以其优越的性能已成为当今世界上最大宗的建筑材料之一，其应用涵盖了整个土木工程领域(图1.1)。目前，广泛使用混凝土结构的工程领域有：建筑工程各类民用和公共建筑、单层和多层工业厂房，以及高层建筑；桥梁和交通工程上部结构、墩台、承台、桩基础和公路路面；水利工程的大坝、水电站、港口码头、海洋平台、蓄水池和输水管；地下工程中的隧道、地铁设施；某些特殊结构，例如电视塔、风塔、机场跑道、核反应堆的压力容器等。

(a) 中国港珠澳大桥

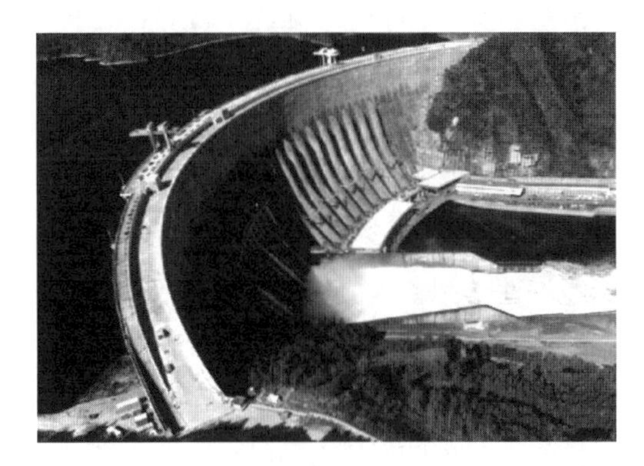

(b) 土耳其的Ilisu大坝

(c) 日本东京的晴空塔

(d) 英国伦敦奥林匹克体育馆

图1.1　混凝土在土木工程领域的广泛应用

正因为如此，许多高校和研究机构以及土木建筑类和材料类专业的学生都热情地投身到混凝土的研究之中。然而，混凝土看似简单，实则复杂。事实上，由于混凝土本质上并非是一种匀质材料，其组成和微观结构十分复杂，在许多问题上很难将其纳入一般材料科学的范畴去解决。

混凝土是以水泥为胶凝材料，与水、砂(细骨料)、石(粗骨料)按适当比例配合，并掺入一定量的化学外加剂和矿物掺合料，养护硬化而成的人造石材。当今世界混凝土生产中主要的水泥形式为硅酸盐水泥(即波特兰水泥，Portland Cement)。1824年，英国发明家约瑟夫・阿斯普丁(Joseph Aspdin)发明了波特兰水泥。波特兰水泥以石灰石和黏土为原料，按一定比例配合后，在类似于烧石灰的立窑内煅烧成熟料，再经磨细制成水泥。波特兰水泥制备的混凝土具有优良的性能，使得约瑟夫・阿斯普丁一举成为流芳百世的发明人。以波特兰水泥为基础生产的现代混凝土之所以能成为应用最广泛的工程材料，至少有下述一些主要原因。

首先，混凝土具有很好的抗水性。与木材和普通钢材不同，混凝土能很长时间经受水的作用而不会产生劣化，是一种建造控水、蓄水和输水结构物的理想材料。现在，素混凝土在大坝、渠道衬砌和路面的应用随处可见。

其次，新拌混凝土具有良好的流动性，能使材料流入预先制好的模板中，若干小时后，当混凝土凝结硬化成为坚硬的物质时，模板即可拆除并留待重新使用。混凝土这种良好的工作性，可浇筑制备出各式各样大小不同的混凝土结构构件。因此，几乎可以随心所欲地通过结构设计和模板定形，制备出形态各异的混凝土结构物及构件。混凝土的可塑性极强。

同其他材料相比，混凝土价格较低，容易就地取材，结构建成后的维护费用也较低，具有经济性。制备混凝土的主要成分骨料、水和硅酸盐水泥都相对便宜，并且在世界上大部分地区都能获得。同时，混凝土维护比钢材容易，混凝土不会发生锈蚀，具有更好的耐久性，不需要进行表面处理，并且通常强度还会随龄期增长而提高。而钢结构在近海环境中容易受到严重的腐蚀，需要高成本的表面处理和其他保护措施，使得维护和维修费用相当高。

抗火性突出也是混凝土相较于钢材的另一个优点。混凝土一般而言可有1～2小时的防火时效，不会像钢结构建筑那样在高温下很快软化造成坍塌，比起钢铁来说，混凝土抗火性能好。由于钢筋或钢丝束需要足够的混凝土保护层以满足结构构造要求，因此，混凝土结构同时还具有一定的抗火保护作用，使内部配筋免遭高温破坏。

1.2 混凝土的基本特点

1.2.1 多相性和非匀质性

混凝土是一种典型的复合材料，由水泥、细骨料、粗骨料、水及其掺和物拌和经过水化反应凝固而成。在细观尺度上，混凝土可以被认为是二相复合材料，即可分解为基相和分散相(或称为增强相)。对于水泥浆、砂浆和混凝土,基相分别为水化水泥、水泥浆和砂浆,而相应的分散相分别为未水化水泥、细骨料和粗骨料。需要指出的是,如第 3 章 3.1 节所述,实际上通常将砂浆和骨料的交界面作为一个相,从而将混凝土视为三相结构。

混凝土的这种多相性造就了混凝土的非匀质性。另外,施工因素也会加剧混凝土的非匀质性。例如,浇筑和振捣过程中,比重和颗粒较大的骨料易沉入构件的底部,而比重较小的骨料、水泥砂浆和气泡易上升到构件的顶部;由于模板边界效应的影响,靠近构件模板的混凝土表层其水泥砂浆和气孔含量通常比内部多。

混凝土材料非匀质性的严重程度,首先取决于原材料的组成,同时还会受到制作过程中施工操作和管理的影响,这种非匀质性的直接结果将会影响混凝土材料性能的离散程度。

1.2.2 多孔性

混凝土另外一个重要的特征是其内部存在大量的内部孔隙(Shah, 1995),这些孔隙的尺寸可以覆盖纳米级到毫米级范围。孔隙可包括水泥中的毛细孔和气孔、基相-集料界面处(即界面过渡区)的缝隙,以及收缩引起的微裂缝。孔隙尖端附近因收缩、温度变化或应力作用都会形成局部应力集中区,其应力分布复杂。

孔隙在某种意义上对材料而言是一种缺陷,而这些缺陷的存在对混凝土断裂行为扮演着重要的角色,它们对混凝土的力学特性有重要的影响。这些缺陷引发混凝土宏观裂缝的尖端产生微裂缝区,称为亚临界裂缝,导致混凝土材料裂缝扩展产生准脆性(渐进性)效应。在出现宏观裂缝之前,众多亚临界裂缝首先会不断独立发展,直到最终相互贯通表现为宏观裂缝。混凝土裂缝尖端亚临界裂缝的发展区域通常被称为断裂过程区(Fracture Process Zone, FPZ)、损伤过程区或渐进性裂缝发展区,这是混凝土这种复杂复合材料断裂的一个独特现象。

这些都说明,混凝土微观上必然是一个非常复杂的、随机分布的三维应力(应变)状态,对混凝土的宏观力学性能,如开裂、裂缝开展、变形、极限强度和破坏形态,都有重大影响。

混凝土材料内部孔隙和缺陷分布也具有随机性。然而,若能确切地找到混凝土材料内部原始裂缝或缺陷的分布函数,或许可借由统计性描述混凝土破坏过程向定量描述混凝土破坏过程前进一大步,使描述混凝土的破坏过程和机理能够数学化。

1.2.3 时变性

混凝土拌和后,水泥浆经过一系列水化反应后发生硬化。这种水化反应在初期进展很快,数小时之后混凝土便能初凝成型,之后水化反应逐渐变慢,甚至数十年之后,混凝土内部依然在进行着这种缓慢的水化反应。因而混凝土性能将随着时间的推移而发生变化,存在时变性。通常混凝土强度和弹性模量会随着时间的推移逐渐增大。

环境温度和湿度的变化也将在混凝土内部形成变化的、不均匀的温度场和湿度场,影响水泥水化作用的速度,产生相应的应力场和变形场,促使内部微裂缝发展,甚至形成表面宏观裂缝。而环境介质中的二氧化碳气体与水泥的化学成分作用,在混凝土表面附近形成碳化层，且逐渐增厚，将降低混凝土的孔隙率，对混凝土强度也有提升作用。

混凝土材料还存在与时间相关的徐变收缩特性。徐变，即混凝土结构在不变荷载的作用下，变形随着时间增加的一种蠕变性。徐变的产生与混凝土内部微小的毛细孔水在应力作用下的流失有内在关联。

混凝土的上述材料特点，即多相性、多孔性、时变性决定了其力学性能的复杂、多变和离散，还由于混凝土原材料的性质和组成的差别很大，从微观的定量分析出发，通过理论和试验研究解决混凝土的诸多性能问题，目前还缺乏令人满意的完整和完善的理论。

1.3 混凝土的断裂和传统强度破坏理论

混凝土作为一种材料，在空间各种简单或复杂应力作用下，存在宏观表象上不同的破坏现象，有拉裂破坏、压溃破坏、剪切破坏等不同表现形式。

传统的强度破坏理论包括：

(1) 最大拉应力强度准则。按照这个强度准则，混凝土材料中任一点的主拉力达到单轴抗拉强度时，材料即达到破坏。

(2) 莫尔-库仑强度准则。按照这个强度准则，当某一截面上的剪切应力达到剪切强度极限值时，混凝土材料即达到破坏，但剪切强度与面上的正应力有关。

(3) Tresca 强度准则。Tresca 提出，当混凝土材料中一点应力达到最大剪应力的临界值 K 时，混凝土材料即达到极限强度，如式(1.1)所示。

$$\max\left[\frac{1}{2}(\sigma_1-\sigma_2),\ \frac{1}{2}(\sigma_1-\sigma_3),\ \frac{1}{2}(\sigma_2-\sigma_3)\right]=K \tag{1.1}$$

(4) Von Mises 强度准则。按照这个强度准则，当混凝土材料中一点应力达到最大剪应力的临界值 K 时，混凝土材料即达到极限强度，如式(1.2)所示。

$$\sqrt{(\sigma_1-\sigma_2)^2+(\sigma_2-\sigma_3)^2+(\sigma_3-\sigma_1)^2}=K \tag{1.2}$$

除此之外，还有 Ottosen 强度准则、Reimann 强度准则、Hsich-Ting-Chen 四参数强度准则等。

上述传统的强度准则都是以均质连续介质假定为基础的，工程实践和试验表明，在构件没有宏观裂缝的情况下，这些传统的强度准则在一定程度上具有可行性。但是一旦结构出现宏观裂缝，裂缝将如何扩展，对于这一类问题，传统的强度理论是无能为力的。

另外，更深入的研究表明，混凝土不同破坏现象的深层原因均是由于混凝土内部先天存在的大小不同的微裂缝引起，这些内部众多的微裂缝在荷载作用过程中不断扩展汇合，是混凝土宏观断裂和解体破坏的深层机理。显然，传统强度理论无法考虑这种先天的微裂缝带来的影响。实际上，正如本书第 2 章线弹性断裂力学中所述，这些先天裂缝在一定程度上将产生强度的尺寸效应。

与均质连续介质不同的是,混凝土的破坏往往可以表现为三个不同的阶段:第一阶段通常为砂浆和骨料结合面的破坏,此时结合面开始出现较为严重的微裂缝扩展现象,众多的微裂缝开始稳定、缓慢地发展。在此之前,可以认为混凝土具有弹性性质。第二阶段往往是砂浆的破坏,此时由于结合面上的裂缝开始扩展汇合进入砂浆,使得硬化水泥浆内部裂缝开始稳定、缓慢地发展。在这个阶段,荷载和变形出现非线性关系。第三阶段,也就是裂缝扩展的最后一个阶段,此时,内部的裂缝迅速汇合失稳扩展,使得材料完全不能再承受更大的荷载,此时最终所能承受的最大应力即是传统上所称的混凝土极限强度。

由于传统的强度理论只能在构件未出现宏观裂缝,且基本满足均质连续介质的范围内应用。因此,当构件内存在先天的微裂缝以及出现宏观裂缝时就要用相应的新理论来处理,而这正是断裂力学所要研究的内容之一。

1.4 研究意义

断裂力学以固体为基本研究对象,处理裂缝尖端的材料行为、状态以及裂缝的扩展机理、规律和模拟方法。与传统强度理论不同的是,在最早的线弹性断裂力学研究中发现,对于线弹性材料,裂缝尖端存在应力奇异性问题,而这种问题靠传统强度理论已经很难解释和描述。因此,Irwin(1957)提出了另外一种用于断裂准则的"应力强度因子"的概念,从此"线弹性断裂力学"学科正式诞生。在此之前,Griffith(1921)提出的"能量释放率"的概念也解释了玻璃类材料强度随着构件增大而减小的现象。后面的研究证实,"应力强度因子"与"能量释放率"实际上存在一种等效转换关系。

"线弹性断裂力学"和"弹塑性断裂力学"在过去70多年中已经取得了较完善的发展,并且较成功地应用于脆性材料(如玻璃)和延性金属结构。然而,有一种土木工程材料,即混凝土,如上所述,具有特殊的材料属性,需要采用有所区别的可称之为"非线性断裂力学"的方法。

在混凝土工程领域中,经常发生源于断裂及其失稳扩展造成的灾难性破坏。如地震引起的地质结构和工程结构的垮塌,冲击动力荷载引起的桥梁结构的破坏。这些事故对人类的财产和生命安全造成了重大损失。因此,混凝土断裂力学的研究具有重要的理论意义和应用前景。

1960—1970年期间,一些试验和数值研究表明,"线弹性断裂力学"的经典公式不能应用于一般尺寸的混凝土构件。"线弹性断裂力学"不适用的原因,是由于混凝土裂缝尖端存在较大及变化尺寸的断裂过程区。"弹塑性断裂力学"也不适用的原因,则是由于混凝土并非一种理想延性材料。实际上,混凝土表现出一种介于脆性和延性之间的应力软化行为(图1.2)。如果考虑混凝土材料的软化行为,研究发现,已有的"线弹性断裂力学"和"弹塑性断裂力学"理论经过一定的扩展或改进后,依然可以作为分析混凝土中裂缝局域弥散式发展的有力工具。

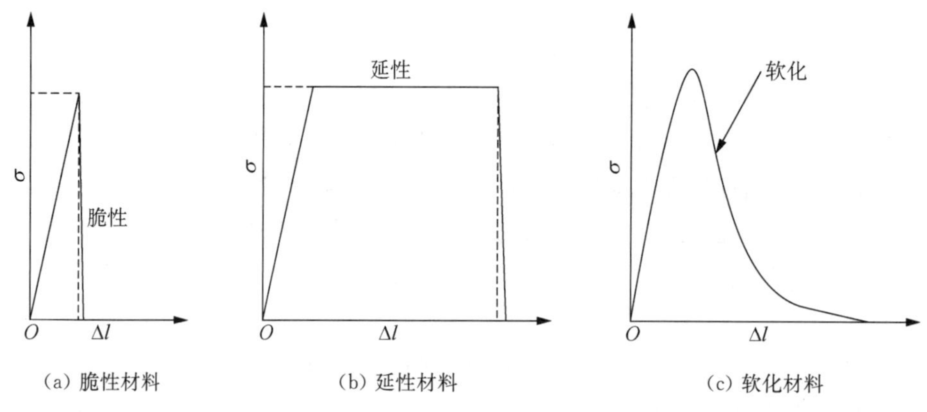

(a) 脆性材料　　(b) 延性材料　　(c) 软化材料

图 1.2　拉伸作用下不同类型材料的应力-位移关系

虽然并未采用断裂力学相关概念,混凝土结构已经按照行业规范成功设计和建造,所以似乎没有必要改变目前的设计原则,然而,现行设计规范中缺乏对混凝土裂缝发展和生长的完善准则。由于混凝土存在材料软化行为,断裂塑性较并不出现在整体区域,而表现出局域化;其他宏观强度破坏理论暂时还无法得到后峰下降段的响应信息,不能获取完整的荷载-挠度曲线和能量吸收情况,而断裂力学理论可以有效地解决这一问题。

另外,混凝土结构表现出尺寸效应源于多种原因,包括边界层或墙面效应、裂缝表面的断裂属性等(Bažant 和 Planas, 1998)。其中有一种最重要的尺寸效应是由于将结构主体积累的应变能释放到断裂表面能中,这种尺寸效应与结构中存在的最大尺度缺陷息息相关(即断裂力学的尺寸效应)。这种尺寸效应可以很容易地使用断裂力学原理进行解释和建模。除以上所述外,通过断裂力学概念还能定量得到材料的脆性指标,该参数可用于衡量混凝土的延性,从而在结构设计中可以实现更统一的安全系数。

因此,探索将断裂力学概念引入设计实践的可能性,已在世界各地的研究人员和专业人士中间出现并形成了一致的共识。有充分的理由相信,混凝土结构设计的新变革有可能源于断裂力学参数的引入。

对于断裂力学概念在混凝土结构设计中的实际工程应用,专业人士总是希望在结构分析时进行某种程度的简化。通常而言,基于数值方法的非线性断裂模型在机器计算中涉及相对较多,但比较费时。基于修正线弹性断裂力学的断裂模型的计算效率相对较高,但精度偏低。不过,基于断裂过程带黏聚应力分布的双 K 断裂模型和 K_R 曲线法,在试验中不需要闭环测试系统(即循环加卸载系统),就能够预测更多的断裂参数。准确地说,它们可以预测裂缝发展过程的重要阶段,如裂缝的萌生、稳定扩展和不稳定断裂。此外,通过使用 K_R 曲线方法,可以分析完整的断裂过程。然而,断裂模型的计算方法,尤其是双 K 断裂模型和 K_R 曲线法,由于在积分边界处存在奇异性问题,需要特殊的数值处理技术。为了避免这种情况,Xu 和 Reinhardt(2000)提出了一种简化的方法,即使用两个经验关系式来确定双 K 断裂参数。根据 Xu 和 Reinhardt(1999a, b)试验研究的结果来看,双 K 断裂参数几乎与试件尺寸无关,从某种意义上可以说是材料的一种固有属性。

导致现有断裂参数不能广泛应用于设计实践中的主要原因之一可能是混凝土断裂参数受

众多因素的影响,包括混凝土的软化函数、混凝土强度、试件尺寸、试件形状、几何因素(例如切口长度的相对尺寸)以及加载条件。因此,混凝土断裂力学依然亟待更统一完善的理论。

1.5 本书主要内容

大约在 20 世纪 70 年代末期,混凝土材料包含拉伸软化的本构模型在试验中获得并得到了实际应用。紧接着,Hillerborg(1976)利用非线性断裂力学,提出了一种开创性的方法,发展出了基于黏聚裂缝模型的虚拟裂缝法(Dugdale, 1960; Barenblatt, 1962),一种基于有限元的数值模拟方法,并首先应用于素混凝土梁的裂缝扩展研究。此后,大量混凝土断裂模型被提出并用于预测混凝土材料的非线性断裂行为。

其他非线性模型还包括断裂带模型(Bažant 和 Oh, 1983),两参数断裂模型(Jenq 和 Shah, 1985),尺寸效应模型(Bažant, 1984; Bažant 等,1986),等效裂缝模型(Nallathambi 和 Karihaloo, 1986),基于黏聚力的 K_R 曲线法(Xu 和 Reinhardt, 1998, 1999a),双 K 断裂模型(Xu 和 Reinhardt, 1999a)和双 G 断裂模型(Xu 和 Zhang, 2008)等。概括而言,黏聚裂缝模型和断裂带模型用于有限元和边界元技术等数值模拟方法,而其他模型则是线弹性断裂力学概念基础上的修正形式。

本书主要介绍了使用上述各种断裂模型对混凝土类材料的裂缝萌生及裂缝扩展在宏观尺度上的研究方法和结果,共包括 9 个章节。

第 1 章对混凝土断裂力学进行概述,介绍本书的主要内容。

第 2 章对线弹性和弹塑性断裂力学进行扼要介绍,阐述了线弹性断裂力学对材料强度尺寸效应机理的解释,对采用线弹性断裂力学对混凝土断裂的早期研究进行了综述。

第 3 章介绍了混凝土的微观结构以及混凝土的拉伸断裂行为,并介绍了几种主要的软化函数。

第 4 章介绍了一种可用于计算外荷载产生的应力强度因子的高效方法,即权函数法,其可避免使用繁琐的有限元模型。该方法在双 K 断裂模型和 K_R 曲线法中有所应用。

第 5 章介绍了几种经典的混凝土等效弹性断裂模型,即将混凝土非线性断裂属性,经过某种等效之后,采用线弹性断裂力学(LEFM)的方法描述断裂特性,包括两参数断裂模型(TPFM)、尺寸效应模型(SEM)和等效裂缝模型(ECM)。

第 6 章介绍了双 K 断裂模型(DKFM)。相较于第 5 章介绍的等效弹性模型,这种模型的优点是可以描述混凝土断裂的起裂、裂缝缓慢稳定扩展和失稳扩展三个不同阶段。此外还介绍了确定双 K 断裂参数的解析法、简化法和权函数法。

第 7 章进一步对比讨论两参数断裂模型(TPFM)、尺寸效应模型(SEM)、等效裂缝模型(ECM)和双 K 断裂模型(DKFM)。

第 8 章介绍基于黏聚应力分布的裂缝扩展 K_R 阻力曲线法以及求解 K_R 阻力曲线的解析法和权函数法,并采用数值仿真技术对 K_R 阻力曲线进行了数值研究。

第 9 章介绍混凝土断裂分析的数值模型,包括黏聚裂缝模型(或称虚拟裂缝模型)、裂缝带模型(或称弥散裂缝模型),以及考虑循环加载的改进旋转弥散裂缝模型。

第 2 章　线弹性和弹塑性断裂力学简介

2.1　线弹性断裂力学

裂缝的基本形态可分为张开型、划开型和撕开型三种（图 2.1），裂缝的扩展也可能是这三种形态的复合模式。

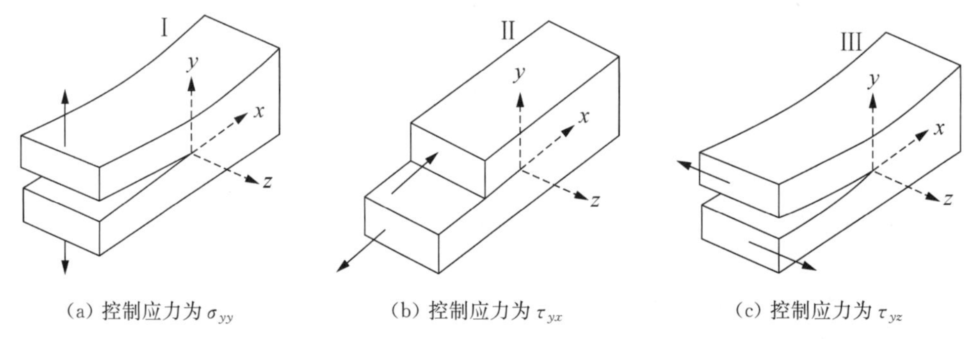

(a) 控制应力为 σ_{yy}　(b) 控制应力为 τ_{yx}　(c) 控制应力为 τ_{yz}

图 2.1　裂缝的三种基本形态：(a) Ⅰ型（张开型）；(b) Ⅱ型（滑开型，或面内剪切型）；(c) Ⅲ型（撕开型，或反平面剪切型）

线弹性断裂力学（Linear Elastic Fracture Mecachins，LEFM）研究理想脆性材料裂缝尖端材料行为、扩展准则和规律，其发展起源可以追溯到 20 世纪初。当时，Inglis（图 2.2）发表了一项在外边界加载的无限长线弹性板中的椭圆形孔应力分析的开创性研究工作，模拟了类似裂缝的非连续性，通过使短轴远小于长轴，可在裂缝尖端观察到应力奇异点（即无限应力集中）。之后，Griffith（1921）提出了一种基于能量准则的新方法，至此，这一领域的研究得以正式发展。从那时起，又经过了四十多年的时间，Irwin（1957）提出“应力强度因子”的概念后，线弹性断裂力学这门学科正式诞生。

图 2.2　Inglis

1913 年，Inglis 发表了基于弹性力学分析得到的一个两端受均匀应力且含有椭圆形孔的薄板（即平面应力问题）的位移场和应力场解析解。由于假设椭圆孔相对于薄板尺寸可以忽略，因此可以认为薄板为无限大（图 2.3）。Inglis 根据之前的研究得出，最大应力将发生在椭圆的 A 点，其大

小为

$$\sigma_{\max}=\sigma_{A}=\sigma\left(1+\frac{2a}{b}\right) \tag{2.1}$$

根据该结果，可以知道，椭圆的 A 点将存在应力集中现象，而应力集中的程度和椭圆的两个主轴长度比成正比关系。当 b 趋向于无穷小时，A 点应力将趋向于无穷大；而当 a 趋向于无穷小时，该微小椭圆孔对无限板的应力不产生任何影响。可见，当 a 趋向于无穷小时，A 点的应力存在奇异现象。而裂缝尖端的力学行为与这种情况有类似之处。

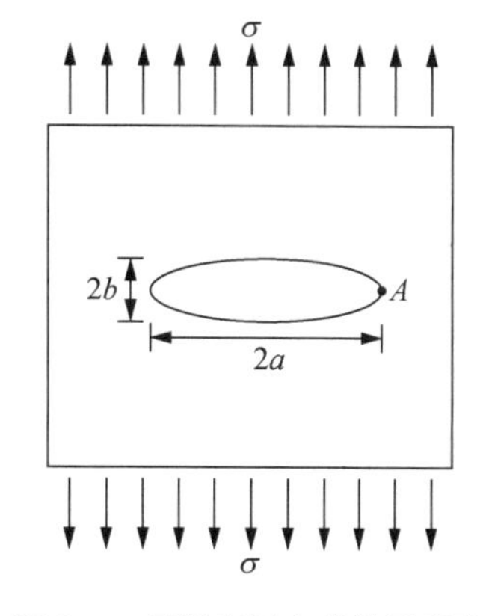

图 2.3　无限宽板中的椭圆形孔

2.1.1　能量释放率

根据晶体材料的理论强度公式：

$$\sigma_{\text{theory}}=\sqrt{\frac{E\gamma}{\beta}} \tag{2.2}$$

式中，E 为材料弹性模量；γ 为表面能密度；β 为晶体材料的晶格间距。

按照式(2.2)，玻璃的理论强度应该可以达到 1 000 MPa 以上。这与当时试验得到的强度 100 MPa 相差极大，令研究人员十分困惑。

Griffith 开展的试验还发现，随着玻璃纤维直径减小，断裂应力将增加，强度表现出了尺寸效应。通过试验观察到，小的缺陷对材料性能的损伤作用比大的缺陷小得多。这在理论上让人困惑，因为根据当时所用的断裂判据预测，如果这些缺陷在几何上相似，如图 2.3 和式(2.1)所示例子，那么这些缺陷引起的应力集中程度应该是一样的，而与缺陷的大小无关。因而按照经典的强度理论，不管缺陷的大小如何，它们对强度的影响应该是一样的，这与试验观察到的结果并不一致。

为了解释缺陷尺寸对宏观断裂强度的影响，Griffith 创新性地提出了一种基于能量平衡的方法，这种方法不仅基于外荷载的势能与储存的弹性应变能，而且还基于断裂表面能，用来解释缺陷的尺寸效应。这种断裂表面能与断裂过程中产生的新鲜表面有关。Griffith 的方法将图 2.3 中的椭圆短边设为 0，得到 Griffith 裂缝，如图 2.4 所示，为方便讨论，此处假设板为单位厚度(即板厚 $B=1$)。

如图 2.4(b)所示，对于不同的裂缝长度，在裂缝长度不变的前提下，对于线弹性体，力 P 和对应的位移 Δx 成正比关系。当裂缝长度由 $2a$ 变为 $2a+\Delta a$ 时，系统刚度将降低，位移 Δx 将变为 $\Delta x+d\Delta x$。由图可知，前后两种情况下弹性体系的应变能增量为 $0.5P\Delta x$，而该过程中外力所做的功为 $P\Delta x$。也就是说，外荷载所做的功是应变能增量的 2 倍。Griffith 创新性地认为，与增加的应变能相等的另外一半功将被用于克服裂缝扩展产生的新表面所需的断裂表面能。由于裂缝扩展，在该过程中与结构增加的弹性应变能相等的外力功的一半，将从应变能释放成为新增的断裂表面能。

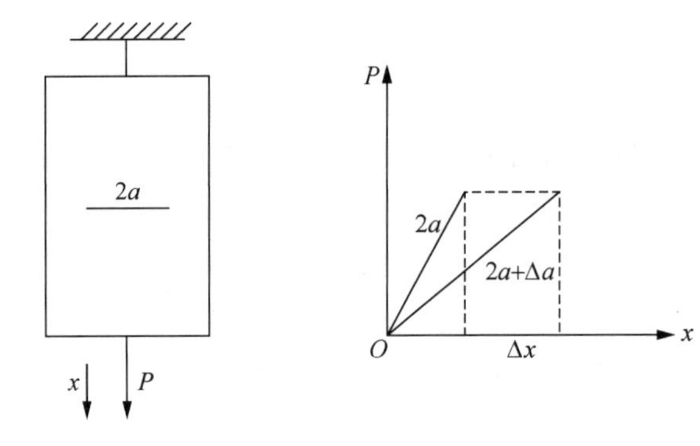

(a) 裂缝长度为 $2a$ 的无限宽板　　(b) 荷载-位移图

图 2.4　Griffith 提出的能量释放率概念

裂缝延长过程中，断裂表面能的增量为 $4a\gamma$（注意，裂缝长度为 $2a$，应包括裂缝的上、下两个表面）。Griffith(1921)采用 Inglis(1913)的研究成果并进一步推导得到：两端受均匀应力的平板中一条椭圆形裂缝引起的应变能变化为 $\frac{\pi a^2\sigma^2}{E}$。因此，外荷载做功为 $\frac{2\pi a^2\sigma^2}{E}$。因裂缝的引入导致系统的能量变化为

$$\Pi = U_{\text{cracked}} - U_{\text{uncracked}} = \left(\frac{\pi a^2\sigma^2}{E} + 4a\gamma\right) - \frac{2\pi a^2\sigma^2}{E} = 4a\gamma - \frac{\pi a^2\sigma^2}{E} \tag{2.3}$$

根据虚位移原理，当无限板中已经存在裂缝长度 $2a$ 时，裂缝不会扩展的稳定条件为

$$\frac{\partial \Pi}{\partial a} = \frac{\partial\left(4a\gamma - \frac{\pi a^2\sigma^2}{E}\right)}{\partial a} = 4\gamma - \frac{2\pi a\sigma^2}{E} \geqslant 0 \tag{2.4a}$$

$$2\gamma \geqslant \frac{\pi a\sigma^2}{E} \tag{2.4b}$$

即当裂缝扩展单位长度所释放的应变能 $\frac{\pi a\sigma^2}{E}$ 大于形成新断裂自由表面所需要的断裂能 2γ 时，该裂缝长度 $2a$ 所处状态是不稳定的，裂缝将扩展。由式(2.4)可知，如果给定裂缝长度 $2a$，当 $\frac{\partial \Pi}{\partial a}=0$ 时，得到裂缝处于扩展的临界应力（平面应力）为

$$\sigma_c = \sqrt{\frac{2E\gamma}{\pi a}} \tag{2.5}$$

在满足裂缝扩展的前提下，裂缝稳定扩展的条件为 $\frac{\partial^2 \Pi}{\partial a^2} > 0$，裂缝失稳扩展的条件为

$\frac{\partial^2 \Pi}{\partial a^2}<0$，$\frac{\partial^2 \Pi}{\partial a^2}=0$ 则为临界状态。对于本算例，$\frac{\partial^2 \Pi}{\partial a^2}=-\frac{2\pi\sigma^2}{E}<0$。因此，裂缝如果扩展，总是不稳定的扩展，即一旦裂缝扩展，将导致裂缝贯穿无限平板。因此，式(2.5)即为有缺陷情况下的宏观抗拉强度。

式(2.5)意义重大，因为它将缺陷尺寸 $2a$ 与材料的抗拉强度联系起来。它预测小的缺陷比大的缺陷对材料的损伤作用要小，这与试验观察到的结果一致。Griffith 的工作为线弹性断裂力学的创立和发展开拓了道路，尽管他的工作最初也被忽视了许多年。

Griffith 提出的断裂能实际上为克服分子键所需要的能量，而非仅仅热力学意义上的表面能。因此，Irwin 提出应该测定材料在断裂试验中的特征表面能，而不是使用热力学表面能。他引入 G_c 变量作为增加单位裂缝面积所需要做的功，也称为临界能量释放率。G_c 一般可采用形状简单的试件通过试验来确定。一旦材料的 G_c 值已知，假定它是一种材料性能，通过一定的方法可以确定一条给定的裂缝在任何其他加载条件下会不会扩展。这个方法的过程很简单：计算每增加单位面积的裂缝所释放的能量 G，如果这个能量释放率低于临界能量释放率 $G<G_c$，则裂缝不会扩展；相反，如果 $G>G_c$，则裂缝会扩展。对于能量释放率与临界能量释放率相等的特殊情形 $G=G_c$，裂缝处于临界的平衡状态。

以上为方便分析得到简单的解析解[式(2.5)]，假设无限板两端受均布应力作用，当假定临界能量释放率 G_c 作为材料的一种固定属性时，则与外荷载的形式无关。因此，为了计算和测试 G_c，则无须采用均布应力。为方便起见，采用一个集中力，说明如何计算 G_c 值。依然考虑图 2.4 所示的平板，板厚度为 B，这时可用裂缝长度的增加量 Δa 来得到释放的能量：

$$GB\Delta a=P\Delta x-\Delta U_e \tag{2.6}$$

式中，ΔU_e 是裂缝长度增加 Δa 所引起的弹性应变能变化，以微分的形式可表达为

$$GB=P\frac{\mathrm{d}x}{\mathrm{d}a}-\frac{\mathrm{d}U_e}{\mathrm{d}a} \tag{2.7}$$

引入柔度 $c=\frac{x}{P}$，则应变能 U_e 为

$$U_e=\frac{cP^2}{2} \tag{2.8}$$

$$GB=P\frac{\mathrm{d}(cP)}{\mathrm{d}a}-\frac{\mathrm{d}\left(\frac{cP^2}{2}\right)}{\mathrm{d}a} \tag{2.9}$$

得到：

$$G=\frac{P^2}{2B}\frac{\mathrm{d}c}{\mathrm{d}a} \tag{2.10}$$

因此,对于一个给定的试件形状,当柔度与裂缝长度的关系已经获得时,临界能量释放率 G_c 可通过记录断裂时的荷载确定。

【例 2.1】 计算如图 2.5 所示的双悬臂梁的能量释放率。另外,分析在荷载控制和位移控制条件下裂缝在其自身平面内的稳定性。忽略剪切挠度。

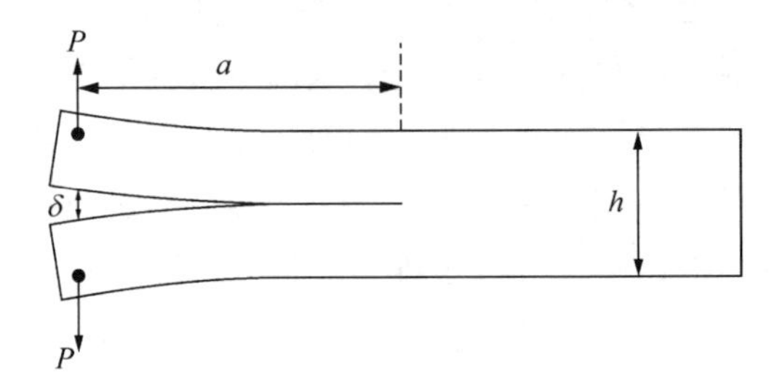

图 2.5 算例

采用简支梁理论容易得到每根悬臂梁的挠度:

$$\frac{\delta}{2}=\frac{Pa^3}{3EI} \tag{2.11}$$

式中, E 为弹性模量; I 为惯性矩, $I=\frac{1}{12}B\left(\frac{h}{2}\right)^3$。

因此,柔度由下式给出:

$$c=\frac{\delta}{P}=\frac{2a^3}{3EI} \tag{2.12}$$

能量释放率为

$$\text{荷载加载模式下:}\ G=\frac{P^2}{2B}\frac{\mathrm{d}c}{\mathrm{d}a}=\frac{P^2a^2}{BEI} \tag{2.13a}$$

$$\text{位移加载模式下:}\ G=\frac{9EI\delta^2}{4a^4B} \tag{2.13b}$$

在荷载控制条件下,有 $\frac{\partial G}{\partial a}=\frac{2P^2a}{BEI}>0$,因此在荷载控制条件下,随着裂缝的扩展,能量释放率在增加,裂缝将失稳扩展。

在位移控制条件下,有 $\frac{\partial G}{\partial a}=-\frac{9EI\delta^2}{a^5B}<0$,因此在位移控制条件下,随着裂缝的扩展,能量释放率在降低,裂缝将稳定扩展。

2.1.2 应力强度因子

应力强度因子是线弹性断裂力学里面一个十分重要的概念。Inglis(1913)的研究表明,裂缝尖端附近的应力场具有奇异性。基于已有的数学原理(Westergaard, 1939),一系列线弹性裂缝应力场理论得到了发展(Irwin, 1957)。研究发现,裂缝尖端附近的应力与裂缝尖端半径 r 的平方根成比例地减小($r \ll a$, a 为裂缝长度)。在开裂体中,该奇异性独立于边界条件、几何形状及荷载。

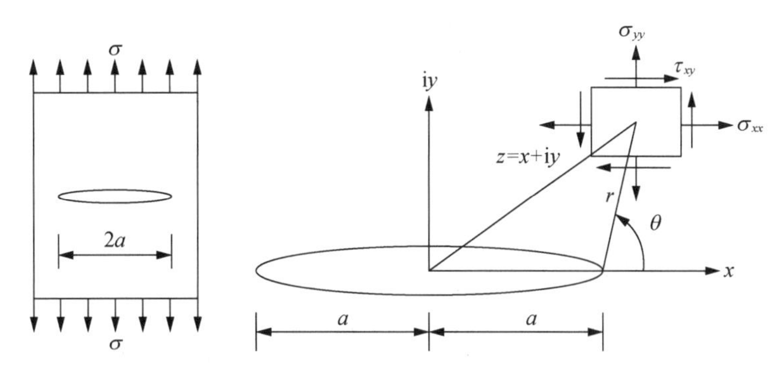

图 2.6　极坐标表示的Ⅰ型裂缝尖端的应力场

两端受均匀应力的无限宽板的Ⅰ型裂缝尖端附近的应力和位移如图 2.6 所示(Irwin, 1957),由式(2.14)和式(2.15)给出(Irwin, 1957)。采用以原点位于裂缝尖端的极坐标,其中半径坐标为 r,角坐标为 θ, ν 为泊松比。

Ⅰ型裂缝尖端应力场:

$$\begin{cases}\sigma_{xx}=\dfrac{K_{\mathrm{I}}}{\sqrt{2\pi r}}\cos\dfrac{\theta}{2}\left(1-\sin\dfrac{\theta}{2}\sin\dfrac{3\theta}{2}\right)\\ \sigma_{yy}=\dfrac{K_{\mathrm{I}}}{\sqrt{2\pi r}}\cos\dfrac{\theta}{2}\left(1+\sin\dfrac{\theta}{2}\sin\dfrac{3\theta}{2}\right)\\ \tau_{xy}=\dfrac{K_{\mathrm{I}}}{\sqrt{2\pi r}}\cos\dfrac{\theta}{2}\sin\dfrac{\theta}{2}\cos\dfrac{3\theta}{2}\end{cases}\tag{2.14}$$

Ⅰ型裂缝尖端位移场:

$$\begin{cases}u=\dfrac{K_{\mathrm{I}}(1+\nu)}{E}\sqrt{\dfrac{r}{2\pi}}\cos\dfrac{\theta}{2}\left(k-1+2\sin^2\dfrac{\theta}{2}\right)\\ v=\dfrac{K_{\mathrm{I}}(1+\nu)}{E}\sqrt{\dfrac{r}{2\pi}}\sin\dfrac{\theta}{2}\left(k+1-2\cos^2\dfrac{\theta}{2}\right)\end{cases}\tag{2.15}$$

$$k=\begin{cases}\dfrac{3-\nu}{1+\nu}, & \text{平面应力}\\ 3-4\nu, & \text{平面应变}\end{cases}\tag{2.16}$$

K_{I} 称为Ⅰ型裂缝的应力强度因子(Shear Intencity Factor, SIF)。同样可以写出Ⅱ型和Ⅲ型破坏条件下的应力和位移的类似表达式,它们的应力强度因子分别用 K_{II} 和 K_{III} 表示。

Ⅱ型裂缝为无限宽板,无限远处受平面内的剪切力作用(图 2.7)。Ⅱ型裂缝尖端应力场：

$$\begin{cases}\sigma_{xx}=-\dfrac{K_{\mathrm{II}}}{\sqrt{2\pi r}}\cos\dfrac{\theta}{2}\sin\dfrac{\theta}{2}\left(2+\cos\dfrac{\theta}{2}\cos\dfrac{3\theta}{2}\right)\\ \sigma_{yy}=\dfrac{K_{\mathrm{II}}}{\sqrt{2\pi r}}\cos^2\dfrac{\theta}{2}\sin\dfrac{\theta}{2}\cos\dfrac{3\theta}{2}\\ \tau_{xy}=\dfrac{K_{\mathrm{II}}}{\sqrt{2\pi r}}\cos^2\dfrac{\theta}{2}\left(1-\sin\dfrac{\theta}{2}\sin\dfrac{3\theta}{2}\right)\end{cases}\tag{2.17}$$

Ⅱ型裂缝尖端位移场：

$$\begin{cases}u=\dfrac{K_{\mathrm{II}}(1+\nu)}{E}\sqrt{\dfrac{r}{2\pi}}\sin\dfrac{\theta}{2}\left(k+1+2\cos^2\dfrac{\theta}{2}\right)\\ v=-\dfrac{K_{\mathrm{II}}(1+\nu)}{E}\sqrt{\dfrac{r}{2\pi}}\cos\dfrac{\theta}{2}\left(k-1-2\sin^2\dfrac{\theta}{2}\right)\end{cases}\tag{2.18}$$

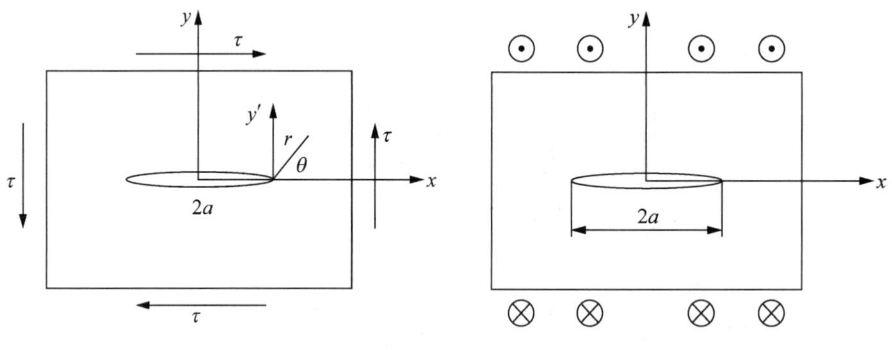

图 2.7　Ⅱ型裂缝受力条件　　图 2.8　Ⅲ型裂缝受力条件

Ⅲ型裂缝为无限宽板，无限远处受与平面方向垂直的剪切力作用(图 2.8)。Ⅲ型裂缝尖端应力场：

$$\begin{cases}\tau_{xz}=-\dfrac{K_{\mathrm{III}}}{\sqrt{2\pi r}}\sin\dfrac{\theta}{2}\\ \tau_{yz}=\dfrac{K_{\mathrm{III}}}{\sqrt{2\pi r}}\cos\dfrac{\theta}{2}\end{cases}\tag{2.19}$$

Ⅲ型裂缝尖端位移场：

$$\begin{cases}u=\dfrac{K_{\mathrm{III}}(1+\nu)}{2E}\sqrt{\dfrac{r}{2\pi}}\left[(2k+3)\sin\dfrac{\theta}{2}+\sin\dfrac{3\theta}{2}\right]\\ v=-\dfrac{K_{\mathrm{III}}(1+\nu)}{2E}\sqrt{\dfrac{r}{2\pi}}\left[(2k-2)\cos\dfrac{\theta}{2}+\cos\dfrac{3\theta}{2}\right]\end{cases}\tag{2.20}$$

上述三种裂缝应力场和位移场表达式，虽然是根据含有裂缝的无限宽板在均布应力条件下获得，但有研究表明，这些解具有普遍性。也就是说，对于其他有限尺寸板的裂缝，在非均匀受力条件下，裂缝尖端附近的应力场表达式是相同的。其不同之处在于，应力场强度因子和结构形状、荷载、边界条件相关联。

需要指出的是，“应力强度因子”与“应力集中系数”两者完全不同，后者用于表征几何不连续处实际应力与平均(或名义)应力之间的比值，而应力强度因子定义了裂缝尖端奇异性的程度，裂缝尖端区域的应力场奇异程度与应力强度因子成正比。当构件受到拉应力或弯曲应力时，弹性条件下裂缝尖端附近的应力场表现出奇异性，并与到裂缝尖端距离的平方根成反比。总而言之，应力强度因子描述了奇异性的程度。

由于裂缝尖端附近的应力场和位移场都由应力强度因子控制，所以可以进一步假设，对于任意破坏类型，裂缝尖端的临界应力可以用临界应力强度因子来定义。因此，可以使用单一参数即应力强度因子来合理地表征线弹性断裂力学的强度概念。

上述三种情况下，应力强度因子分别为

$$K_{\mathrm{I}}=\sigma\sqrt{\pi a}\,,\ K_{\mathrm{II}}=\tau\sqrt{\pi a}\,,\ K_{\mathrm{III}}=\tau_l\sqrt{\pi a} \tag{2.21}$$

一般都将应力强度因子乘以 $\sqrt{\pi}$，这样的好处是使以后导出的 G 与 K 的关系式较为简洁。对于其他结构和裂缝形态下的应力强度因子，其形式通常需要在式(2.21)上再乘以一个非1的形状系数 Y(表2.1)。

表2.1　若干有限宽板应力强度因子 K 的形状系数 Y

类型	形状系数 Y
受拉伸单边缘裂缝	$Y=\frac{1}{\sqrt{\pi}}\left[1.99-0.41\left(\frac{a}{h}\right)+18.70\left(\frac{a}{h}\right)^2-38.48\left(\frac{a}{h}\right)^3+53.85\left(\frac{a}{h}\right)^4\right]$
受拉伸中心裂缝	$Y=\frac{1}{\sqrt{\pi}}\left[1.77+0.227\left(\frac{a}{h}\right)-0.51\left(\frac{a}{h}\right)^2+2.7\left(\frac{a}{h}\right)^3\right]$
受拉伸双边缘裂缝	$Y=\frac{1}{\sqrt{\pi}}\left[1.98+0.36\left(\frac{2a}{h}\right)-2.12\left(\frac{2a}{h}\right)^2+3.42\left(\frac{a}{h}\right)^3\right]$
受弯曲单边缘裂缝	$Y=\frac{1}{\sqrt{\pi}}\left[1.99-2.47\left(\frac{a}{h}\right)+12.97\left(\frac{a}{h}\right)^2-23.71\left(\frac{a}{h}\right)^3+24.80\left(\frac{a}{h}\right)^4\right]$

举例来说，半无限平面内的边缘裂缝 的 $K_{\mathrm{I}}=1.122\sigma\sqrt{\pi a}$（图 2.9）；无限宽板内的周期裂缝 $K_{\mathrm{I}}=\sqrt{\frac{2b}{\pi a}\tan\left(\frac{\pi a}{2b}\right)}\sigma\sqrt{\pi a}$（图 2.10）；紧凑拉伸试件 $K_{\mathrm{I}}=\frac{P}{Bb}f\left(\frac{a}{b}\right)$（图 2.11），其中 $f\left(\frac{a}{b}\right)=29.6\left(\frac{a}{b}\right)^{\frac{1}{2}}-185.5\left(\frac{a}{b}\right)^{\frac{3}{2}}+655.7\left(\frac{a}{b}\right)^{\frac{5}{2}}-1\,017\left(\frac{a}{b}\right)^{\frac{7}{2}}+638.9\left(\frac{a}{b}\right)^{\frac{9}{2}}$。其他一些有限宽板的裂缝尖端应力强度因子形状系数 Y 如表 2.1 所示。

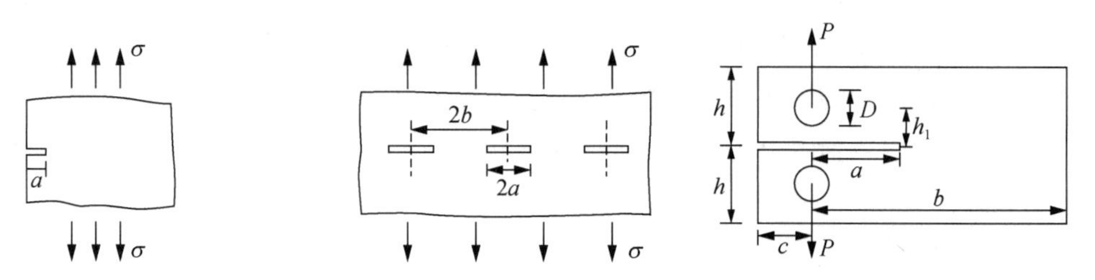

图 2.9　半无限平面内的边缘裂缝　图 2.10　无限宽板内的周期裂缝　图 2.11　紧凑拉伸试件

2.1.3　能量释放率 *G* 和应力强度因子 *K* 的关系

讨论Ⅰ型裂缝扩展的情况，如图 2.12 所示。裂缝长度 a 的裂缝端点正前方使裂缝面撑开的拉伸应力，通过取角坐标 θ 为零代入式(2.14)得到：

$$\sigma_{yy}=\frac{K_{\mathrm{I}}}{\sqrt{2\pi r}} \tag{2.22}$$

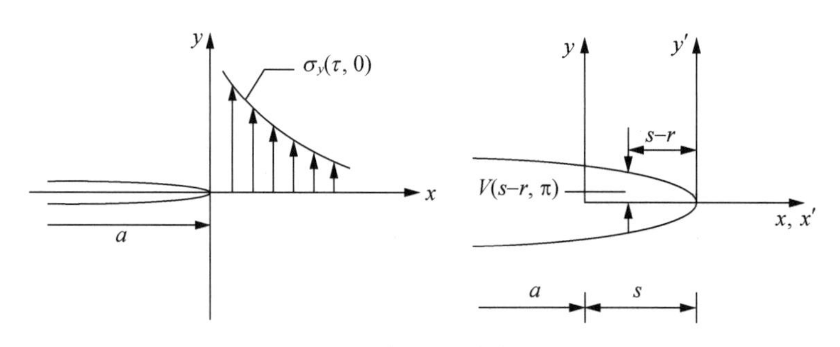

图 2.12　G 与 K 关系推导图示

假设裂缝长度由 a 增加到$(a+s)$，在裂缝扩展前原坐标系 $x=r$ 处，裂缝扩展后新坐标系 $x=s-r$，根据式(2.15)，取角坐标 θ 为 π 可得新裂缝表面上的位移：

$$v(s-r,\ \pi)=\frac{(k+1)(1+\nu)}{E}\sqrt{\frac{s-r}{2\pi}}[K_{\mathrm{I}}]_{a+s} \tag{2.23}$$

式中，$[K_{\mathrm{I}}]_{a+s}$ 为裂缝长度扩展为$(a+s)$时的应力强度因子。

总的应变能为(积分符号外面乘以 2 是由于存在上、下两个表面，B 为板厚)：

$$U=2\int_0^s \frac{\sigma(r,\ 0)v(s-r,\ \pi)}{2}B\mathrm{d}r$$
$$=\frac{BK_{\mathrm{I}}[K_{\mathrm{I}}]_{a+s}(k+1)(1+\nu)}{2\pi E}\int_0^s \sqrt{\frac{s-r}{r}}\mathrm{d}r$$
$$=\frac{BK_{\mathrm{I}}[K_{\mathrm{I}}]_{a+s}(k+1)(1+\nu)}{2\pi E}\cdot\frac{s\pi}{2}$$
$$=\frac{BK_{\mathrm{I}}[K_{\mathrm{I}}]_{a+s}(k+1)(1+\nu)s}{4E} \tag{2.24}$$

$$G_{\mathrm{I}}=\frac{U}{Bs}=\frac{K_{\mathrm{I}}[K_{\mathrm{I}}]_{a+s}(k+1)(1+\nu)s}{4E}=\frac{(k+1)(1+\nu)}{4E}K_{\mathrm{I}}^2 \tag{2.25}$$

将式(2.16)代入式(2.25),可得:

$$G_{\mathrm{I}}=\begin{cases}\dfrac{K_{\mathrm{I}}^2}{E}, & \text{平面应力问题}\\[2ex] \dfrac{(1-\nu^2)K_{\mathrm{I}}^2}{E}, & \text{平面应变问题}\end{cases} \tag{2.26}$$

假设Ⅱ型裂缝和Ⅲ型裂缝的扩展方向也是裂缝正前方,则有:

$$G_{\mathrm{II}}=\begin{cases}\dfrac{K_{\mathrm{II}}^2}{E}, & \text{平面应力问题}\\[2ex] \dfrac{(1-\nu^2)K_{\mathrm{II}}^2}{E}, & \text{平面应变问题}\end{cases} \tag{2.27}$$

$$G_{\mathrm{III}}=\frac{(1+\nu)K_{\mathrm{III}}^2}{E} \tag{2.28}$$

如果带裂缝的平板受到Ⅰ、Ⅱ、Ⅲ三种荷载而形成复合型裂缝时,上述假设仍成立,则总能量释放率为

$$G_{\mathrm{F}}=G_{\mathrm{I}}+G_{\mathrm{II}}+G_{\mathrm{III}} \tag{2.29}$$

值得指出的是,式(2.29)仅适用于裂缝沿原方向扩展的情况。

2.1.4 K 控制区

式(2.14)—式(2.20)实际上是只取 Williams 级数第一项而得出,可代表应力尖端很小区域范围较精确的近似解,但对于较远端区域,用该略去奇异项的表达式将产生较大误差。以Ⅰ型裂缝正前方为例(即 $\theta=0$),由于在对应力应变场分析时略去了 r 的高次项,所以当式(2.14)中 $r\to\infty$ 时,$\sigma_{yy}\to 0$,但实际上当 $r\to\infty$ 时,$\sigma_{yy}\to\sigma$。所以,式(2.14)—式(2.20)又称为单参数 K 表示的裂缝尖端应力应变场,仅适用于裂缝尖端小区域范围的较精确的简洁表达,这个范围即称为 K 控制区,或者称为 K 主导区、K 场。

通过取 Williams 级数的前几项,即考虑展开式的奇异项,可以得到精确表达式为

$$\begin{cases}\sigma_{xx}=\dfrac{\sigma r}{\sqrt{r_1 r_2}}\cos\left[\theta-\dfrac{1}{2}(\theta_1+\theta_2)\right]-\dfrac{\sigma a^2}{\sqrt{r_1 r_2^3}}\sin\theta_1\sin\left[\dfrac{3}{2}(\theta_1+\theta_2)\right]\\ \sigma_{yy}=\dfrac{\sigma r}{\sqrt{r_1 r_2}}\cos\left[\theta-\dfrac{1}{2}(\theta_1+\theta_2)\right]+\dfrac{\sigma a^2}{\sqrt{r_1 r_2^3}}\sin\theta_1\sin\left[\dfrac{3}{2}(\theta_1+\theta_2)\right]\\ \tau_{xy}=\dfrac{\sigma a^2}{\sqrt{r_1 r_2^3}}\sin\theta_1\cos\left[\dfrac{3}{2}(\theta_1+\theta_2)\right]\end{cases} \tag{2.30}$$

对于裂缝尖端正前方,取 $\theta_1=\theta_2=\theta=0$,则有:

$$\sigma_{yy}(r,\ 0)=\begin{cases}0, & |r|<a\\ \dfrac{\sigma r}{\sqrt{r^2+a^2}}, & |r|\geqslant a\end{cases} \tag{2.31}$$

式(2.30)中表达式参数的含义可参见图 2.13。当式(2.31)中 $r\to\infty$ 时,$\sigma_{yy}\to\sigma$,因此式(2.31)给出的是无限大板上任意一点的精准应力分量。因此,此解称为全解。

近似解和精确解的误差由下式给出:

$$\chi=\frac{\sigma_{yy}^K-\sigma_{yy}}{\sigma_{yy}}=\frac{\sigma_{yy}^K}{\sigma_{yy}}-1=\frac{\sigma\sqrt{\dfrac{a}{2r}}}{\dfrac{\sigma(r+a)}{\sqrt{r(r+2a)}}}-1=\frac{\sqrt{1+\dfrac{r}{2a}}}{1+\dfrac{r}{a}}-1 \tag{2.32}$$

式(2.32)为无限大板的近似解和精确解的误差,同样可以得到类似的三点弯曲试件和紧凑拉伸试件的近似解和精确解的误差,这三种情况下误差百分数随参数 r/a 的关系如图 2.14 所示。

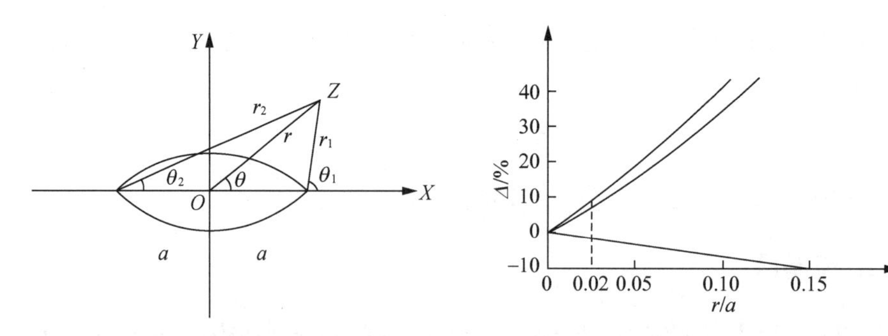

图 2.13 应力场精确解中符号的含义　　　图 2.14 近似解和全解的误差

从图 2.14 可见,当 $r/a\leqslant 0.02$ 时,含中心裂缝无限平板、三点弯曲试件、紧凑拉伸试件三种情况的近似解和精确解的误差分别为 −1.5%,6% 和 7%。因此,工程上通常取 $r/a\leqslant 0.02$,能保证三点弯曲试件和紧凑拉伸试件用 K 来描述其线弹性材料的应力应变场时,精度可在 93% 以上。因此,$r/a\leqslant 0.02$ 可作为线弹性材料 K 控制区的边界。

2.2　弹塑性断裂力学

与线弹性体不同的是，当含裂缝的弹塑性体受到外荷载作用时，裂缝尖端附近会出现较大范围的塑性区，线弹性断裂力学将不再适用，而需要采用弹塑性断裂力学的方法。弹塑性断裂力学的主要任务，就是在考虑裂缝尖端屈服的条件下，确定能够定量描述裂缝尖端场强度的参量，进而建立适合工程应用的断裂判据。目前应用最广泛的包括裂缝尖端张开位移(Crack Opening Displacement, COD)(Wells, 1962)理论和 J 积分理论(Rice, 1968a, b)。

2.2.1　Orowan 对 Griffith 理论的改进

试验证实，Griffith 理论只适用于理想脆性材料的断裂问题，实际上绝大多数金属材料在裂缝尖端处存在屈服区，裂缝尖端也因屈服而钝化，使得 Griffith 理论失效。在 Griffith 理论提出二十多年之后，Orowan(1948)和 Irwin(1955)通过对金属材料裂缝扩展过程的研究指出：弹塑性材料在其尖端附近会产生一个塑性区，该区域的塑性变形对裂缝的扩展将产生很大的影响，为使裂缝扩展，系统释放的能量不仅要供给裂缝形成新自由表面所需的断裂表面能，更重要的是需要提供裂缝尖端塑性流变所需的塑性应变能(通常称为"塑性功")。所以，"塑性功"有阻止裂缝扩展的作用。

裂缝扩展单位面积时，内力对塑性变形所做的"塑性功"称为"塑性功率"，假设用 Γ 表示，则对金属材料应用 Griffith 理论时，式(2.4b)和式(2.5)应修正为

$$2\gamma + 2\Gamma \geqslant \frac{\pi a \sigma^2}{E} \tag{2.33}$$

$$\sigma_c = \sqrt{\frac{2E(\gamma + \Gamma)}{\pi a}} \tag{2.34}$$

对于金属材料，通常 Γ 比 γ 大三个数量级，因而 γ 可以忽略不计，则式(2.33)和式(2.34)可改写为

$$2\Gamma \geqslant \frac{\pi a \sigma^2}{E} \tag{2.35}$$

$$\sigma_c = \sqrt{\frac{2E\Gamma}{\pi a}} \tag{2.36}$$

以上即为 Orowan 把 Griffith 理论推广到金属材料情况的修正公式。以上是针对平面应力状态讨论的，当平板很厚时，应视为平面应变状态，只要把上述公式中的 E 用 $\frac{E}{(1-\nu^2)}$ 代替即得平面应变状态下相应的解。

2.2.2 裂缝尖端的塑性区

金属材料裂缝尖端会形成塑性区，裂缝扩展所需要克服的塑性功在量级上可高达断裂表面能的三个数量级。因此，裂缝尖端塑性流变为抗裂的主要因素，线弹性断裂力学的方法在一定程度上失效。如前所述，弹塑性断裂力学中，目前应用最广泛的是裂缝尖端张开位移（*COD*）理论和 *J* 积分理论(Rice，1968a，b)。

COD 和 *J* 积分的临界值给出了近乎与尺寸无关的断裂韧度度量方法，即使对具有较大范围的裂缝尖端塑性区的情况也同样适用。然而，*COD* 和 *J* 积分准则仍具有局限性，但它们的局限性远小于线弹性断裂力学(Anderson，2005)。

1. Irwin 理论(小范围屈服)

Irwin 提出了裂缝尖端塑性区大小的理论。根据式(2.14)，无限平板平面应力状态下Ⅰ型裂缝尖端的三个主应力为

$$\begin{cases}\sigma_1=\dfrac{K_{\mathrm{I}}}{\sqrt{2\pi r}}\cos\dfrac{\theta}{2}\left(1-\sin\dfrac{\theta}{2}\sin\dfrac{3\theta}{2}\right)\\ \sigma_2=\dfrac{K_{\mathrm{I}}}{\sqrt{2\pi r}}\cos\dfrac{\theta}{2}\left(1+\sin\dfrac{\theta}{2}\sin\dfrac{3\theta}{2}\right)\\ \sigma_3=0\end{cases}\tag{2.37}$$

Von Mises 屈服应力为

$$\sigma_s=\sqrt{\frac{(\sigma_1-\sigma_2)^2+(\sigma_2-\sigma_3)^2+(\sigma_3-\sigma_1)^2}{2}}\tag{2.38}$$

由线弹性下的应力场分布可知，对于 $\sigma_s \geqslant f_y$ 的范围，必定处于屈服状态。因此，根据式(2.37)和式(2.38)，对于平面应力，容易得到该屈服范围的边界曲线方程为

$$r=\frac{K_{\mathrm{I}}^2}{2\pi f_y^2}\cos^2\frac{\theta}{2}\left(1+3\sin^2\frac{\theta}{2}\right)\tag{2.39}$$

边界曲线形状如图 2.15 中实线所示，在裂缝尖端的正前方，塑性区尺寸为

$$r_0=\frac{K_{\mathrm{I}}^2}{2\pi f_y^2}\tag{2.40}$$

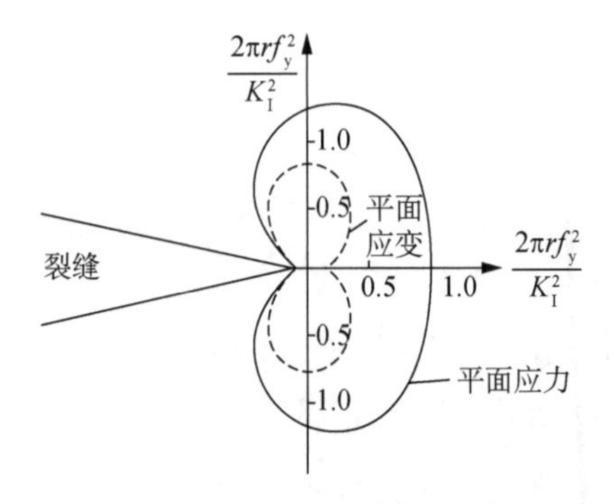

图 2.15 裂缝尖端塑性区形状

裂缝正前方的应力分布表达式为

$$\sigma_1=\frac{K_{\mathrm{I}}}{\sqrt{2\pi r}}\tag{2.41}$$

式(2.39)和式(2.40)的塑性区范围只是裂缝尖

端线弹性解屈服的范围，实际上由于该区域屈服，将形成所谓的松弛效应，在一定程度上改变了裂缝尖端应力场。

如图 2.16 所示，虚线 AB 代表线弹性解下的理想应力分布，考虑屈服导致应力场重新调整后，应力分布将如图中实线 CEF 所示。假设弹性区内应力积分不变，即曲线 EF 下的面积等于曲线 DB 下的面积。对于许多金属材料，这个假定的有效性与试验测得的结果是相符合的。同时，由于线弹性应力场和弹塑性应力场的总应变能维持相等，可推断出曲线 AD 下的面积等于 CE 下的面积，故：

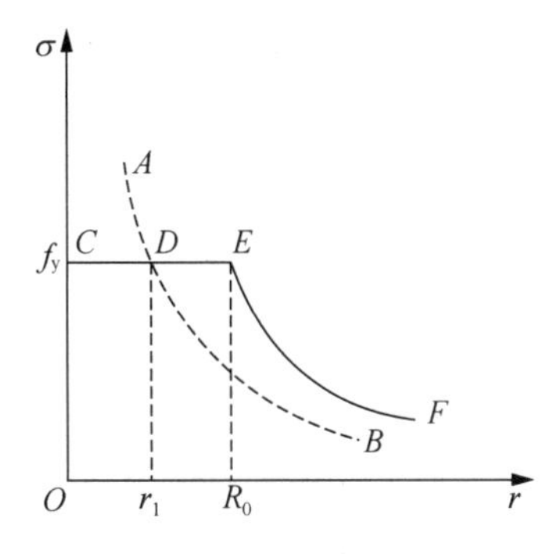

图 2.16 塑性变形引起的应力松弛效应

$$R_0 f_y = \int_0^{r_0} \sigma_1 \mathrm{d}r = \int_0^{r_0} \frac{K_\mathrm{I}}{\sqrt{2\pi r}} \mathrm{d}r = \sqrt{\frac{2r_0}{\pi}} K_\mathrm{I} \tag{2.42a}$$

$$R_0 = \sqrt{\frac{2r_0}{\pi}} \frac{K_\mathrm{I}}{f_y} \tag{2.42b}$$

根据式(2.41)，有 $\dfrac{K_\mathrm{I}}{f_y} = \sqrt{2\pi r_0}$，代入式(2.42b)得到：

$$R_0 = 2r_0 = \frac{K_\mathrm{I}^2}{\pi f_y^2} \tag{2.43}$$

由式(2.43)可知，考虑应力松弛效应，塑性区尺寸将增加 1 倍。以上讨论为平面应力状态，在平面应变状态下，第三个主应力不为 0，由下式给出：

$$\sigma_3 = \nu(\sigma_1 + \sigma_2) = 2\nu \frac{K_\mathrm{I}}{\sqrt{2\pi r}} \cos\frac{\theta}{2} \tag{2.44}$$

将式(2.44)代入式(2.38)，得到屈服区的边界曲线方程为

$$r' = \frac{K_\mathrm{I}^2}{2\pi f_y^2} \cos^2\frac{\theta}{2} \left[(1-2\nu)^2 + 3\sin^2\frac{\theta}{2}\right] \tag{2.45}$$

在裂缝尖端的正前方，塑性区尺寸为

$$r'_0 = (1-2\nu)^2 \frac{K_\mathrm{I}^2}{2\pi f_y^2} \xrightarrow{\nu = 0.3} 0.16 \frac{K_\mathrm{I}^2}{2\pi f_y^2} = 0.16 r_0 \tag{2.46}$$

同理可得，考虑应力松弛后塑性区尺寸为

$$R'_0 = (1-2\nu)^2 \frac{K_\mathrm{I}^2}{\pi f_y^2} = 2r'_0 \tag{2.47}$$

其形状如图 2.16 中的虚线所示。可见平面应变状态下的塑性区比平面应力状态下

的塑性区显著缩小了。

需要指出的是，在平面应变状态下，三轴屈服应力 f_Y 实际上显著超过单轴屈服应力 f_y。假设 $f_Y=\sqrt{2\sqrt{2}}f_y\approx\sqrt{3}f_y$，则可以得到：

$$r_0'=(1-2\nu)^2\frac{K_I^2}{2\pi f_Y^2}\xrightarrow{\nu=0.3}\frac{0.16}{2\sqrt{2}}\frac{K_I^2}{2\pi f_y^2}=0.057r_0 \tag{2.48}$$

由上述讨论可知，Irwin 在推导过程中采用了裂缝尖端的单参数 K 表达近似解，故只在 K 控制区的范围内才具有可以接受的误差，如果屈服范围超出 K 控制区，则推导结果应当视为失效。因此，Irwin 塑性区范围的理论必须要求屈服范围在 K 控制区范围内，满足这种情况即可称为小范围屈服。

平面应力状态下的屈服区域较大，小范围屈服应当满足：

$$\frac{R_0}{a}=\frac{2r_0}{a}\leqslant 0.02,\ \text{即}\ \frac{K_I^2}{\pi f_y^2}\leqslant 0.02a \tag{2.49}$$

平面应变状态下的屈服区域较小，按照式(2.48)，则小范围屈服应当满足：

$$\frac{R_0'}{a}=\frac{2r_0'}{a}\leqslant 0.02,\ \text{即}\ \frac{K_I^2}{\pi f_y^2}\leqslant 0.3535a \tag{2.50}$$

2. Dugdale-Barenblatt 理论(大范围屈服)

对于一些韧性好、受荷载比较大的材料，其裂缝尖端不再满足小范围屈服的条件，裂缝尖端的行为已经超出了 K 控制区，属于大范围屈服的情况。图 2.17 象征性地表明了这些情况，为方便起见，图中 K 控制区和塑性区都象征性地绘制为圆。图 2.17(a)的塑性区在 K 控制区以内，故把材料当成理想线弹性体计算得到的弹性应力场的强度因子 K，仍然控制着塑性区中的形变和断裂，Irwin 理论适用。图 2.17(b)中所示的塑性区则已经超出了 K 控制区，故属于大范围屈服的情况，Irwin 理论不再适用。

Irwin 关于塑性区大小的修正模型是对 LEFM 模型相对粗略的改进。而 Dugdale-Barenblatt 则发展了条带(strip-yield)模型，考虑了更为精确的改进，并得出了封闭解。这一理论(D-B 理论)随后促进了内聚区模型的发展，是弹塑性断裂力学中的一个经典例子。

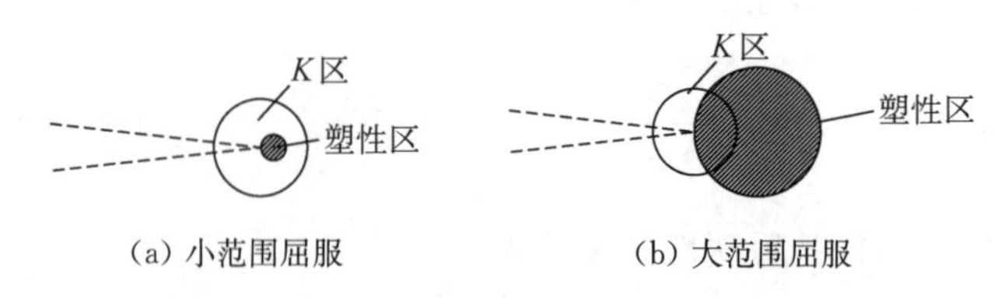

图 2.17　小范围屈服和大范围屈服示意图

如图 2.18(a)所示，小范围屈服塑性区理论解呈扩散型。1960 年，Dugdale 通过对软钢薄板裂缝尖端塑性区的试验结果发现，当薄壁容器管道有穿透壁厚的裂缝时，其裂尖的塑性区是狭长块状(图2.19)。在对裂缝尖端塑性区的实际观测中,大范围屈服情况下塑性区的确往往呈现条带型,如图2.18(b)所示。Rice和Druker曾证明,在Tresca屈服条件和平面应力状态下,屈服区确为带状。Dugdale据此建立了裂缝尖端的条带塑性区模型,被称为Dugdale模型。

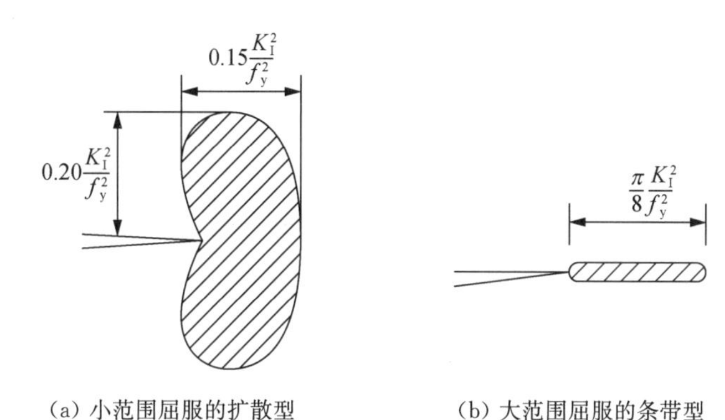

(a) 小范围屈服的扩散型　　(b) 大范围屈服的条带型

图2.18　裂缝尖端塑性区形状示意图

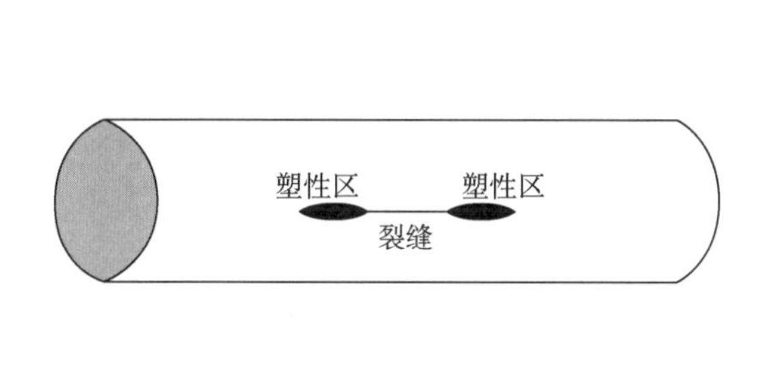

图2.19　管道轴向裂缝的尖端塑性区

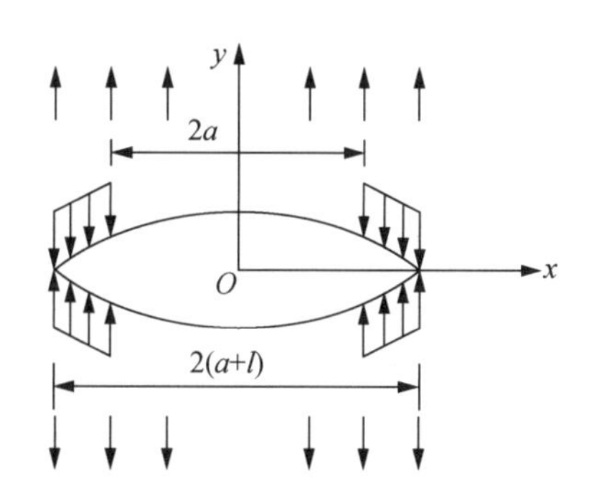

图2.20　Dugdale模型计算示意图

设材料为理想弹塑性,则在沿裂缝扩展方向的屈服带内的应力可取作屈服应力f_y(单轴拉伸情况下的屈服应力,讨论平面应力状态)。在屈服区内,解除位移约束,代之以上、下表面之间的作用力f_y,如图2.20所示,求解结果必须满足屈服区内位移连续的条件。

将$x=a$处的裂缝尖端称为物理裂缝尖端。塑性带的出现可以等效为将裂缝尖端向前运动了距离l,屈服应力f_y施加在$a\leqslant|x|\leqslant a+l$范围内,$x=\pm(a+l)$处称为虚拟裂缝尖端。Dugdale假设,在带状塑性区的虚拟裂缝尖端,由于应力并不存在奇异性,在顶端处总的应力强度因子为零,如图2.21所示。利用这一假设,可以求解带状塑性区的长度。

前文已经给出无限大板中的Grifitth裂缝的应力强度因子,故有:

$$K_I^D=\sigma\sqrt{\pi(a+l)} \tag{2.51}$$

在裂缝两端长度为l的范围内作用均匀应力f_y时对应的应力强度因子为

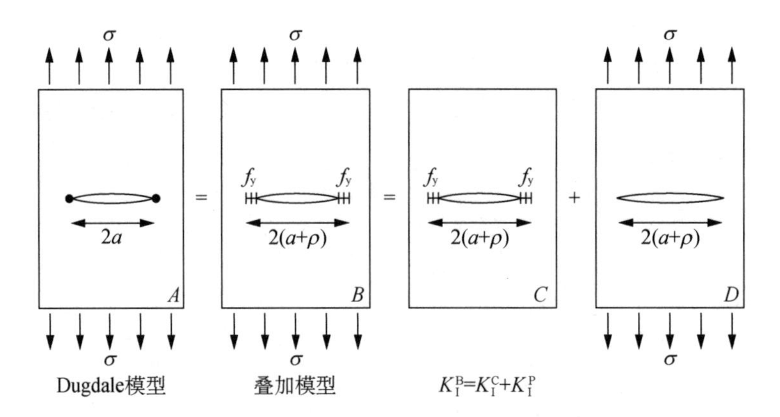

图 2.21　Dugdale 模型的推导原理

$$K_{\mathrm{I}}^{\mathrm{C}}=-2f_{\mathrm{y}}\sqrt{\frac{(a+l)}{\pi}}\arccos\left(\frac{a}{a+l}\right) \tag{2.52}$$

根据 $K_{\mathrm{I}}^{\mathrm{D}}+K_{\mathrm{I}}^{\mathrm{C}}=0$ 可得，条带长度为

$$l=a\left[\sec\left(\frac{\pi\sigma}{2f_{\mathrm{y}}}\right)-1\right] \tag{2.53}$$

当 $\sigma \ll f_{\mathrm{y}}$（即应力较小）时，将正割函数展开成幂级数，可近似地得到：

$$l=\frac{\pi^2}{8}\left(\frac{\sigma}{f_{\mathrm{y}}}\right)^2 a=\frac{\pi K_{\mathrm{I}}^2}{8f_{\mathrm{y}}^2} \tag{2.54}$$

与 Irwin 的解相比，即式(2.38)，可得：

$$\frac{l}{R_0}=\frac{\pi^2}{8}=1.23 \tag{2.55}$$

可见，其解比 Irwin 的结果要大一些。Barenblatt 则对 Dugdale 假设进行了改进，可考虑非理想弹塑性的情况，如图 2.22 所示。

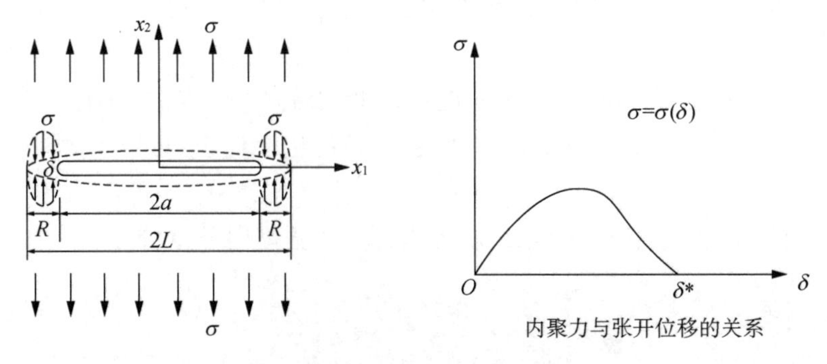

图 2.22　Barenblatt 内聚力模型

2.2.3 裂缝尖端张开位移破坏准则

Wells(1965)在试验的基础上，提出了裂缝尖端张开位移（*COD*）理论。试验与分析表明，裂缝体受载后，裂缝尖端附近存在的塑性区将导致裂缝尖端的表面张开，这个张开量就称为裂缝尖端的张开位移，通常用 δ 来表示。Wells 认为，当裂缝尖端的张开位移 δ 达到材料的临界值 δ_c 时，裂缝即发生失稳扩展。裂缝尖端张开位移(*COD*) 是弹塑性断裂力学中的一个重要参量。

1. 小范围屈服下的 *COD* 计算(Irwin 理论)

在讨论小范围屈服的塑性区修正时，Irwin 曾引入了有效裂缝长度，这意味着为考虑塑性区的影响，可以设想把原裂尖 O 移至 O'，如图 2.23 所示(O' 为裂缝正前方塑性区的中心位置)。于是，当以有效裂尖 O' 作为裂尖时，原裂尖 O 发生了张开位移，这就是 Irwin 小范围屈服条件下的 *COD*。

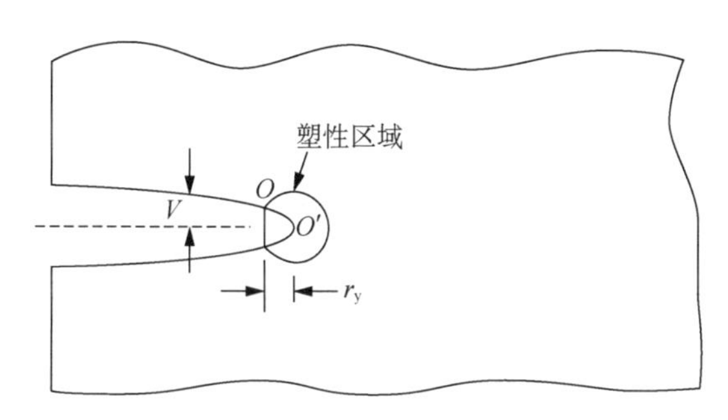

图 2.23 Irwin 裂缝尖端张开位移理论

对于无限宽板的 Griffith 裂缝，上文已经推导得到 (ν 为泊松比)：

$$平面应力：r_y = r_0 = \frac{K_I^2}{2\pi f_y^2} \tag{2.56a}$$

$$平面应变：r_y = r_0' = (1-2\nu)^2 \frac{K_I^2}{2\pi f_Y^2} = \frac{(1-2\nu)^2}{2\sqrt{2}} \frac{K_I^2}{2\pi f_y^2} = \frac{(1-2\nu)^2}{2\sqrt{2}} r_0 \tag{2.56b}$$

将 r_y 代入位移场式(2.15) 和式(2.16)，并且取 $\theta = \pi$，有：

$$v = \frac{K_I(1+\nu)}{E}\sqrt{\frac{r_y}{2\pi}}(k+1) \tag{2.57}$$

其中，平面应力 $k = \frac{3-\nu}{1+\nu}$，平面应变 $k = 3-4\nu$，故裂缝张开位移为

$$平面应力：\delta = 2v = \frac{8K_I}{E}\sqrt{\frac{r_y}{2\pi}} = \frac{4}{\pi}\frac{K_I^2}{Ef_y} = \frac{4G_I}{\pi f_y} \tag{2.58a}$$

$$平面应变：\delta = 2v = \frac{8(1-\nu^2)K_I}{E}\sqrt{\frac{r_y}{2\pi}} = \frac{2.4}{\pi}\frac{(1-\nu^2)K_I^2}{Ef_y} \approx \frac{2.4}{\pi}\frac{G_I}{f_y} \tag{2.58b}$$

2. 大范围屈服下的 *COD* 计算(D-B 理论)

对于 Dugdale 模型,即假设无限平板两端屈服区受到均匀屈服应力 f_y(平面应力问题),其裂缝尖端处的解为

$$\delta = \frac{8af_y}{\pi E}\ln\left(\sec\frac{\pi\sigma}{2f_y}\right) \tag{2.59}$$

当 $\sigma \ll f_y$(即应力较小)时,将正割的对数展开成幂级数后,近似地有:

$$\delta = \frac{\sigma^2\pi a}{Ef_y^2} = \frac{K_I^2}{Ef_y} = \frac{G_I}{f_y} \tag{2.60}$$

在许多金属材料中,对于尺寸大小不同的各种试件,裂缝张开位移的临界值 δ_c 大致相同。因此,可用小尺寸试件做裂缝张开位移的测试,以确定材料的断裂韧度。裂缝张开位移在一定程度上能预计大范围屈服下的断裂行为。

对比式(2.60)与式(2.58)可知,D-B 模型的解得到的裂缝张开位移要小于 Irwin 的解,Wells 建议两种情况均采用 D-B 模型的解。

2.2.4 *J* 积分破坏准则

1. *J* 积分的定义

Rice(1968a, b)提出了一种与路径无关的环路积分方法,用于裂缝扩展的分析,称之为 J 积分。如图 2.24 所示,考虑裂缝尖端附近任意逆时针回路 $\Gamma=\Gamma_1+\Gamma^++\Gamma_2+\Gamma^-$,则 J 积分由下式给出:

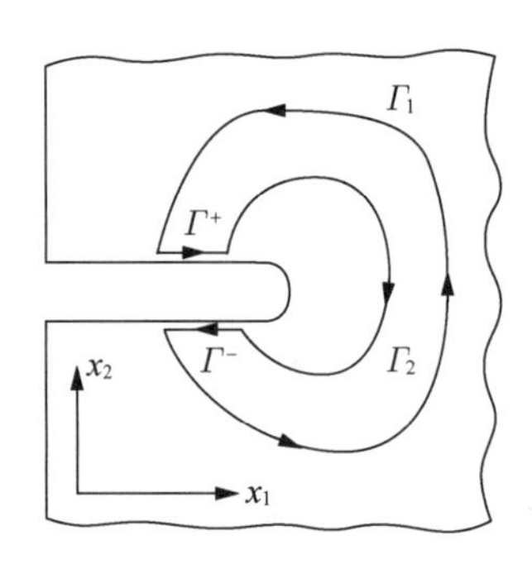

图 2.24 *J* 积分的定义

$$J = \int_\Gamma \left[U\mathrm{d}y - \left(T_x\frac{\partial u_x}{\partial x} + T_y\frac{\partial u_y}{\partial y}\right)\mathrm{d}s\right] \tag{2.61}$$

式中,U 是应变能密度,$U=\int_0^{\varepsilon_{ij}}\sigma_{ij}\mathrm{d}\varepsilon_{ij}$;$T_x$ 和 T_y 分别为路径 Γ 上的应力分量;u_x 和 u_y 分别为路径 Γ 上的位移分量;ds 是沿回路 Γ 的长度增量。

假设裂缝扩展使得裂缝尖端向前移动了一个微小距离 da,这使得围道 Γ 也随之平动 da,则围道 Γ 表面应力所做的功(单位板厚)为

$$W = \int_\Gamma [(T_x\mathrm{d}u_x + T_y\mathrm{d}u_y)\mathrm{d}s] \tag{2.62}$$

由于仅仅朝着裂缝尖端正前方平动,故 $\mathrm{d}x=-\mathrm{d}a$,$\mathrm{d}y=0$,因此可得:

$$\begin{aligned}\mathrm{d}u_x &= \frac{\partial u_x}{\partial x}\mathrm{d}x + \frac{\partial u_x}{\partial y}\mathrm{d}y = -\frac{\partial u_x}{\partial x}\mathrm{d}a\\ \mathrm{d}u_y &= \frac{\partial u_y}{\partial x}\mathrm{d}x + \frac{\partial u_y}{\partial y}\mathrm{d}y = -\frac{\partial u_y}{\partial x}\mathrm{d}a\end{aligned} \tag{2.63}$$

则式(2.62)可修正为

$$W=-\mathrm{d}a\int_{\Gamma}\left[\left(T_x\frac{\partial u_x}{\partial x}+T_y\frac{\partial u_y}{\partial y}\right)\mathrm{d}s\right] \tag{2.64}$$

围道平动时,右侧进入的体积将流入应变能,而左侧退出的体积则流出应变能,因而围道平动时其所围域内势能变化为

$$\begin{aligned}\Pi&=\left[\int_{\Gamma}U\mathrm{d}a\,\mathrm{d}y-\mathrm{d}a\left(T_x\frac{\partial u_x}{\partial x}+T_y\frac{\partial u_y}{\partial y}\right)\mathrm{d}s\right]\\&=\mathrm{d}a\int_{\Gamma}\left[U\mathrm{d}y-\left(T_x\frac{\partial u_x}{\partial x}+T_y\frac{\partial u_y}{\partial y}\right)\mathrm{d}s\right]=J\,\mathrm{d}a\end{aligned} \tag{2.65}$$

因此,J 积分的含义是当裂缝扩展单位长度时,每单位厚度流入围道 Γ 的能量。在弹塑性断裂力学中,J 积分具有很重要的作用。它避开了直接计算裂缝尖端附近的弹塑性应力场,而用 J 积分表示裂缝尖端应变集中特征的平均参量,并且被证明:①J 积分具有与积分路径无关的属性;②J 积分可作为起裂的弹塑性断裂准则:$J=J_{\mathrm{IC}}$,其中 J_{IC} 为临界值。

2. 积分路径无关性

设有包围不含裂缝尖端耗散区的面积 Q 的任一闭合围道 Γ。格林公式指出,函数 $u(x,y)$ 和 $v(x,y)$ 有以下关系:

$$\int_{\Gamma}(v\mathrm{d}x+u\mathrm{d}y)=\int_{Q}\left(\frac{\partial u}{\partial x}-\frac{\partial v}{\partial y}\right)\mathrm{d}x\mathrm{d}y \tag{2.66}$$

因为,

$$T_x=\sigma_x n_x+\tau_{xy}n_y,\ T_y=\tau_{xy}n_x+\sigma_y n_y,\ n_y\mathrm{d}s=-\mathrm{d}x,\ n_x\mathrm{d}s=\mathrm{d}y \tag{2.67}$$

所以,

$$\begin{aligned}&\int_{\Gamma}\left[U\mathrm{d}_y-\left(T_x\frac{\partial u_x}{\partial x}+T_y\frac{\partial u_y}{\partial x}\right)\mathrm{d}s\right]\\&=\int_{\Gamma}\left\{U\mathrm{d}_y-\left[\left(\sigma_x\frac{\partial u_x}{\partial x}+\tau_{xy}\frac{\partial u_y}{\partial x}\right)n_x+\left(\tau_{xy}\frac{\partial u_x}{\partial x}+\sigma_y\frac{\partial u_y}{\partial x}\right)n_y\right]\mathrm{d}s\right\}\\&=\int_{\Gamma}\left\{U\mathrm{d}_y-\left[\left(\sigma_x\frac{\partial u_x}{\partial x}+\tau_{xy}\frac{\partial u_y}{\partial x}\right)\mathrm{d}y-\left(\tau_{xy}\frac{\partial u_x}{\partial x}+\sigma_y\frac{\partial u_y}{\partial x}\right)\mathrm{d}x\right]\right\}\\&=\iint_{Q}\left\{\frac{\partial U}{\partial x}-\left[\frac{\partial}{\partial x}\left(\sigma_x\frac{\partial u_x}{\partial x}+\tau_{xy}\frac{\partial u_y}{\partial x}\right)+\frac{\partial}{\partial y}\left(\tau_{xy}\frac{\partial u_x}{\partial x}+\sigma_y\frac{\partial u_y}{\partial x}\right)\right]\right\}\mathrm{d}x\mathrm{d}y\end{aligned} \tag{2.68}$$

根据卡氏定理:

$$\sigma_{ij}=\frac{\partial U}{\partial \epsilon_{ij}} \tag{2.69}$$

对应变能密度微分，则有：

$$\begin{aligned}\frac{\partial U}{\partial x}&=\frac{\partial U}{\partial \varepsilon_x}\frac{\partial \varepsilon_x}{\partial x}+\frac{\partial U}{\partial \varepsilon_y}\frac{\partial \varepsilon_y}{\partial x}+\frac{\partial U}{\partial \gamma_{xy}}\frac{\partial \gamma_{xy}}{\partial x}\\&=\sigma_x\frac{\partial \varepsilon_x}{\partial x}+\sigma_y\frac{\partial \varepsilon_y}{\partial x}+\tau_{xy}\frac{\partial \gamma_{xy}}{\partial x}\\&=\sigma_x\frac{\partial}{\partial x}\left(\frac{\partial u_x}{\partial x}\right)+\sigma_y\frac{\partial}{\partial x}\left(\frac{\partial u_y}{\partial y}\right)+\tau_{xy}\frac{\partial}{\partial x}\left(\frac{\partial u_y}{\partial x}+\frac{\partial u_x}{\partial y}\right)\\&=\frac{\partial}{\partial x}\left(\sigma_x\frac{\partial u_x}{\partial x}+\tau_{xy}\frac{\partial u_y}{\partial x}\right)+\frac{\partial}{\partial x}\left(\sigma_y\frac{\partial u_y}{\partial x}+\tau_{xy}\frac{\partial u_x}{\partial x}\right)\end{aligned}\tag{2.70}$$

将式(2.70)代入式(2.68)，可见积分号里面的被积函数等于零。因此，对于在不含裂缝尖端耗散区的围道Γ有：

$$\int_{\Gamma}\left[U\mathrm{d}y-\left(T_x\frac{\partial u_x}{\partial x}+T_y\frac{\partial u_y}{\partial x}\right)\mathrm{d}s\right]=0\tag{2.71}$$

如图2.24所示，先从裂缝下表面按逆时针方向沿Γ_1到上表面Γ^+，再由上表面Γ^+到与Γ_2的交点，再按顺时针方向沿Γ_2回到下表面Γ^-，最后回到与Γ_1的交点，从而得到封闭曲线Γ，在Γ内没有裂缝尖端的耗散区，于是有：

$$\begin{aligned}&\int_{\Gamma}\left[U\mathrm{d}y-\left(T_x\frac{\partial u_x}{\partial x}+T_y\frac{\partial u_y}{\partial x}\right)\mathrm{d}s\right]\\=&\int_{\Gamma_1}\left[U\mathrm{d}y-\left(T_x\frac{\partial u_x}{\partial x}+T_y\frac{\partial u_y}{\partial x}\right)\mathrm{d}s\right]+\int_{\Gamma_2}\left[U\mathrm{d}y-\left(T_x\frac{\partial u_x}{\partial x}+T_y\frac{\partial u_y}{\partial x}\right)\mathrm{d}s\right]+\\&\int_{\Gamma^+}\left[U\mathrm{d}y-\left(T_x\frac{\partial u_x}{\partial x}+T_y\frac{\partial u_y}{\partial x}\right)\mathrm{d}s\right]+\int_{\Gamma^-}\left[U\mathrm{d}y-\left(T_x\frac{\partial u_x}{\partial x}+T_y\frac{\partial u_y}{\partial x}\right)\mathrm{d}s\right]=0\end{aligned}\tag{2.72}$$

在Γ^+到Γ^-上，即裂缝的上、下表面上，有$T_x=T_y=0$，且$\mathrm{d}y=0$，所以式(2.72)中后两项积分约为零，于是简化为

$$\int_{\Gamma_1}\left[U\mathrm{d}y-\left(T_x\frac{\partial u_x}{\partial x}+T_y\frac{\partial u_y}{\partial x}\right)\mathrm{d}s\right]+\int_{\Gamma_2}\left[U\mathrm{d}y-\left(T_x\frac{\partial u_x}{\partial x}+T_y\frac{\partial u_y}{\partial x}\right)\mathrm{d}s\right]=0\tag{2.73}$$

这里Γ_2的积分路径是按顺时针方向进行。当将Γ_2的积分路径也按逆时针方向进行时，就有：

$$\int_{\Gamma_1}\left[U\mathrm{d}y-\left(T_x\frac{\partial u_x}{\partial x}+T_y\frac{\partial u_y}{\partial x}\right)\mathrm{d}s\right]=\int_{\Gamma_2}\left[U\mathrm{d}y-\left(T_x\frac{\partial u_x}{\partial x}+T_y\frac{\partial u_y}{\partial x}\right)\mathrm{d}s\right]\tag{2.74}$$

由于Γ_1到Γ_2是围绕裂缝端部的任意曲线，这就证明了J积分与积分路径的无关性。

3. J积分与能量释放率G和应力强度因子K的关系

由于J积分不依赖于路径，所以在线弹性条件下，裂缝尖端没有塑性耗散区。由于切口是表面自由的，在切口表面上应为零，于是有

$$J=\int_{\Gamma_t} U\mathrm{d}y=G_1 \tag{2.75}$$

可见在线弹性范围内，J积分就是线弹性能量释放率G，因而可以认为J积分就是裂缝扩展单位长度时每单位厚度流向裂缝尖端的能量。已有学者证明，在小范围屈服条件下，J积分依然等于线弹性能量释放率G。

设Q为二维裂缝体的截面，而Γ为其边界曲线，则每单位厚度的势能为

$$\Pi=\int_Q U\mathrm{d}x\mathrm{d}y-\int_{\Gamma_t}(T_x u_x+T_y u_y)\mathrm{d}s \tag{2.76}$$

式中，Γ_t是有牵引力的那部分边界。一般来说，一个力场的势能是物体到零位置(势能为零的位置) 过程中该场的力所做的功。所以，牵引力势能也就等于牵引力T_x和T_y通过位移$-u_x$和$-u_y$到零位置过程中所做的功。势能的降低$-\mathrm{d}V$等于流向裂缝尖端的能量$J\mathrm{d}a$，于是有：

$$J=-\frac{\mathrm{d}V}{\mathrm{d}a} \tag{2.77}$$

所以，J积分也就是裂缝面积的势能减少率。因此，在小范围屈服条件下，J积分等于线弹性能量释放率G。对于弹塑性材料，只要不出现卸载，J积分仍然等于$-\frac{\mathrm{d}V}{\mathrm{d}a}$。可见，$J$积分是线弹性能量释放率的一种推广。

由于塑性变形具有不可逆性，所以将一般弹塑性问题当作非线性弹性问题处理时不允许卸载。但在裂缝扩展过程中，新裂缝面附近的应力总在不断松弛，发生卸载。因此，大范围屈服时式(2.77)将不再适用。

2.2.5 裂缝扩展阻力曲线(*R* 曲线)的概念

能量释放率G可作为裂缝扩展驱动力的度量，故可称为裂缝扩展力。首先，裂缝扩展力必须大于裂缝扩展阻力，裂缝才有可能扩展。裂缝扩展阻力R除了用G_{IC}表示外，也可以用其他断裂参数来表示，如用线弹性断裂参数K_{IC}或弹塑性断裂参数J_{IC}等表示。R曲线可以通过试验得到。

仍以无限大平板中的Griffith裂缝为例，如图2.25(a)所示，对于理想线弹性材料，裂缝扩展阻力$R=G_{\mathrm{IC}}$是一个恒定的材料参数，因此，在G-a坐标系中，裂缝扩展阻力$R=G_{\mathrm{IC}}$是一条水平直线。当σ保持为定值时，裂缝扩展力G随裂缝长度a的增加而线性上升。在给定应力水平$\sigma=\sigma_2$下，当裂缝长度为a_0时就达到裂缝扩展的临界状态。当裂缝

长度$a > a_0$时，由于裂缝扩展力始终大于裂缝扩展阻力，将发生失稳扩展。如果给定的应力为σ_1，且$\sigma_1 < \sigma_2$，则当初始裂缝长度为a_0时，此时的$G < G_{IC}$，故裂缝将不会扩展。而当$\sigma_1 > \sigma_2$时，裂缝将会失稳扩展。因此，理想脆性材料的R曲线几乎呈水平，它将产生单一且灾难性的脆性破坏。

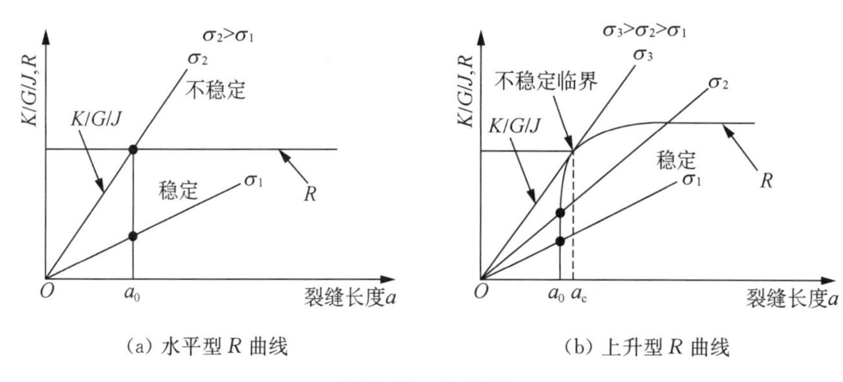

(a) 水平型 R 曲线　　　　(b) 上升型 R 曲线

图 2.25　R 曲线

对于金属材料，通常在裂缝尖端附近存在着一个塑性区，由于材料的硬化效应，裂缝扩展阻力R会随裂缝扩展而提高，如图 2.25(b) 所示。换句话说，裂缝扩展阻力R是裂缝扩展量Δa的函数，随Δa的增加而增加，在R-a坐标系中，它不是一条水平线，而是一条曲线。如图 2.25(b) 所示，假设初始裂缝长度为a_0，则当应力小于σ_3时，裂缝将处于稳定扩展状态，而当应力超过σ_3时，裂缝将会处于不稳定扩展状态。

用能量释放率G描述裂缝扩展稳定性，可表达为

$$\begin{cases} 当\dfrac{\partial G}{\partial a} < \dfrac{\partial R}{\partial a}时，裂缝扩展将处于稳定状态 \\ 当\dfrac{\partial G}{\partial a} = \dfrac{\partial R}{\partial a}时，裂缝扩展将处于稳定状态和不稳定状态的临界边界上 \\ 当\dfrac{\partial G}{\partial a} > \dfrac{\partial R}{\partial a}时，裂缝扩展将处于不稳定状态 \end{cases} \tag{2.78}$$

2.3　混凝土断裂力学早期研究

20 世纪 60 年代初，Kaplan(1961)第一次尝试将线弹性断裂力学的概念应用于混凝土，并采用预缺口三点和四点弯曲混凝土试件来测量混凝土的临界能量释放率G_c。试验结果表明，混凝土临界能量释放率G_c取决于混凝土的配合比、荷载的形式、初始缺口长度的相对尺寸及试件的尺寸。在此之后，为了预测混凝土的断裂行为，进行了许多试验和数值研究。例如，研究人员将线弹性断裂力学金属应力强度因子的临界值K_{IC}的试验测定方法，应用于水泥类材料。

Gluchlich(1963)的研究揭示，裂缝尖端的微裂缝区(即断裂过程区)的存在提高了临

界能量释放率。在受拉断裂中，断裂驱动力（能量释放率）随裂缝长度的增加而增加。Naus 和 Lott(1969)通过三点弯曲试验测定了几种混凝土参数对混凝土断裂韧度的影响，这些参数包括：水灰比、孔隙率、砂灰比、养护龄期以及粗集料的大小和类型，结果表明，混凝土断裂韧度与这些参数具有一定的相关性。

Shah 和 McGarry(1971)得出结论，硬化的波特兰水泥是缺口敏感性材料，但是砂浆和含有适量集料的混凝土在缺口长度控制在几厘米内的条件下却是非缺口敏感性材料。砂浆和混凝土的缺口长度临界值取决于集料颗粒的体积、类型和尺寸等。

Walsh(1971)报道了在三点弯曲构型下，对具有几何相似性缺口的混凝土梁所开展的断裂韧度的试验结果。通过将名义强度及其尺寸的试验结果在对数坐标轴上表示，发现结果并不呈斜率为 1/2 的直线，从中可以推断出线弹性断裂力学(LEFM)并不适用于混凝土。Walsh 表示，使用 LEFM 得到的裂缝扩展荷载取决于试件的大小。此外，为了使 LEFM 能够应用于混凝土，对于梁高 225 mm 的情况，断裂试验中的韧带长度最小值为 150 mm。

Brown(1972)采用了带缺口梁和双悬臂梁两种方法来测定水泥浆和砂浆的断裂韧度。对两种材料的试验表明，水泥的断裂韧度与裂缝扩展无关，而砂浆的断裂韧度随着裂缝的扩展而增加。

Kesler(1972)对大量开裂的水泥浆、砂浆和混凝土试件进行了试验研究，目的是验证 LEFM 对这些材料的适用性。基于试验结果的分析得出结论，LEFM 的概念无法直接应用到具有尖锐裂缝的胶结材料中。

Brown 和 Pomeroy(1973)用预缺口梁和双悬臂梁测定了水泥浆和砂浆的断裂韧度。试验研究的报告中提到，集料的尺寸和质量对断裂韧度有一定影响。研究发现，添加集料不仅使韧度增加，而且使韧度随裂缝生长而逐渐增加。集料的占比越高，韧度的增加越大，而且细集料在这方面似乎比粗集料效果更好。

针对素砂浆和聚合物浸渍砂浆的断裂研究显示，这些材料对宏观裂缝扩展的抗力并不受水灰比和养护龄期的影响，而是会因为聚合物浸渍而大大增强。断裂参数与超过 2 cm 的裂缝长度无关。Walsh(1976)报道了试件尺寸对断裂参数的影响。研究显示，从实验室尺度的试验结果来看，试件尺寸对推断真实结构表现具有显著影响(即尺寸效应)。LEFM 的有效性取决于微裂缝范围、慢速裂缝扩展以及其他的裂缝尖端的非弹性行为。如果试件尺寸足够大，应力扰动区可以认为是被一个区域所包围，该区域的应力基本上与理想应力分布一致，因此 LEFM 可以用于得到开裂荷载。如果试件相对于微裂缝区较小，那么 LEFM 将无法作为失效准则。

Mindess 和 Nadeau(1976)用三点弯曲试验对砂浆和混凝土的带缺口试件进行了试验研究，目的是揭示应力强度因子的临界值是否取决于裂缝前沿的长度(试件的宽度)。试验结果表明，在研究的尺寸范围内，断裂韧度与裂缝前沿的长度无关，说明对砂浆和混凝土来说，没有明显的屈服塑性区。

Gjφrv 等(1977)基于三点弯曲试验对不同类型、体积、尺寸和集料强度混凝土的缺口敏感性和断裂韧度进行了试验研究。结果显示，砂浆和混凝土都是缺口敏感性材料，尽管其敏感性不如水泥浆。轻质混凝土则表现出了与水泥浆相同的断裂特性。

Hillemeier 和 Hilsdorf(1977)基于试验测定了硬化水泥浆、集料以及集料和水泥浆交界面的断裂力学特性。研究发现,水泥浆和交界面的断裂韧度随初始裂缝长度的增加而减小,但对裂缝长度的后续增加,断裂韧度保持常量。最终研究发现,硬化水泥浆、集料及其交界面表现出独有的断裂韧度大小,并且与初始裂缝的长度无关。

Cook 和 Crookham(1978)研究了预拌浸渍聚合物混凝土的特性。预缺口梁技术被用于测定断裂参数,并同时对断裂过程区进行测量。试验结果表明,预拌混凝土中的热处理使单体聚合,这对断裂韧度有显著的影响。素预拌聚合混凝土具有部分缺口敏感性,而浸渍聚合物混凝土是完全缺口敏感的。

Strange 和 Bryant(1979)基于三点弯曲和拉伸试件对混凝土、砂浆和水泥浆进行了断裂试验。结果表明,混凝土是缺口敏感的且断裂韧度与试件尺寸相关。试验中裂缝的慢速生长现象也很明显。这些现象表明,混凝土不能被当作理想弹性均质材料,裂缝尖端必定存在非弹性行为的区域。

一直到 20 世纪 70 年代中期,许多研究仍努力尝试将线弹性断裂力学和弹塑性断裂力学的裂缝扩展研究应用于混凝土类材料,但逐渐地形成这样一种共识,没有一个单一的断裂力学参数能够量化混凝土裂缝扩展。不同的研究者均发现,混凝土类材料的应力强度因子临界值主要与试件几何形状、试件大小和尺寸以及测量技术的类型有关。十分明确的是,初始裂缝尖端被微裂缝区和其他非弹性现象所包围,它们导致了在达到不稳定状态前裂缝的缓慢扩展行为,即形成了混凝土材料独有的断裂过程区,属于一种应力软化的准脆性作用。因此,用于量化胶凝或准脆性材料的断裂特性和裂缝扩展研究往往需要多个参数。

第3章　混凝土的微观结构和拉伸行为

3.1　混凝土的微观结构

微观结构与性能的关系是现代材料科学的核心(Kumar Mehta 和 Monteiro，2013)。对混凝土微观结构的了解对理解混凝土断裂行为有着十分重要的意义。因此本章首先叙述混凝土的微观结构。

众所周知，宏观上混凝土通常被假设为各相同性均质材料。然而从微观来看，混凝土的微观结构是十分复杂的，不能再被认为是各向同性均质材料。在微观上，混凝土具有高度的多相性、不均匀性和复杂性，这对混凝土的断裂行为产生了深远的影响。

人肉眼的分辨极限大约为 0.2 mm(200 μm)。现代电子显微镜的放大倍数已经可以达到 10^6 倍数，即 100 万倍，因此，借助透射和扫描电子显微技术可以观测材料微观结构中小于 1 μm 的细节，达到 1 nm 的纳观尺度，即接近原子尺度层面。

从图 3.1 所示混凝土横剖面的细观结构图可以看出，混凝土在细观上就已经有两个明显区分出来的相：一个是具有大小不一的骨料，另一个是由大量不同水化产物组成的起胶凝作用的水化水泥浆体。混凝土中的骨料和水化水泥浆体两个相彼此之间不是均匀分布的，每个相本身在更小尺度即微观上也不是均质的。硬化水泥浆体中某些区域看上去像骨料一样致密，而另一些区域则有很多空隙(图 3.2)。

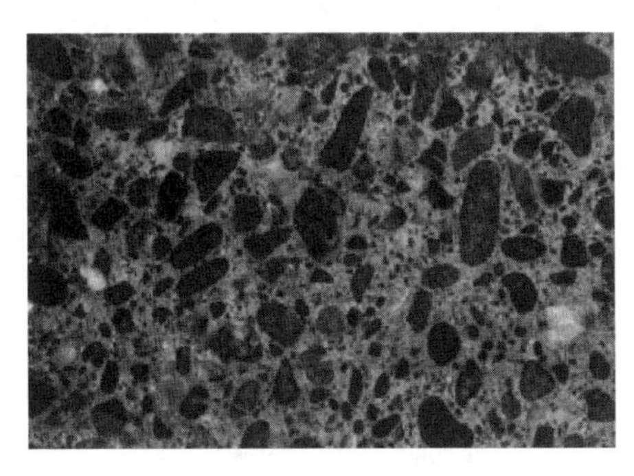

图 3.1　混凝土的细观结构

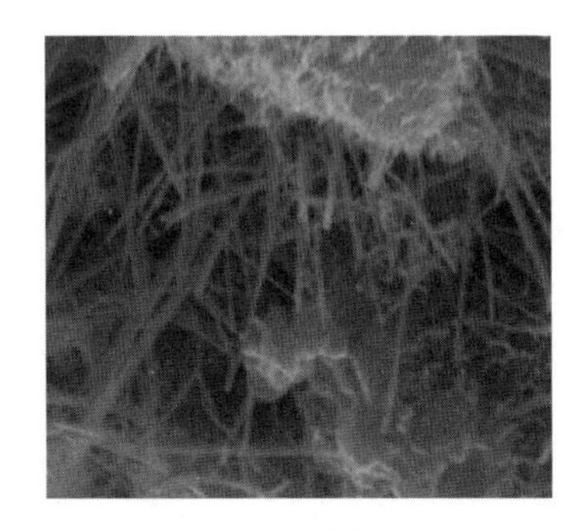

图 3.2　水化水泥浆体的微观结构

如果几个水泥用量相同而用水量不同的混凝土试件在不同的龄期进行测试，通常可以观察到，水化水泥浆体中毛细孔隙的体积随着水灰比的减小或龄期的增长而降低。对于已充分水化的独立水泥浆体，由于均匀性相对较好，在模拟材料的行为时，固相和孔隙的不均匀性通常可以大致忽略。但是,对于混凝土中的水化水泥浆体,微观结构的研究表明,水泥浆体的不均匀性不能忽略。这是由于在骨料存在的情况下,处在大颗粒骨料邻位的水化水泥浆体的微观结构通常与系统中浆体或砂浆本体的显微结构有很大不同。研究表明,只有将水泥浆体与骨料的界面看作混凝土结构的第三相,混凝土在应力作用下的许多行为表现才能得到解释。因此,通常在细观上将混凝土视为水泥浆体、骨料以及两者的界面过渡区三相组成。

3.1.1 骨料的微观结构

骨料有时候也称作"集料",在混凝土中起骨架作用。骨料可分为细骨料和粗骨料两种。粒径大于4.75 mm的骨料称为粗骨料,常用的有碎石及卵石两种。碎石是天然岩石或岩石经机械破碎、筛分制成。卵石是由自然风化、水流搬运和分选、堆积而成。卵石和碎石颗粒的长度大于该颗粒所属相应粒级的平均粒径2.4倍者通常称为针状颗粒,而厚度小于平均粒径0.4倍者通常称为片状颗粒(平均粒径指该粒级上、下限粒径的平均值)。

较典型种类的粗骨料颗粒示于图3.3。一般天然卵石呈圆形,具有光滑的表面构造,而碎石则构造粗糙。依据岩石种类和破碎设备的不同,碎石会含有一定量的针片状颗粒,这些针片状颗粒会对混凝土的某些性能产生不利影响。因此,通常各国相关规范都限定了针片状颗粒的最高含量。用浮石做的轻骨料呈高度蜂窝状,往往棱角分明,表面粗糙,但用黏土或页岩做的陶粒轻骨料通常呈圆形,表面光滑。

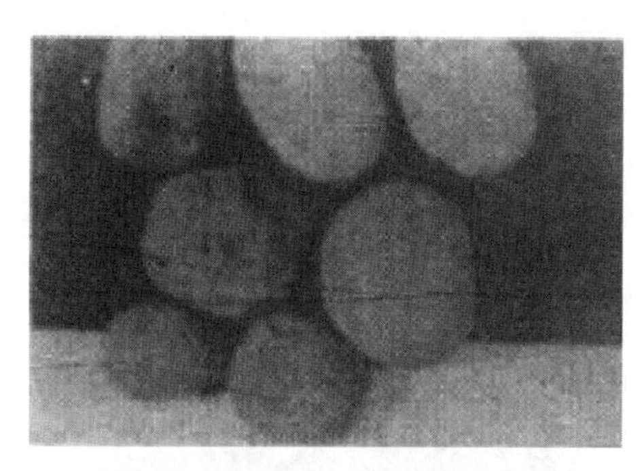

(a) 砾石,较圆滑

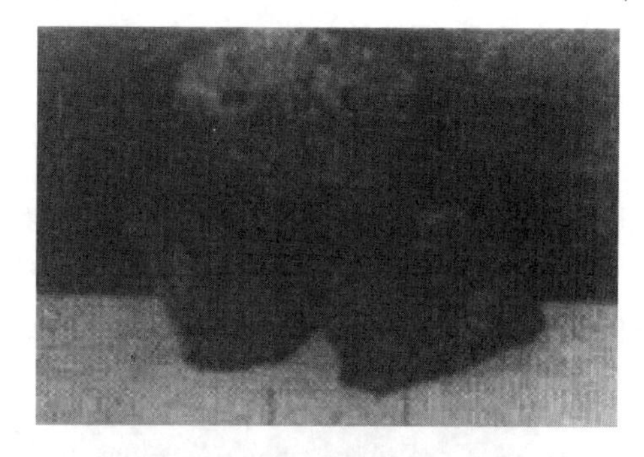

(b) 碎石,等径

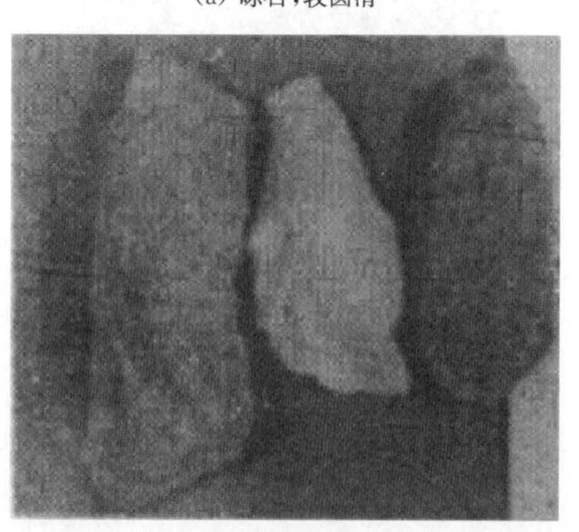

(c) 碎石,长条状

(d) 碎石,片状

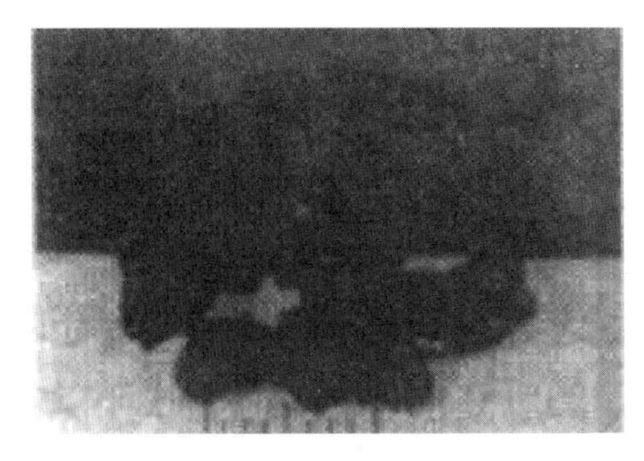

(e) 轻骨料，较粗糙

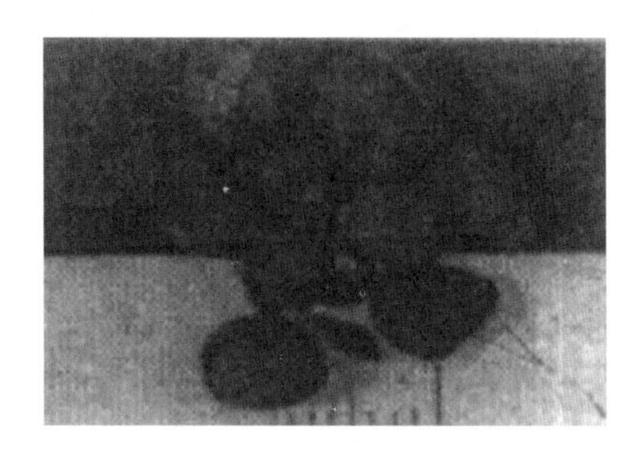
(f) 轻骨料，较圆滑

图 3.3　粗骨料颗粒的形状和表面构造

粒径在 4.75 mm 以下的骨料称为细骨料，俗称砂。常用的有天然砂、人工砂两类。天然砂可以是河砂、湖砂、山砂或淡化海砂，是由自然风化、水流搬运和分选、堆积形成的岩石颗粒，但不包括软质岩、风化岩的颗粒。人工砂是经过处理的机制砂、混合砂的统称。

骨料主要影响混凝土的密度和弹性模量等属性。骨料对混凝土属性的影响主要取决于其物理性质，而其化学性质通常不具有决定性。换句话说，骨料中的化学组成或矿物组成没有物理性质(例如孔隙率、孔径及其分布)对混凝土性能那么重要。

除孔隙率外，骨料的形状和表面构造也会影响混凝土的性能。这是因为其形状和表面构造将影响水泥水化过程中的局部水灰比。

除一些高度多孔软弱的骨料如浮石外，骨料的强度通常比混凝土中其他两相的强度要高，因而骨料一般不会对普通混凝土的强度直接产生影响。但粗骨料的大小和形状会间接影响到混凝土的强度。混凝土骨料尺寸越大，针片状颗粒越多，骨料表面水膜聚水的倾向就越大，从而使界面过渡区变弱，将对混凝土强度和断裂性能产生不利影响。

3.1.2　水化水泥浆体的微观结构

常见的水泥包括 5 个品种，如表 3.1 所示。此处主要讨论由硅酸盐水泥制备的水泥浆体。硅酸盐水泥为灰色粉末，其颗粒呈多棱角，粒径在 1～50 μm。硅酸盐水泥熟料主要由氧化钙、氧化硅、氧化铝和氧化铁(CaO, SiO_2, Al_2O_3, Fe_2O_3)四种氧化物组成，在熟料中占 95%，另 5%为其他氧化物，如 MgO, SO_3 等。水泥熟料经高温煅烧后，氧化钙、氧化硅、氧化铝和氧化铁(CaO, SiO_2, Al_2O_3, Fe_2O_3)四种氧化物不是以单独的氧化物存在，而是以两种或两种以上的氧化物反应生成的多种矿物集合体形式存在。

硅酸盐水泥熟料中主要含有四种矿物：硅酸三钙，$3CaO \cdot SiO_2$，简写 C_3S，占 50%～60%，称为阿利特(Alite)或 A 矿；硅酸二钙，$2CaO \cdot SiO_2$，简写 C_2S，占 20%～25%，称为贝利特(Belite)或 B 矿；铝酸三钙，$3CaO \cdot Al_2O_3$，占 5%～10%，简写 C_3A；铁铝酸四钙，$4CaO \cdot Al_2O_3 \cdot Fe_2O_3$，简写 C_4AF，占 10%～15%，称为才利特(Celite)或 C 矿。

表 3.1　　常见五大水泥品种

水泥品种	简称	成分	性能特征	应用范围
硅酸盐水泥	PI	水泥熟料及少量石膏	(1) 早期强度高 (2) 水化热高 (3) 耐冻性好 (4) 耐热性差 (5) 耐腐蚀性差 (6) 干缩较小	适用于： (1) 制造地上、地下及水中的混凝土、钢筋混凝土及预应力混凝土结构，包括受循环冻融结构及早期强度要求较高的工程 (2) 配制建筑砂浆 不适用于： (1) 大体积混凝土工程 (2) 受化学及海水侵蚀的工程
	PII	水泥熟料、5%以下混合材料、适量石膏		
普通水泥	P.O	在硅酸盐水泥中掺活性混合材料 6%～15%或非活性混合材料 10%以下	(1) 早强 (2) 水化热较高 (3) 耐冻性较好 (4) 耐热性较差 (5) 耐腐蚀性较差 (6) 干缩较小	与硅酸盐水泥基本相同
矿渣水泥	P.S	在硅酸盐水泥中掺入 20%～70%的粒化高炉矿渣	(1) 早期强度低，后期强度增长快 (2) 水化热较低 (3) 耐热性较好 (4) 对硫酸盐类侵蚀抵抗力和抗水性较好 (5) 抗冻性较差 (6) 干缩较大 (7) 抗渗性差 (8) 抗碳化能力低	适用于： (1) 大体积混凝土工程 (2) 高温车间和有耐热耐火要求的混凝土结构 (3) 蒸汽养护的构件 (4) 一般地上、地下和水中的混凝土及钢筋混凝土结构 (5) 有抗硫酸盐侵蚀要求的工程 (6) 配制建筑砂浆 不适用于： (1) 早期强度要求较高的混凝土工程 (2) 有抗冻要求的混凝土工程
火山灰水泥	P.P	在硅酸盐水泥中掺入 20%～50%火山灰质混合材料	(1) 早期强度低，后期强度增长快 (2) 水化热较低 (3) 耐热性较差 (4) 对硫酸盐类侵蚀抵抗力和抗水性较好 (5) 抗冻性较差 (6) 干缩较大 (7) 抗渗性较好	适用于： (1) 地下、水中大体积混凝土结构 (2) 有抗渗要求的工程 (3) 蒸汽养护的工程构件 (4) 有抗硫酸盐侵蚀要求的工程 (5) 一般混凝土及钢筋混凝土工程 (6) 配制建筑砂浆 不适用于： (1) 早期强度要求较高的混凝土工程 (2) 有抗冻要求的混凝土工程 (3) 干燥环境的混凝土工程 (4) 有耐磨性要求的工程

续 表

水泥品种	简称	成分	性能特征	应用范围
粉煤灰水泥	P.F	在硅酸盐水泥中掺入20%～40%粉煤灰	(1) 早期强度低,后期强度增长较快 (2) 水化热较低 (3) 耐热性较差 (4) 对硫酸盐类侵蚀抵抗力和抗水性较好 (5) 抗冻性较差 (6) 干缩较小 (7) 抗碳化能力较差	适用于: (1) 地上、地下、水中和大体积混凝土工程 (2) 蒸汽养护的构件 (3) 抗裂要求较高的构件 (4) 有抗硫酸盐侵蚀要求的工程 (5) 一般混凝土工程 (6) 配制建筑砂浆 不适用于: (1) 早期强度要求较高的混凝土工程 (2) 有抗冻要求的混凝土工程 (3) 有抗碳化要求的混凝土工程

当将水灌注于水泥中,使水泥分散到水中后,硫酸钙和钙的高温化合物便开始进入溶液,液相很快被各种离子所饱和并产生水化反应。在水泥水化的几分钟内,钙、硫酸盐、铝酸盐和氢氧根离子相互作用,首先生成三硫型水化硫铝酸钙(又称“钙矾石”)针状晶体。数小时后,大片棱柱状的 $Ca(OH)_2$ 晶体和非常细小纤维状的“水化硅酸钙(C—S—H)”开始填充原先被水和渐渐溶解的熟料所占据的空间。几天之后,视水泥中铝硫比的大小,“钙矾石”可能会变得不稳定并分解为六方片状的单硫型硫水化铝酸钙。六方片状形貌也是铝酸钙水化物的特征,它在硫酸盐不足或高 C_3A 的水泥中形成。

受到骨料不均匀性的影响,可以理解,水化水泥浆体各种水化物在微观上的分布将不均匀。混凝土中的水化水泥浆体微观结构的这种不均匀性会造成材料强度和其他相关力学性能损害。这是因为,决定材料性能的通常是微观结构中最薄弱的部位而不是微观结构的平均水平。对于混凝土,骨料尺寸和形状造成的不均匀性,是引起混凝土内部不同位置局部水灰比的重要因素。值得指出的是,未水化的水泥颗粒都有团聚的趋势,形成絮凝结构包裹大量拌和水。一个高度絮凝化的水泥浆体系,与分散良好的水泥浆体相比,不仅其内部孔隙的大小和形状不同,其水化的晶态产物也有较大差异。

1. 水化水泥浆体中的固相

用电子显微镜分辨到的水化水泥浆体中四种主要固相包括 C—S—H(水化硅酸钙)、$Ca(OH)_2$(氢氧化钙,也称羟钙石)、水化硫铝酸钙、未水化的水泥颗粒,其类型、数量和特性如下所述。

(1) C—S—H

C—S—H 是硬化水泥浆体强度和耐久性的主要固相,决定浆体性能的最重要的固相,在完全水化的水泥浆体里占据50%～60%的体积。虽然 C—S—H 这个术语使用连字符,但实际上它不是一种分子结构十分确定的化合物,其 C/S 之比在1.2～2.3之间,且分子结构水含量变化较大。C—S—H 的形貌也从晶形很差的纤维状到网状之间变动。

C—S—H 的胶体尺度大小和聚集成簇的倾向，通常需要用电子显微镜才能分辨。较早的文献通常称它为 C—S—H 凝胶，其内部的晶体结构至今仍未完全揭示。早前假设类似于天然矿物托勃莫来石，这也是为何有时会将 C—S—H 称为托勃莫来石凝胶的原因。

C—S—H 结构目前有若干模型。在 Powers-Brunauer 模型中，C—S—H 是一种有着巨大表面积的层状结构，据不同检测技术发现，C—S—H 比表面积在 100～700 m^2/g 之间，范德华力为其主要的强度来源；其凝胶孔的大小，或固相与固相之间的距离在 18 A（即 1.8 nm）左右。在 Feldman-Sereda 模型里，C—S—H 由无规则的或扭曲的层状结构排列而成，这些层状结构随机分布，形成不同形状与大小（5～25 A）的层间孔。关于硬化水泥浆体中 C—S—H 本质的详细描述可参考 Richardson(1970)的研究。

(2) $Ca(OH)_2$

$Ca(OH)_2$ 晶体具有确定化学组成，趋于形成独特的六角棱形大块晶体，占水泥浆体固相体积的 20%～25%。受生长空间、水化温度以及体系中杂质的影响，其形貌通常会发生变化，从难以区分辨认到大片堆叠起来。与 C—S—H 相比，$Ca(OH)_2$ 比表面积很小，对强度的贡献有限。但是 $Ca(OH)_2$ 的存在使得混凝土内部呈现为碱性环境。因此，虽然 $Ca(OH)_2$ 对混凝土强度贡献有限，但由于碱性环境，其具有保护内部钢筋不被锈蚀的作用。

(3) 水化硫铝酸钙

水化硫铝酸钙对混凝土性能仅起到较小的作用，在水化浆体里占固相体积的 15%～20%。水化早期，较高的硫酸盐/铝离子比值有利于形成三硫型的水化硫铝酸钙（$C_6AS_3H_{32}$，也称钙矾石，为针状棱柱形晶体）。在普通硅酸盐水泥浆体里，钙矾石最终会转变为单硫型水化物（C_4ASH_{18}），为六角形薄片状晶体。硅酸盐水泥混凝土中单硫型水化物的存在使混凝土易受到硫酸盐的侵蚀。钙矾石和单硫型水化物都含有少量的铁离子，这些铁离子可以置换晶格中的铝离子。

(4) 未水化的水泥颗粒

即使在超过 28 天龄期后，甚至若干年后，在混凝土水泥浆体的微观结构中仍能找到一些未水化的熟料颗粒。在水化过程中，较小的颗粒首先溶解并从体系中消失，然后较大的颗粒逐渐变小。由于颗粒间可生长空间的限制，水化产物都趋近水化熟料颗粒表面析出，外观上就像围绕熟料颗粒形成一个包覆层。水化后期由于生长空间缺乏，熟料颗粒只能原位水化，形成非常致密的水化产物，在形貌上可能会与熟料原颗粒相似。

2. 水化水泥浆体中的孔

水化水泥浆体中还含有多种对其性能有重要影响的孔隙，水泥浆体中孔的类型讨论如下。

(1) C—S—H 中的层间孔

按照 Powers 的模型假设，C—S—H 结构里的层间孔大小为 18 A，固相 C—S—H 的孔隙率为 28%；而 Feldman-Sereda 模型则认为层间孔大小在 5～25 A 之间。这些孔径太小，不会对水化水泥浆体的强度和渗透性产生不利影响。但这些微孔中的水被氢键所固定，在特别干燥的情形下可能会失去，从而引起干缩和徐变。

(2) 毛细孔

当硅酸盐水泥分散在水中，有些多余水分没有参与水泥水化反应，这些多余水分占据的空间在混凝土凝固后即形成了混凝土中的毛细孔。因此,毛细孔的体积和尺寸由新拌水泥浆中未水化水泥颗粒的原本间距(即水灰比,指混凝土中水的用量与水泥用量的质量比)以及水泥水化的程度所决定。而水泥的水化程度取决于养护条件(水化持续时间、温度与湿度)。

一般水泥凝结后,获得稳定的体积,约等于水泥和用水体积之和,即拌和物在水化过程中体积基本保持不变。假设某种水泥,100 cm^3 的水泥完全水化需要 200 cm^3 的空间来容纳水化产物,即 100 cm^3 的水泥完全水化大约需要 100 cm^3 的水来参与水化反应(按照硅酸盐水泥比重 3.14 计算,则水灰比大约为 0.3 时并且水分理想化完全利用,不会存在毛细孔),超过 100 cm^3 的多余水量将成为硬化水泥浆的(毛细)孔隙率。然而,为了使水泥充分水化,通常需要添加多于 100 cm^3 的水。使用高效减水剂可以有效降低水灰比,从而降低孔隙率,提高混凝土的致密性、强度和耐久性。

Powers(1958)作过一个简单的说明(图 3.4)。由于水灰比一般以质量比给出,故为了计算水的体积以及体系总体积(即水泥和水的体积之和),必须知道硅酸盐水泥的比重,假设为 3.14。

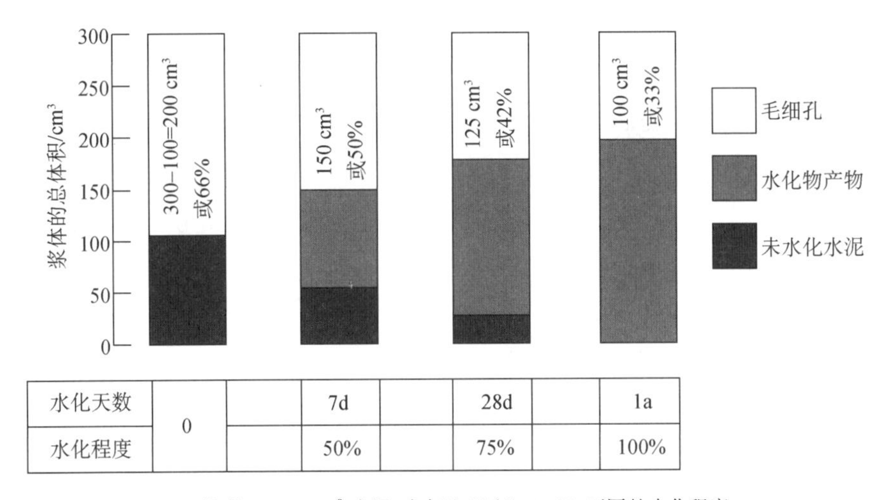

水化天数	0		7d		28d		1a
水化程度			50%		75%		100%

(a) 情形 A:100 cm^3 水泥,水灰比 W/C=0.63,不同的水化程度

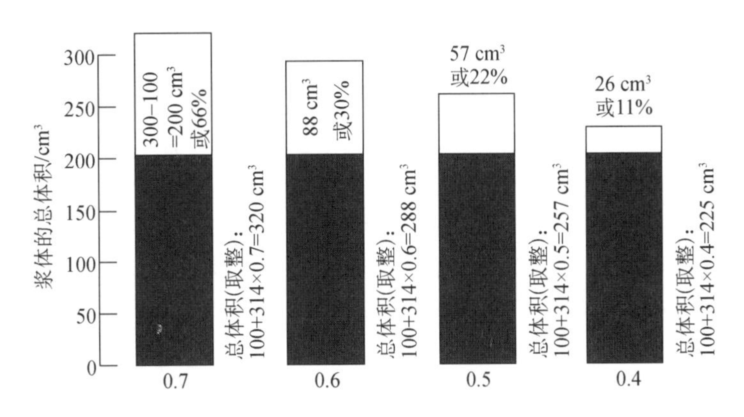

(b) 情形 B:100 cm^3 水泥,100%水化热,不同的水灰比

图 3.4 毛细孔隙率随水灰比和水化程度的变化

在情形 A 中，水灰比为 0.63 的情况下，100 cm^3 水泥需要使用 200 cm^3 水(即 100×0.63/3.14=200 cm^3)，故浆体总体积为 300 cm^3。假设养护在 ASTM 标准条件下进行，7 d、28 d 和 365 d 的已水化水泥体积分别假定是 50%、75%和 100%，则固体的计算体积(未水化水泥加上水化产物)是 150 cm^3、175 cm^3 和 200 cm^3，毛细孔体积可以从体系总体积与固体总体积之差求得。在水化 7 d、28 d 和 365 d，该体积分别为 50%、42%和 33%。

在情形 B 中，假定水化程度为 100%的四种水泥浆体，水灰比对应为 0.7，0.6，0.5 和 0.4。显然，水灰比最大的浆体可获得的空间总体积最大，但由于水泥用量相同，故四种水灰比都将产生等量的固体水化产物。四种浆体的孔隙率分别为 37%，30%，22%和 11%。

在充分水化的低水灰比浆体中，毛细孔以在 10～50 nm 的范围内为主；在高水灰比浆体中，水化早期的毛细孔可大至 3～5 μm。研究显示，孔径分布比总孔隙率对水化水泥浆体特性有更重要的影响。大于 50 nm 的毛细孔在现代文献中通常被看作宏观孔，可能对强度和渗透性有更大的影响；而小于 50 nm 的毛细孔则被看作微观孔，对干缩和徐变有重要影响。

(3) 气孔

混凝土拌和过程中水泥浆体里通常会带入少量空气。另外，在严寒地区浇筑混凝土时，会在混凝土中掺入外加剂人为引入微小的气孔。搅拌带入的气孔可能大到 3 mm，而外加剂引入的气泡在 50～200 μm。因此，无论是带入的气孔还是引入的气泡，都远大于水化水泥浆体里的毛细孔，会对强度产生不利影响。所以，虽然在严寒地区制备混凝土需要添加引气剂，但在混凝土的制备规范中通常对引气剂的含量有严格的限制。混凝土中的毛细孔通常形状不规则，而气孔则一般呈球形。

3. 水化水泥浆体中的水

由于水化水泥浆体中存在不同种类的孔，受环境湿度的影响，水泥浆体能够保持大量的水分。在水化水泥浆体里的水可以下列状态存在。

(1) C—S—H 层间水

在 C—S—H 分子结构的层与层之间，单分子水层被氢键牢固地固定。层间水只有在强烈干燥时(即相对湿度低于 11%)才会失去。C—S—H 结构在失去层间水时会发生明显的收缩。

(2) 毛细孔水

毛细孔水是孔径大于 5 nm 的毛细孔隙里存在的水分。毛细孔水可以分为两类：孔径大于 50 nm(0.05 μm)的毛细孔中的水，称为自由水，它的失去不会引起任何体积变化；较小毛细孔(5～50 nm)中毛细张力所固定的水，它的失去会引起系统收缩。

(3) 吸附水

这是吸附在水化产物固体表面的水。在分子引力作用下，浆体中的水分子会被物理吸附到水化产物固相表面，被氢键物理吸附可达 6 个水分子层厚(1.5 nm)。由于水分子的键能随其与固相表面距离的增大而减小，当水泥浆体干燥至 30%的相对湿度时，大部分吸附水会失去。失去吸附水会使水化水泥浆体收缩。

(4) 化学结合水

化学结合水是构成各种水泥水化产物微观结构的一部分。这种水不会因为干燥而失去，只有水化物受热分解时才会失去。

3.1.3　混凝土中的界面过渡区

在制备混凝土的过程中，大颗粒骨料周围将形成水膜，这将导致大颗粒骨料周边的水灰比要高于其他部位(即砂浆主体)。因此，在粗骨料的表面，通常称之为界面过渡区(图 3.5)，该界面过渡区往往是强度链条中最薄弱的一环，通常被视为混凝土中的强度限制相。

正是由于界面过渡区的存在，使混凝土在比粗骨料和水泥浆的强度低较多的应力水平下就破坏了。由于不需要很高的应力水平，即使在极限强度的 50%，就能使已经存在于过渡区的裂缝扩展。这就解释了以下现象：混凝土的组成相(即骨料和水化水泥浆体或砂浆)在单轴受压试验破坏前，通常维持弹性，而混凝土本身却会呈现出非线性。

图 3.5　混凝土骨料和水泥砂浆的界面过渡区

3.2　混凝土断裂过程的试验观察方法

混凝土裂缝的扩展将首先在裂缝尖端发生微裂现象，称为断裂过程区(Fracture Process Zone, FPZ)，类似金属材料的塑性区。为观测混凝土的断裂过程，目前已有的混凝土断裂观测技术基本可以分为两大类，即直接观测技术和间接观测技术。

直接方法包括光学显微镜(Derucher, 1978)、扫描电子显微镜(Mindess 和 Diamond, 1980, 1982)和高速摄影(Bhargava 和 Rehnström, 1975)。间接方法有激光散斑干涉测量(Ansari, 1989)、可塑性和多切技术(Hu 和 Wittmann, 1990)、穿透染料(Lee 等, 1981)、超声波测量(Sakata 和 Ohtsu, 1995)、红外振动热成像(Dhir 和 Sangha, 1974)和声发射技术(Maji 和 Shah, 1988; Maji 等, 1990; Ouyang 等, 1991; Hadjab 等, 2007)。

3.2.1　激光散斑法

散斑现象普遍存在于光学成像的过程中，当人们观察遥远的恒星时，由于我们是透过大气层观察星星，而大气层有杂质、有扰动，遥远恒星的一点光就很容易被干扰，或者被折射，形成闪烁，这就是光源发出的光被随机介质散射在空间形成的一种斑纹现象。后来研究人员发现散斑携带了许多信息，于是产生了许多应用，例如用散斑的对比度测量反射表面的粗糙度等。

图 3.6　激光散斑图

由于激光的高度相干性，激光散斑的现象更加明显。大多数物体表面相对光波的波长（以氦氖激光器为例，波长0.6 m）来讲是粗糙的，由于激光的高度相关性，当激光照到表面相对粗糙的物体上，光波从物体表面反射或通过一个透明散射体（例如毛玻璃）时，物体上各点到适当距离的观察点的振动是相干的，因此观察点的光场是由粗糙表面上各点发出的相干子波的叠加，由于这种相干叠加，结果就产生了散斑的随机强度图样，于是便可以观察到一种无规则分布的亮暗斑点图案，这种状态称为"激光散斑"（图 3.6），这种分布所形成的图样是非常特殊的。

激光散斑可以用曝光的方法进行测量，但最新的测量方法是利用计算机技术，可以避免显影和定影的过程，从而实现实时测量的目的，在科研和生产过程中得到日益广泛的应用。目前的激光散斑法具有非接触、无损、高灵敏度、快速成像等优点。激光散斑法基本分为两步：第一步，用相干光照射物体表面，通过第二次曝光记录带有物体表面变形或位移信息的散斑图；第二步，将散斑图置于一定的光路系统中，把散斑图储存的变形或位移信息提取出来，进行观察和分析。如此，即可利用激光散斑图样的变化情况测量得到物体的位移和变形信息。从 20 世纪 80 年代开始，激光散斑法被用于混凝土断裂力学研究。

3.2.2　光弹贴片法

光弹贴片法是将应变光学灵敏度较高的一种光弹性塑料薄片粘贴在被测构件的表面（图 3.7），当构件受力变形时，随构件表面一起变形的贴片就将产生人工双折射效应，用反射式光弹仪观察贴片，就可以得到等差线和等倾线。等差线代表的是等主应变差，而等倾线代表着主应变方向。通过测定贴片随构件表面变形而产生的等差线干涉条纹级数，即可求得该构件表面的应变。

贴片法试验仪器主要有两种，反射式光弹仪和反射式偏光显微镜，前者可用于现场大面积的光弹性贴片测量，后者可用于分析很小的局部区域。光弹性贴片法所用的贴片材料，首先要有较高的应变光学灵敏度；其次，在室温条件下能按零件表面的曲率成形，并在粘贴后不出现初始条纹。为此，通常采用黏度较低的环氧树脂和室温固化剂，并加入适量的稀释剂，制成贴片材料。所用的胶黏剂，一般也要采用室温固化的环氧胶。遇到反光性能较差的零件表面，可在胶黏剂中加入少量铝粉，以增加反射的光强。例如，聚碳酸酯就是一种有效的贴片材料，其性能稳定，具有很好的应变光学灵敏度，但由于其不易按零件表面曲率成形，一般适用于表面平整的构件测试。

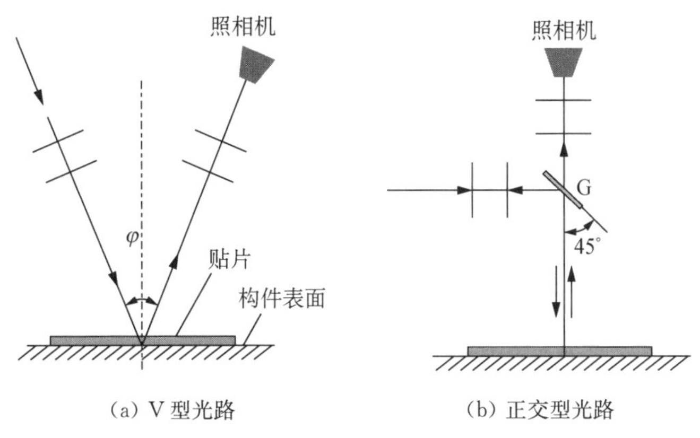

(a) V 型光路　　(b) 正交型光路

图 3.7　反射式光弹仪光路图

光弹贴片法是一种全场观测的分析方法，故能发现难以预计的某些高应变区域，例如装配、加强、焊接所带来的应力集中区。该方法不仅能测量静态的弹性应变，还能测量动态应变、弹塑性应变、残余应变和热应变；不仅能测试金属材料结构，还可测试由混凝土、木材、复合材料、岩石、橡胶等材料制成的结构或零件。光弹贴片法具有实时、直观、精确以及便于保存等优点，光弹仪可记录混凝土试件破坏前裂缝扩展的全过程。因此，在断裂力学研究中，也可用此法测量裂纹尖端弹塑性应变场和裂纹扩展过程。

3.2.3　扫描电子显微镜

扫描电子显微镜是用聚焦电子束在试样表面逐点扫描成像。与光学显微镜相比，电子显微镜以电子束为介质，由于电子束波长远小于可见光，故电子显微镜分辨率远高于光学显微镜。光学显微镜放大倍率最高只有约 1 500 倍，而扫描电子显微镜可放大到数十万倍以上。另外，扫描电子显微镜的一个重要特点是具有超大景深，约为光学显微镜的 300 倍，这个特点使得扫描电子显微镜比光学显微镜更适合观察起伏程度较大的试片。但是大部分扫描电子显微镜的抗污染能力低，必须提供真空系统和电源稳压系统，试验设备和费用均较昂贵。

3.2.4　云纹干涉法

云纹干涉法是 20 世纪 70 年代末 80 年代初继全息照相术、散斑计量术之后发展起来的，所利用的是物理光学的基本原理。用全息方法可仿制出特密光栅，其密度可高达每毫米数千线，因此，云纹干涉法的灵敏度比普通云纹法的高数十倍。用软片全息光栅贴于试件上，还可实现大面积反射和透射，进行实时观察。但此法要在全息实验台上进行，对粘贴的软片、黏胶及工艺均有严格要求。近几年，云纹干涉法在基本理论、实验技术、试件栅复制工艺等方面正趋于完善，而且已经在应变分析、复合材料、断裂力学、残余应力测量等方面获得了成功的应用，是一种具有发展和应用前景的实验力学方法。

3.2.5　声发射技术

声发射是一种常见的物理现象，是指物体在受到形变或外界作用时，因迅速释放变形能量而产生瞬态应力波的一种物理现象。因此,声发射也称为应力波发射。各种材料的声发射频率范围很宽,可覆盖次声频、声频到超声频范围,如果释放的应变能足够大,就能产生可以听得见的声音。例如人们很熟悉的一个经验,折断树枝就可以听见噼啪声。金属材料塑性变形和断裂时也有声发射现象,但这种声发射信号的强度很弱,需要借助灵敏的电子仪器才能检测出来。利用仪器检测、分析声发射信号和利用声发射信号推断声发射源的技术称为声发射技术。

声发射检测方法是一种动态无损检测技术,能检测出构件或材料的内部结构、缺陷或潜在缺陷的运动变化过程。如果裂纹等缺陷处于静止状态,没有变化和扩展,就没有声发射产生,也就不可能实现声发射检测。由于声发射信号来自缺陷本身,因此可用声发射法判断缺陷的严重性。由于声发射技术可观测内部裂缝的扩展,因此很早就用于材料内部损伤或微裂缝发展的观测。但声发射检测环境如果有强噪声干涉,则需要采取技术排除噪声,否则会使声发射技术的应用受到限制。

3.3 拉伸行为的应变局域化效应

了解了混凝土的微观结构之后,可以知道混凝土的力学行为具有复杂性,实际情况也是如此,从混凝土拉伸行为的宏观表现即可见一斑。由于材料在裂缝尖端附近承受拉应力,在断裂分析中不可避免需要了解受拉混凝土拉伸断裂的全过程特性。20 世纪 60 年代,许多研究者(Hughes 和 Chapman, 1966; Evans 和 Marathe, 1968)使用大刚度拉伸试验机,通过直接拉伸试验得到了混凝土稳定且完整的应力-位移图。直接拉伸试验中混凝土典型的应力-位移曲线如图 3.8 所示。

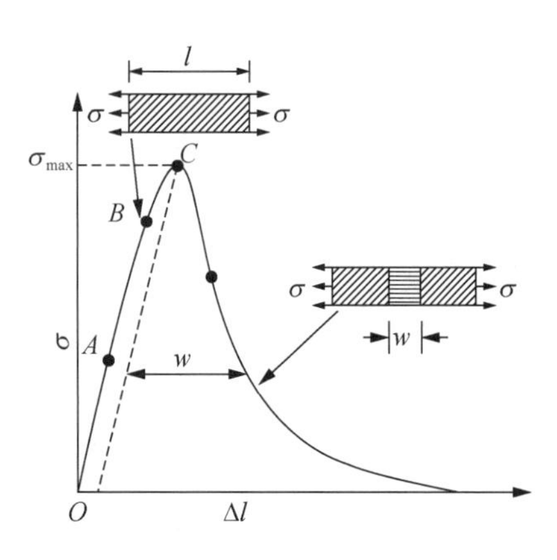

图 3.8 混凝土典型的应力-位移曲线

试验结果(Heilmann 等,1969)表明,直接拉伸试验中出现了变形局域化这一有趣的现象。当应力到达最大数值后,随着试件变形的增加,试验机的拉力将下降,而增加的变形集中于一个狭小的区段内,在这个区段之外,试件处于卸载状态。这个在后峰下降段变形不断增加的区域即是变形局域化的区域。混凝土的这种拉伸行为中的局域化行为与混凝土微观结构的多相性和不均匀性实际上有着十分密切的关系。

此外,基于声发射和电子散斑图案干涉测量的试验技术证实,在达到峰值荷载前混凝土表现出明显的非线性(Shah 和 Ouyang, 1994)。用图 3.8 中的 A、B、C 三个转折点来进行说明。点 A 对应达到荷载峰值的 30% 左右,此时应力应变处于弹性关系,点 B 对应于峰值荷载的 80% 左右。点 A 与点 B 之间混凝土内部的微裂缝扩展是孤立的,并且在试件体积上呈现为随机分布。在这一阶段,拉应力沿试件长度的受荷方向基本均匀分布。点 B 和点 C 之间混凝土微裂缝开始合并形成宏观裂缝,并且拉应变沿试件受荷方向不再均匀分布。当达到峰值荷载(点 C)时,一条稳定发展的裂缝便产生了。随着加载的进行，该裂缝区域成为仅存的裂缝发展区域。在峰值荷载处，形成一个条带区，被称为断裂区。超过峰值荷载后，断裂区的拉应变继续增加，而断裂区之外的材料则开始卸载。因此，断裂区的应力-位移关系可通过从总位移中减去弹性位移而得到。因此，受拉混凝土的特性可考虑由两种特征曲线描述：达到峰值荷载前的应力-应变曲线和达到峰值荷载后的应力-位移曲线，如图 3.9 所示。

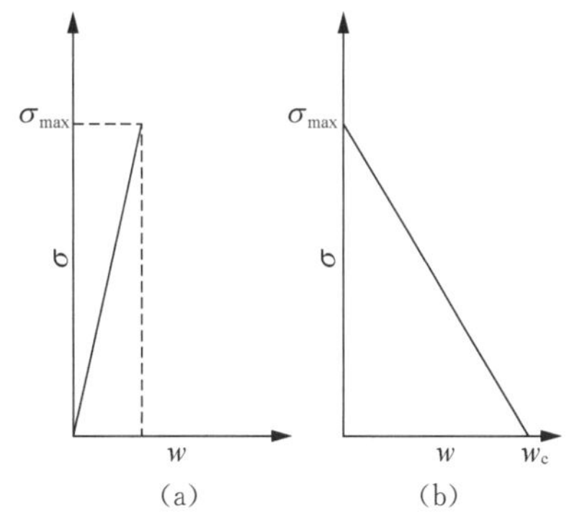

图 3.9　(a) 峰值前应力-应变关系；(b) 峰值后应力-位移关系

一个初始长度为 l 的混凝土拉伸试件，经历荷载极值之后，试件的伸长量 Δl 由下式计算：

$$\Delta l = \varepsilon_0 l + w \tag{3.1}$$

如果 ε_0 表示断裂区外材料的均匀应变，w 表示断裂区的长度增量，那么平均应变 ε_m 由下式计算：

$$\varepsilon_m = \frac{\Delta l}{l} = \varepsilon_0 + \frac{w}{l} \tag{3.2}$$

由于 w 相对稳定，表现为混凝土材料的一种固有属性，从式(3.2)可以看到，超过峰值应变之后，平均应变取决于试件的长度。因此，平均应力-应变曲线不再是材料的固有特征。这种现象被称为应变局域化效应(Gdoutos, 2005)。

3.4　断裂过程区

实际上，对于混凝土，在其宏观裂缝尖端存在一个变化的具有一定尺寸的破坏区域，这个破坏区被称为断裂过程区(Fracture Process Zone, FPZ)。断裂过程区在断裂面上具有传递闭合应力的能力，并随着变形的增加而减小，如图 3.10 所示。许多微观破坏机理，例如基体微裂缝、水泥-基体交界面剥离、裂缝偏转、晶粒桥接以及裂缝分叉，都会在裂缝的扩展过程中消耗能量，导致断裂面即便有微小张开也依然存在闭合应力。

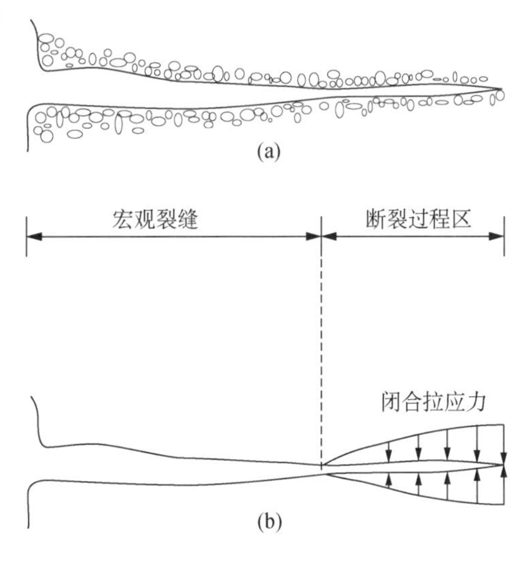

图 3.10　(a) 断裂过程区；(b) 断裂过程区的黏聚应力分布

Xu 和 Zhao 采用激光散斑法对两种不同尺寸的混凝土切口梁进行了研究，从各个试件在各级荷载下微裂区的形状以及扩展过程的试验观察结果可以看出，所有试件断裂区的形状呈不规则的狭长带状，而且随着荷载的增加，裂缝的形成和发展呈现出缓慢而稳定的趋势。对于各级加载瞬时而言,裂缝的形成和发展呈跳跃式的间歇状态。

断裂过程区的典型尺寸按照从小到大的顺序,普通混凝土为 50 cm,含超大集料的混凝土坝为 3 m,灌浆土体为 10 m,带节理岩石的山体为 50 m。在另外一种极端的情况下,用于钻进两相邻节理的花岗岩石的断裂过程区尺寸为 1 cm,细粒氧化硅陶瓷为 0.1 mm,纳米硅胶片为 10～100 nm(Bažant, 2002)。

3.5 混凝土断裂试验的标准试件

位移控制模式的单轴拉伸试验,例如八字模拉伸试验(图 3.11),可作为直接方法用来确定混凝土的断裂特征。然而,该类试验实际操作相对单一,只能适用于较小尺寸的试件。

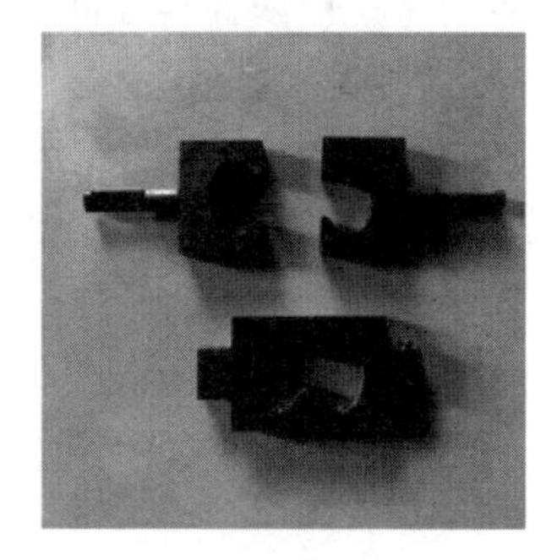

图 3.11　八字模和夹具拉伸试验设备

为了开展准脆性材料(如混凝土)的断裂试验,还可以使用多种不同几何形状的标准试件开展间接试验。间接试验常用到的有三点弯曲试验(TPBT)、紧凑拉伸试验(CT)以及劈裂试验(WST)等不同几何形状,如图 3.12 所示。

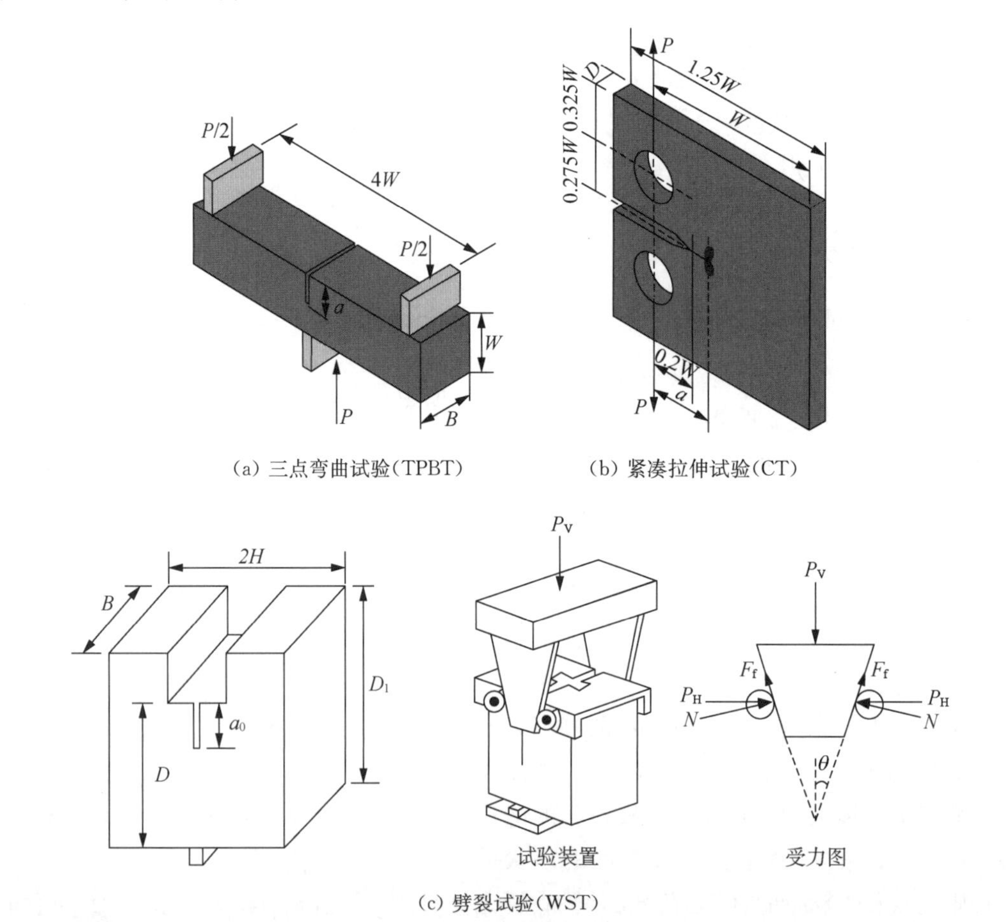

(a) 三点弯曲试验(TPBT)　(b) 紧凑拉伸试验(CT)

(c) 劈裂试验(WST)

图 3.12　试件几何形状示意图

三点弯曲几何形状是一种用于不同断裂模型测定断裂参数的常用手段。基于TPBT构件的断裂试验具有一定的优势，它可以在标准的试验机上进行，并且对预缺口梁更容易进行稳定弯曲试验。国际结构与材料研究联合会(International Union of Laboratories and Experts in Construction Materials, Systems and Structures, RILEM)混凝土断裂力学委员会(TC-50FMC)建议采用三点弯曲试验对缺口梁测定胶凝材料的断裂能量。然而，对于大尺寸结构，梁的自重不利于断裂试验，不仅要处理试验试件本身的问题，还要对断裂分析进行特殊处理。此外，实践中也不大可能从施工现场或既有结构中钻取这种试件。

作为替代，紧凑拉伸试验(CT)和劈裂试验(WST)已经被众多研究者用来测定混凝土的断裂参数。标准的紧凑拉伸结构是一个受拉的单边带缺口的平面。ASTM标准E-399(2006)规定了紧凑拉伸试件的通用比例和标准构形。许多研究者(Wittmann, 1988; Brühwiler, 1990)用CT测定了混凝土的断裂能G_F。然而，CT试验也存在一些缺陷：①样本的形状选择缺少灵活性，因此直接从已有结构中钻取较为困难；②要将荷载直接施加在构件上或许在试验布置上不太方便；③试验只能在裂缝张开位移(COD)控制的试验步骤下进行。

劈裂试验(WST)是紧凑拉伸试验的一种特殊形式。试验时，在监控荷载和裂缝开口张开位移($CMOD$)过程中，将一个带有凹槽和缺口的小型构件切入。Linsbauer和Tschegg(1986)最早使用WST几何形状进行了准脆性材料的稳定断裂试验，随后Brühwiler和Wittmann(1990)修正了试验方案。通过WST试件进行混凝土的稳定断裂试验在实践中的重要性越来越显著，因为它具有以下几个优点：①试件小且密实，所需材料较少；②有相对较大的韧带面积-混凝土体积比；③试验结果少，受试件自重的影响最小；④断裂试验过程具有较好的稳定性；⑤与TPBT几何形状相似，基于WST试件的试验可由楔形位移的恒定速率控制，也可由闭环张开位移(COD)控制；⑥试件的几何形状可以是立方体或圆柱体，适用于从既有结构中钻取混凝土芯来进行断裂试验。

1. 三点弯曲试验(TPBT)

TPBT的标准尺寸如图3.12(a)所示，符号B、W和S分别代表宽度、深度和跨径，且$\frac{S}{W}=4$。

2. 紧凑拉伸试验(CT)

根据ASTM标准E-399(2006)，标准CT试件的尺寸和形状如图3.12(b)所示，其中试件厚度$B=0.5W$。

3. 劈裂试验(WST)

WST试件中的尺寸如图3.12(c)所示，D_1、$2H$和B与标准CT试件相比会有稍稍不同，这是由实际情况的要求和便捷性所决定的。尽管如此，由于劈裂试验和紧凑拉伸试验在试件几何形状和加载条件都具有相似性，因此用于计算劈裂试件断裂参数的LEFM表达式同样适用于CT试件。在劈裂试验中，竖向荷载P_V和裂缝张开位移(COD)被记录下来，水平力 P_H 通过式(3.3)计算，而在 CT 试件中水平力直接由试验记录。

图 3.12(c)中，P_V 是施加的竖向荷载，N 是法向反力，F_f 是摩擦力，P_H 是作用在试件上的水平力，θ 是楔形角度。如果 μ 是楔块和滚轴之间的摩擦系数，根据力的平衡，P_H 由下式得到：

$$P_H = \frac{1-\mu \tan\theta}{2(\mu + \tan\theta)} \tag{3.3}$$

忽略摩擦力且考虑楔块角度较小即 15°的情况，式(3.3)简化为

$$P_H \approx \frac{P_V}{2\tan\theta} = 1.866 P_V \tag{3.4}$$

式(3.4)表明，即使试件所受的竖向力较小，仍然可以产生放大的水平力，因此减少了对试验机高性能的需求。为方便起见，后文将作用在 WST 试件上的水平力用符号 P 表示。

3.6 常用软化函数

研究表明，混凝土非线性断裂行为受到拉伸后峰软化函数的影响。国内外不同研究人员均提出了多种形状的软化曲线描述拉伸后峰行为。软化曲线的实际形状可以通过混凝土试件进行直接拉伸试验或不同形状标准试件(TSPT，CT，WST 等)的间接方法来确定。在间接方法中，通常需要采用试错法或优化方法，通过不断对比试验和拟合预测得到的荷载-位移曲线，最终获得精确的软化曲线。软化函数的表达可以分为两种类型，一种是基于拉伸后峰应力-位移，另外一种则是基于局域断裂过程区均匀弥散化的拉伸后峰应力-应变。前者在文献中提到的一些广泛应用的软化函数包括线性(图 3.13)(Hillerborg 等，1976)，双线性(图 3.14)(Petersson，1981；CEP-FIP Model Code—1990，1993)，指数(Gopalaratnam 和 Shah，1985；Karihaloo，1995)，非线性(Reinhardt 等，1986)和准指数(Planas 和 Elices，1990)等；后者包括 Guo 和 Zhang(1987)，Chen 等提出的软化函数将在下文逐一介绍。

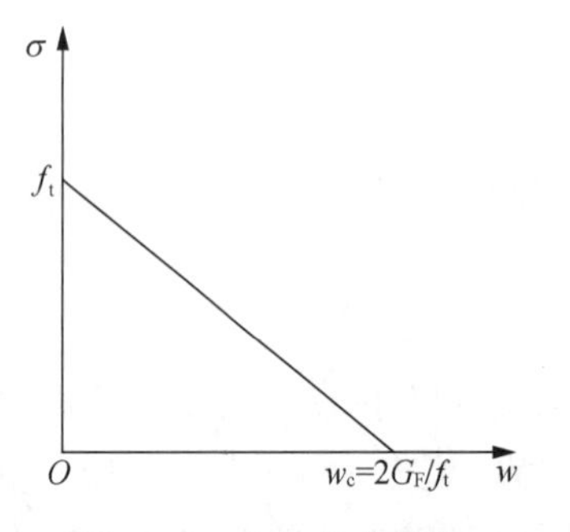

图 3.13　线性软化函数

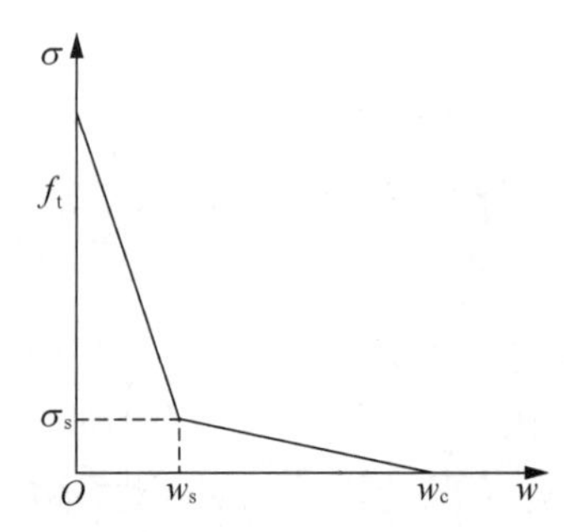

图 3.14　双线性软化函数

3.6.1　基于拉伸后峰应力-位移的软化函数

1. 线性软化函数

图3.13所示的线性软化函数可以用以下形式表达：

$$\begin{cases}\sigma = f_t\left(1-\dfrac{w}{w_c}\right), & 0\leqslant w\leqslant w_c \\ \sigma = 0, & w\geqslant w_c\end{cases} \tag{3.5}$$

以及

$$w_c = \frac{2G_F}{f_t} \tag{3.6}$$

2. 双线性软化函数

图3.14所示的双线性软化函数可以用以下形式表达：

$$\begin{cases}\sigma = f_t-(f_t-\sigma_s)\dfrac{w}{w_s}, & 0\leqslant w\leqslant w_s \\ \sigma = \sigma_s\dfrac{w_c-w}{w_c-w_s}, & w_s\leqslant w\leqslant w_c \\ \sigma = 0, & w\geqslant w_c\end{cases} \tag{3.7}$$

软化曲线以下的区域有：

$$G_F = \frac{(\alpha_s+\beta_s)}{2}f_t w_c \tag{3.8}$$

扭结点的无量纲形式的值分别为 $\alpha_s=\dfrac{\sigma_s}{f_t}$ 和 $\beta_s=\dfrac{w_s}{w_c}$，其中 σ_s 和 w_s 分别是双线性软化曲线斜率变化点处的纵坐标和横坐标。Petersson(1981)使用 $\alpha_s=\dfrac{1}{3}$ 和 $\beta_s=\dfrac{2}{9}$ 的取值，代入式(3.8)得到：

$$w_c = \frac{3.6G_F}{f_t} \tag{3.9}$$

在双线性应变软化图表中，Wittmann等(1988)发现，$\alpha_s=\dfrac{1}{4}$ 和 $\beta_s=\dfrac{3}{20}$ 的值适合模拟CT试件的 *P-COD* 行为。在这种情况下，可以获得以下关系：

$$w_c = \frac{5G_F}{f_t} \tag{3.10}$$

CEB-FIP Model Code 1990(1993)引入了各种经验关系以获得双线性软化曲线的不

同参数。根据规范，w_c 和常数 k_d 的值取决于所给集料的最大尺寸 d_a，这些参数列于表 3.2。

表 3.2 **双线性软化曲线的不同参数**

d_a /mm	w_c /mm	k_d
8	0.12	4
16	0.15	6
32	0.25	10

对于最大骨料尺寸如 19 mm，w_c 和常数 k_d 采用线性插值，其值为 $w_c=0.1688$ mm，$k_d=6.75$。按照 CEB-FIP Model Code 1990 的规定，$\alpha_s=0.15$ 的值保持固定，而给定 G_F 时，β_s 的值可以使用规范中给出的经验公式来获得：

$$w_s=\frac{G_F-22w_c\left(\dfrac{G_F}{k_d}\right)^{0.95}}{150\left(\dfrac{G_F}{k_d}\right)^{0.95}},\ \beta_s=\frac{w_s}{w_c} \tag{3.11}$$

根据式(3.8)和式(3.9)获得以下关系：

$$\beta_s=0.159,\ w_c=\frac{6.475G_F}{f_t} \tag{3.12}$$

双线性软化的特征参数也可由 Xu 和 Reinhardt(1999)以及 Xu 和 Zhang(2008)提出的关系式来确定。这种软化函数可以称为修正的双线性软化函数，在这种情况下，G_F 可以根据 CEP-FIP Model Code 1990 中给出的关系式来计算。修改的双线性软化的其他参数如下：

$$\begin{cases}\alpha_s=\dfrac{\sigma_s}{f_t}=\dfrac{2-f_t\dfrac{CTOD_c}{G_F}}{\alpha_F}\\[2ex]\beta_s=\dfrac{w_s}{CTOD_c}=1\end{cases} \tag{3.13}$$

式中，$\alpha_F=9-\dfrac{d_a}{8}$，$w_c=\alpha_F\cdot\dfrac{G_F}{f_t}$。

3. 指数软化函数

指数软化函数(Gopalaratnam 和 Shah，1985)最初是以下列形式提出的：

$$\sigma=f_t e^{-kw^{\lambda}} \tag{3.14}$$

式中，λ 和 k 是常数，$\lambda=1.01$，$k=0.063$；w 以 μm 为单位。

一种常用的指数函数形式(Karihaloo, 1995)为

$$\sigma = f_t e^{-\mu \frac{w}{w_c}} \tag{3.15}$$

式中，μ 是材料常数，当 $\sigma = 0.01 f_t$，$w = w_c$ 时，有 $\mu = 4.6052$，w_c 用下式计算：

$$w_c = \frac{4.6517 G_F}{f_t} \tag{3.16}$$

4. 非线性软化函数

非线性软化关系(Reinhardt 等，1986)最初是以下列形式提出的：

$$\sigma = f_t \left\{ \left[1 + \left(\frac{c_1 w}{w_c} \right)^3 \right] e^{\frac{-c_2 w}{w_c}} - \frac{w}{w_c}(1 + c_1^3) e^{-c_2} \right\} \tag{3.17}$$

式中，c_1，c_2 和 w_c 是材料常数。对于普通混凝土，式(3.17) 中的这三个参数可以取 $c_1 = 3$，$c_2 = 6.93$，$w_c = 160$ mm。

$$G_F = w_c f_t \left\{ \frac{1}{c_2} \left[1 + 6 \left(\frac{c_1}{c_2} \right)^3 \right] - \left[1 + c_1^3 \left(1 + \frac{3}{c_2} + \frac{6}{c_2^2} + \frac{6}{c_2^3} \right) \right] \times \frac{e^{-c_2}}{c_2} - \left(\frac{1 + c_1^3}{2} \right) e^{-c_2} \right\} \tag{3.18}$$

w_c 也可以用式(3.18) 中给定的 G_F 和前面的 c_1 和 c_2 计算：

$$w_c = \frac{5.136 G_F}{f_t} \tag{3.19}$$

5. 准指数软化函数

准指数软化函数(Planas 和 Elices, 1990)由以下表达式给出：

$$\begin{cases} \sigma(w) = f_t \left[(1 + c_1) \exp\left(\frac{-c_2 w f_t}{G_{FC}} \right) - c_1 \right], & 0 < w \leqslant \frac{5G_{FC}}{f_t} \\ \sigma(w) = 0, & w \geqslant \frac{5G_{FC}}{f_t} \\ c_1 = 0.0082896, & c_2 = 0.96020 \end{cases} \tag{3.20}$$

式中，c_1，c_2 是材料常数。

3.6.2 基于拉伸后峰应力-应变的软化函数

1. Guo 和 Zhang 软化函数

以上所用软化函数均为后峰应力-位移关系。也有一些学者采用弥散的方法，将软化函数在拉伸试验局域化的断裂过程区中进行均匀弥散化，从而得出后峰应力-应变关系。例如，我国早期有学者提出了软化函数(Guo 和 Zhang, 1987)，如式(3.21)所示。

$$\frac{\sigma_c}{f_t}=\frac{\dfrac{\varepsilon_c}{\varepsilon_t}}{\alpha\left(\dfrac{\varepsilon_c}{\varepsilon_t}-1\right)^{1.7}+\dfrac{\varepsilon_c}{\varepsilon_t}} \tag{3.21}$$

式中，ε_c 为拉伸应变；f_t 为混凝土抗拉强度；ε_t 为抗拉强度对应的拉伸应变；α 是一个与混凝土强度等级有关的参数。

2. Chen 指数软化函数

陈萍(1998)提出的混凝土后峰应力-应变关系采用指数形式，其表达式为

$$\frac{\sigma_c}{f_t}=e^{-B\left(\frac{\varepsilon_c}{\varepsilon_t}-1\right)^C} \tag{3.22}$$

式中，ε_c，f_t 和 ε_t 含义同式(3.21)，B 和 C 是与混凝土强度有关的参数。

第4章 权函数法

4.1 概述

本章将介绍一种可以确定裂缝尖端应力强度因子的强有力方法，即权函数法。这一概念由 Bueckner(1970)最早提出。在处于复杂应力场(如热应力或残余应力)的裂缝体中，权函数法是确定其应力强度因子的一种强有力的方法。在混凝土结构中，由于初始裂缝尖端前存在较大断裂过程区，因而产生了复杂的非线性应力。在这种情况下，借助权函数法可以有效减少对有限元或边界元技术的依赖，提供了计算应力强度因子的简化算法，可以大大提高计算效率。

权函数法的基本原理是：权函数表达式依赖于几何形式，即与几何形式有关；而对任意给定的弹性开裂几何形式，权函数表达式与作用在该实体上的加载形式无关。Rice (1972)进一步简化了用权函数法确定应力强度因子的过程。

对受到荷载的线弹性体而言，经证明，如果裂缝尖端的应力强度因子和相应的裂缝表面张开位移与裂缝位置的函数关系已知，则可以确定权函数，并且对同一实体上施加其他任意形式的荷载，应力强度因子都可以通过权函数直接确定。假如需要对给定的开裂几何体重复计算其应力强度因子，那么相比于有限元等数值计算方法，使用权函数法是一种很好的高效替代方法。

4.2 权函数的定义

如上所述，权函数法认为，对于一个承受荷载的弹性开裂体，如果裂缝尖端的应力强度因子 K_r 以及相应的裂缝面张开位移函数 $u_r(x, a)$ 已知，那么施加于该弹性开裂体的任何其他荷载下的裂缝尖端的应力强度因子能够被直接确定。关于这一点，早前已被证明(Bueckner, 1970; Rice, 1972)。

假定 K_r 和 K_s 是一个弹性开裂体 r 和 s 两种荷载情况对应的应力强度因子。其中，r 代表已经知晓的参考值，s 代表任意荷载工况。根据权函数方法，K_s 的值可以直接根据权函数 $m(x, a)$ 确定为

$$K_s = \int_0^a \sigma_s(x) m(x, a) \mathrm{d}x_s \tag{4.1}$$

式中，$m(x, a)$ 代表权函数，可根据 r 荷载情况下的裂缝面张开位移函数 $u_r(x, a)$ 确定如下：

$$m(x, a)=\frac{E'}{2K_r}\frac{\partial u_r}{\partial a} \tag{4.2}$$

式中，a 是裂缝长度；$\sigma_s(x)$ 是 s 荷载作用下未开裂时预期裂缝面上的应力分布情况，可通过试验、数值或解析解确定，对于平面应力状态，$E'=E$，对于平面应变状态，$E'=E/(1-\nu^2)$，ν 为材料泊松比，如图 4.1 所示；dx_s 是针对 s 荷载情况下沿着裂缝面的无限小长度。

权函数 $m(x, a)$ 还可以理解为作用于开裂面上 x 位置(裂缝总长度为 a) 处的一对垂直反向的点荷载对裂缝尖端应力强度因子的贡献。对于一个给定的开裂体，权函数仅取决于几何形状，而与施加的荷载无关。

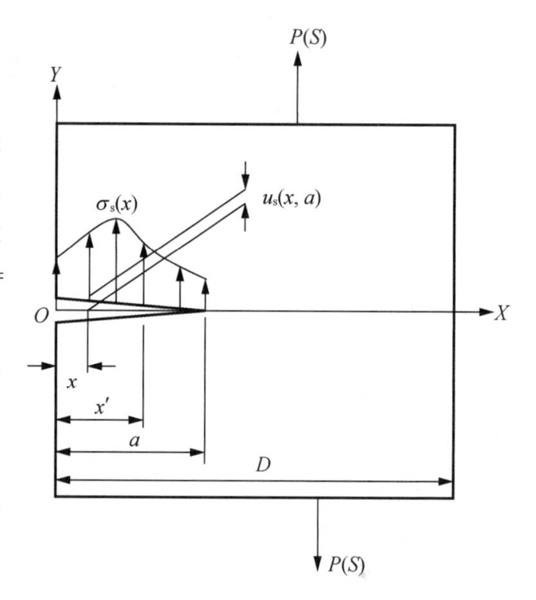

图 4.1 荷载作用下未开裂时预期裂缝面上的应力场

4.3 一些已知的权函数

Petroski 和 Achenbach(1978)提出了一种裂缝表面位移 u_r 的一般近似表达式：

$$u_r(x, a)=\frac{\sigma_0}{E'\sqrt{2}}\left[4F\left(\frac{a}{W}\right)\sqrt{a}\sqrt{a-x}+G\left(\frac{a}{W}\right)\frac{(a-x)^{\frac{3}{2}}}{\sqrt{a}}\right] \tag{4.3}$$

式中，

$$\begin{cases} G\left(\frac{a}{W}\right)=\dfrac{\left[I_1(a)-4F\left(\frac{a}{W}\right)I_2(a)\sqrt{a}\right]}{I_3(a)} \\ I_1(a)=\pi\sqrt{2}\sigma_0\int_0^a\left[F\left(\frac{a}{W}\right)\right]^2 a\,da \\ I_2(a)=\int_0^a\sigma(x)\sqrt{(a-x)}\,dx \\ I_3(a)=\int_0^a\sigma(x)(a-x)^{\frac{3}{2}}\,dx \end{cases} \tag{4.4}$$

式中，$F\left(\frac{a}{W}\right)=\frac{K_r}{\sigma_0\sqrt{\pi a}}$ 是无量纲的几何修正系数；$G\left(\frac{a}{W}\right)$ 是未知函数，由式(4.4) 确定；K_r 是对应于外部作用特征应力 σ_0 下的已知参考应力强度因子；$\sigma(x)$ 是未开裂体受到应力

σ_0 时预期裂缝面上的应力，即便简单受力 σ_0，复杂的几何形状仍然导致了复杂的应力 $\sigma(x)$，针对这种情况，式(4.3)和式(4.4)稍显繁琐。

此外，Fett 等(1987)表示，使用 Petroski 和 Achenbachs(1978)公式时，由于快速改变的参考应力，可能出现不准确的权函数结果。Fett(1988)于是提出了权函数的一般表达式：

$$m(x, a)=\frac{2}{\sqrt{2\pi(a-x)}}\left[1+M_1\left(1-\frac{x}{a}\right)+M_2\left(1-\frac{x}{a}\right)^2+M_3\left(1-\frac{x}{a}\right)^3+\cdots+M_n\left(1-\frac{x}{a}\right)^n\right] \tag{4.5}$$

Sha 和 Yang(1986)则提出了下面形式的权函数表达式：

$$m(x, a)=\frac{2}{\sqrt{2\pi(a-x)}}\left[1+M_1\left(1-\frac{x}{a}\right)^{\frac{1}{2}}+M_2\left(1-\frac{x}{a}\right)^1+M_3\left(1-\frac{x}{a}\right)^{\frac{3}{2}}+\cdots+M_n\left(1-\frac{x}{a}\right)^{\frac{n}{2}}\right] \tag{4.6}$$

即使是针对某一特定几何形状，式(4.5)中需要保留的项数也是不确定的，同时 Glinka 和 Shen(1991)提到，即使保留式(4.5)中的 7 项，也无法准确地表达某些几何形式的权函数。Glinka 和 Shen(1991)还表示，利用式(4.6)保留前 4 项即可近似表达 Ⅰ 型裂缝的权函数。Shen 和 Glinka(1991)将权函数的一般形式推广到受 Ⅰ 型荷载的不同裂缝形状，将结果与现有的解析法进行了对比，发现误差控制在 2%以内。

按照式(4.5)，对于 Ⅰ 型裂缝的权函数，可以采用一个四项式通用表达式(Glinka 和 Shen, 1991)近似估算。在保留前 4 项的通用权函数中，未知参数的数量为 3(即 M_1，M_2 和 M_3)，它们的值可借助 3 个参考应力强度因子直接确定，而不需要裂缝面张开位移函数。

如上所述，在四项式通用权函数表达式中，待确定的参数是 M_1，M_2 和 M_3。如果已知 3 个应力强度因子 $K_{rk}(k=1, 2, 3)$，以及相应裂缝沿线应力场 $\sigma_{rk}(k=1, 2, 3)$ 那么联立代数方程组可用下式表示：

$$K_{rk}=\int_0^a \sigma_{rk}(x)\frac{2}{\sqrt{2\pi(a-x)}}\left(1+M_1\sqrt{1-\frac{x}{a}}+M_2\sqrt{1-\frac{x}{a}}+M_3\sqrt{1-\frac{x}{a}}\right)\mathrm{d}x \tag{4.7}$$

作为一个近似，对称荷载下中心穿透裂缝和双边缘裂缝的附加条件(Shen 和 Glinka, 1991)由下式给出：

$$\left.\frac{\partial u(x, a)}{\partial x}\right|_{x=0}=0 \tag{4.8}$$

对于式(4.2)和式(4.8)，也可以这样表达：

$$\left.\frac{\partial m(x,\ a)}{\partial x}\right|_{x=0}=0 \tag{4.9}$$

对于单边缘裂缝，则以下条件将更加恰当(Fett 等，1987；Shen 和 Glinka，1991)：

$$\left.\frac{\partial^2 u(x,\ a)}{\partial x^2}\right|_{x=0}=0 \tag{4.10}$$

通过式(4.2)和式(4.10)可以得到：

$$\left.\frac{\partial^2 m(x,\ a)}{\partial x^2}\right|_{x=0}=0 \tag{4.11}$$

满足式(4.9)和式(4.11)后，可以得到一个附加条件，可减少已知应力强度因子参考值的个数。

4.4 有限宽板的边缘裂缝通用权函数

以含边缘裂缝的有限宽板为例，讨论如何根据已知的裂缝尖端的应力强度因子参考值确定其通用权函数。如图 4.2 和图 4.3 所示，结合式(4.11)，论述权函数的获取方法。

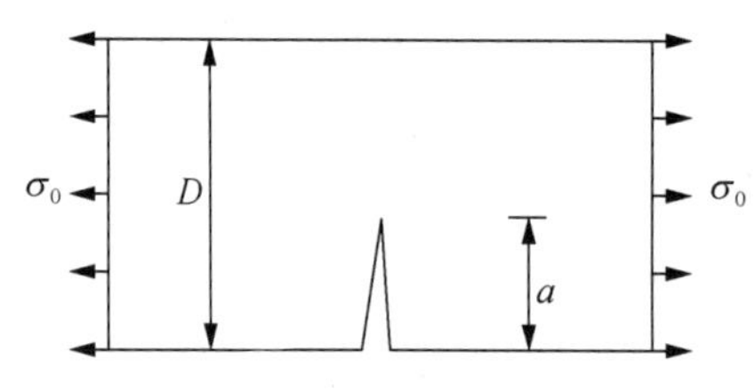

图 4.2 均布荷载作用下单边开裂的有限宽板

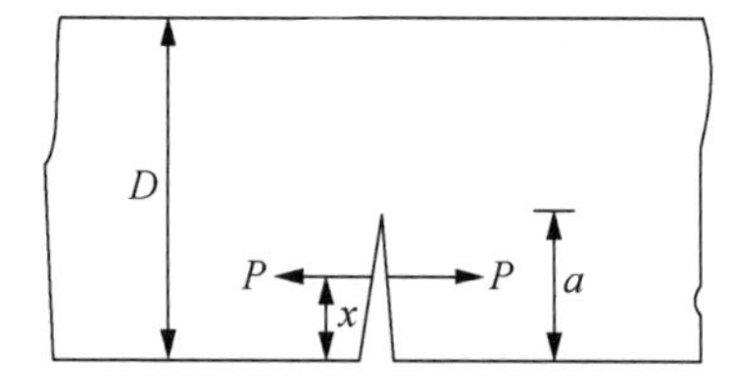

图 4.3 一对垂直荷载作用下单边开裂的有限宽板

对于第一个参考案例(图 4.2)，取一个受均布应力 σ_0 作用的单边开裂有限宽板。对于这种情况，应力强度因子的标准公式如下：

$$K_{\mathrm{I}}=F_1\sigma_0\sqrt{\pi a} \tag{4.12}$$

式中，

$$F_1=1.122-0.231\frac{a}{D}+10.55\left(\frac{a}{D}\right)^2-21.7\left(\frac{a}{D}\right)^3+30.382\left(\frac{a}{D}\right)^4 \tag{4.13}$$

式(4.13)对于 $\frac{a}{D}<0.6$ 的情况，误差为 0.5%。

对于第二个参考案例(图 4.3)，取一个受一对作用于 x 位置处的垂直荷载 P 作用的单边开裂有限宽板。对于这种情况，应力强度因子的标准公式如下：

$$K_{\mathrm{I}}=\frac{2P}{\sqrt{\pi a}}F\left(\frac{x}{a},\ \frac{a}{D}\right) \tag{4.14}$$

式中，$F\left(\frac{x}{a},\ \frac{a}{D}\right)$ 是格林（Tada Green）函数，可由下式确定：

$$F\left(\frac{x}{a},\ \frac{a}{D}\right)=$$

$$\frac{3.52\left(1-\frac{x}{a}\right)}{\left(1-\frac{a}{D}\right)^{1.5}}-\frac{4.35-\frac{5.28x}{a}}{\sqrt{1-\frac{a}{D}}}+\left[\frac{1.30-0.30\left(\frac{x}{a}\right)^{1.5}}{\sqrt{1-\left(\frac{x}{a}\right)^{2}}}+0.83-\frac{1.76x}{a}\right]\times\left[1-\frac{\left(1-\frac{x}{a}\right)a}{D}\right] \tag{4.15}$$

假设 P 为一个单位力，且作用于板的边缘，即在式(4.14) 和式(4.15) 中，令 $P=1$，$x=0$，则单位厚度的应力强度因子可以表达为

$$K_{\mathrm{I}}=F_{2}\frac{2}{\sqrt{\pi a}} \tag{4.16}$$

$$F_{2}=\frac{3.52}{\left(1-\frac{a}{D}\right)^{1.5}}-\frac{4.35}{\left(1-\frac{a}{D}\right)^{0.5}}+2.13\left(1-\frac{a}{D}\right) \tag{4.17}$$

根据式(4.7)、式(4.12)和式(4.13)，式(4.16)还可以这样表达：

$$\frac{\pi F_{1}}{\sqrt{2}}=2+M_{1}+1.5M_{2}+\frac{M_{3}}{2} \tag{4.18}$$

根据式(4.7)、式(4.16)和式(4.17)，可以得到下列方程：

$$\sqrt{2}F_{2}=1+M_{1}+M_{2}+M_{3} \tag{4.19}$$

联合式(4.7)和式(4.11)可得：

$$M_{2}=3 \tag{4.20}$$

联立式(4.18)—式(4.20)可得权函数的参数表达式：

$$\begin{cases}M_{2}=3\\ M_{3}=2\sqrt{2}-2\pi F_{1}\\ M_{1}=\sqrt{2}F_{2}-1-M_{2}-M_{3}\end{cases} \tag{4.21}$$

式(4.21)即表达了有限宽板的边缘裂缝权函数的三个参数，则通用的四项式权函数可表达为

$$m(x, a)=\frac{2}{\sqrt{2\pi(a-x)}}\left[1+M_1\left(1-\frac{x}{a}\right)^{0.5}+M_2\left(1-\frac{x}{a}\right)+M_3\left(1-\frac{x}{a}\right)^{1.5}\right] \tag{4.22}$$

通过比较无量纲形式的格林函数式(4.15)和带有参数 M_1、M_2、M_3 的权函数式(4.22)可以发现,直到 $\frac{a}{D}=0.2$ 的情况,最大绝对误差小于 10%。值得指出的是,最大绝对误差会随着裂缝深度的增加而变大(即 a 变大)。

通过上述比较可知,采用上述方法确定有限宽板边缘裂缝的通用权函数在某些情况下存在较大误差,并不十分适用。一个明显的原因可能归咎于式(4.13)中的几何形状要素只能适用于 $\frac{a}{D}<0.6$ 的情况。因此,需要寻找一个可以获得更准确的权函数参数的替代方法。由此提出了基于最小二乘法拟合格林函数以确定通用权函数参数的方法。

4.4.1 四项式通用权函数

四项式通用权函数的形式如式(4.5)中所表达。在这个替代方法中,对格林函数的值在不同的 $\frac{a}{D}\left(0<\frac{a}{D}<1\right)$ 和 $\frac{x}{D}\left(0<\frac{x}{D}<1\right)$ 的取值下进行了计算。然后,3 个参数 M_1、M_2、M_3 的值采用最小二乘法确定。从最小二乘拟合结果来看,在 $\frac{a}{D}$ 取不同值时 $\left(当\ 0<\frac{x}{D}<1\right)$,$M_1$,$M_2$,$M_3$ 的值可表达成关于 $\frac{a}{D}$ 的函数,表达式如下:

$$M_i=\begin{cases}\dfrac{a_i+b_i\dfrac{a}{D}+c_i\left(\dfrac{a}{D}\right)^2+d_i\left(\dfrac{a}{D}\right)^3+e_i\left(\dfrac{a}{D}\right)^4+f_i\left(\dfrac{a}{D}\right)^5}{\left(1-\dfrac{a}{D}\right)^{1.5}}, & i=1,3\\ a_i+b_i\dfrac{a}{D}, & i=2\end{cases} \tag{4.23}$$

从式(4.23)中可以发现,M_2 能够简单地被直线方程表达。系数 a_i,b_i,c_i,…,f_i 在表 4.1 中给出。

表 4.1　四项式权函数参数 M_1,M_2,M_3 的系数值

i	a_i	b_i	c_i	d_i	e_i	f_i
1	0.0572011	−0.8741603	4.0465668	−7.89441845	7.8549703	−3.18832479
2	0.4935455	4.43649375				
3	0.340417	−3.9534104	16.1903942	−16.0958507	14.6302472	−6.1306504

对于一个在有限宽板中的边缘裂缝,权函数的准确性可被标准格林函数验证,不同

$\frac{a}{D}$ 取值(0.2，0.4，0.6，0.8 和 0.95)的对比情况见图 4.4。

从式(4.22)中的四项式权函数结果的分析中可以得出，与格林函数的最大误差绝对值在 $0<\frac{a}{D}<0.95$，$0<\frac{x}{a}<0.96$ 时小于 2%。对于 $\frac{x}{a}>0.96$ 这种情况，其非常接近裂缝尖端，最大的误差会略微增加到小于 3%(准确值是 2.912%)，最大误差发生在 $\frac{x}{a}=0.98$ 和 $\frac{a}{D}=0.90$ 处。

4.4.2　五项式通用权函数

如果期望得到更高精度的预测，可将式(4.22)修正为五项式通用权函数：

$$m(x, a)=\frac{2}{\sqrt{2\pi(a-x)}}\left[1+M_1\left(1-\frac{x}{a}\right)^{0.5}+M_2\left(1-\frac{x}{a}\right)+M_3\left(1-\frac{x}{a}\right)^{1.5}+M_4\left(1-\frac{x}{a}\right)^{2}\right] \tag{4.24}$$

如上文所述，参数 M_1，M_2，M_3，M_4 的值可通过最小二乘法获得。其中，参数 M_1 和 M_3 的数值可由式(4.23)的第一式确定，参数 M_2 和 M_4 可由式(4.23)的第二式确定。相应的系数 a_i，b_i，c_i，…，f_i 由表 4.2 给出。

表 4.2　五项式权函数参数 M_1，M_2，M_3，M_4 的系数值

i	a_i	b_i	c_i	d_i	e_i	f_i
1	−0.000824975	0.6878602	0.4942668	−3.25418434	3.4426983	−1.3689673
2	0.782308	−3.0488836				
3	−0.3049218	13.4186519	−23.31662697	35.51066606	−34.440981408	14.10339412
4	0.28347699	−7.378355423				

五项式权函数与格林函数的比较如图 4.5 所示。通用权函数的最大绝对误差，在裂缝长度范围 $0<\frac{x}{a}<0.98$，当 $0<\frac{a}{D}<0.2$ 时小于 1.5%，当 $0.2<\frac{a}{D}\leqslant 0.95$ 时小于 1%。对于 $\frac{a}{D}<0.2$ 的情况，通常不属于工程实践感兴趣的分析范围。

从上述分析可知，四项式通用权函数与标准格林函数的误差小于 3%，而五项式通用权函数的误差可以进一步减小到 1.5%以下。因此，在工程运用中，对于有限宽板的边缘裂缝，四项式通用权函数替代格林函数不会产生过大的误差。五项式通用权函数可以作为应力强度因子更高精确性预测的替代解决方案。

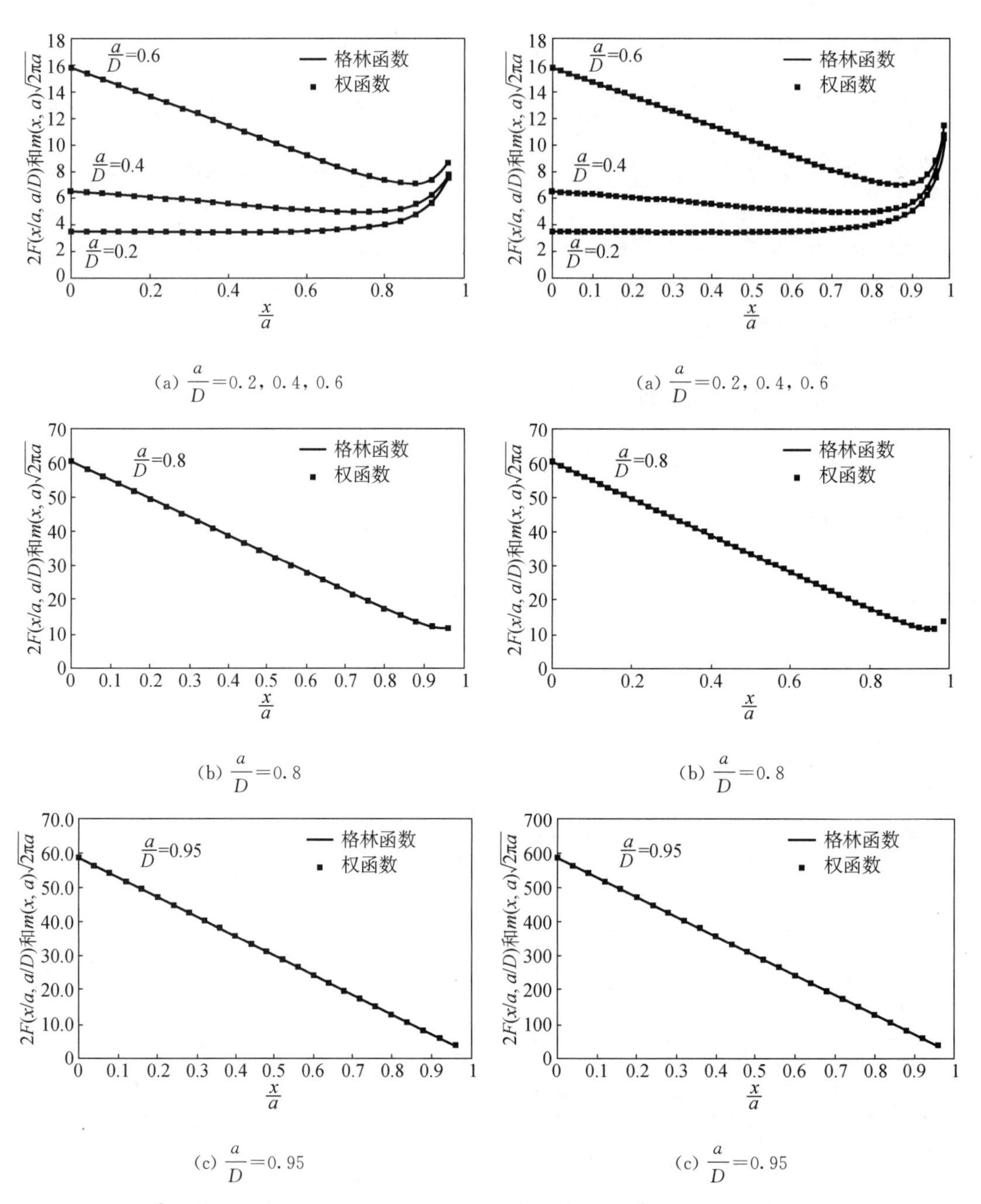

(a) $\frac{a}{D}$=0.2，0.4，0.6　　(a) $\frac{a}{D}$=0.2，0.4，0.6

(b) $\frac{a}{D}$=0.8　　(b) $\frac{a}{D}$=0.8

(c) $\frac{a}{D}$=0.95　　(c) $\frac{a}{D}$=0.95

图 4.4　不同$\frac{a}{D}$取值的对比情况(四项式权函数)　　图 4.5　不同$\frac{a}{D}$取值的对比情况(五项式权函数)

使用通用权函数替代格林函数不仅可以减少确定应力强度因子的时间，并且可以得出工程实践中应力强度因子沿着裂缝线局部应力分布为复杂多项式时的闭合解。由于需要考虑准脆性材料(如混凝土)断裂过程区的黏聚应力，混凝土结构中采用权函数确定应力强度因子可以简化积分表达式，避免使用复杂的数值积分方法。

第5章 经典等效弹性断裂模型

5.1 概述

传统线弹性断裂力学认为裂缝尖端的应力是无穷大的。然而就实际情况来说，裂缝尖端能承受的极限拉应力总归存在一个有限值。因此，严格来讲，在荷载的作用下，带裂缝固体在裂缝尖端都会出现一个非线性区。只是对线弹性材料（脆性材料）而言，裂缝尖端非线性区域通常很小，往往远小于裂缝和结构尺寸，从而可以忽略不计。采用线弹性的应力场和应力强度因子（或者能量释放率）可以较准确地描述断裂性能。

如第3章所述，混凝土材料并非是一种理想线弹性材料，在裂缝尖端存在一个断裂过程区，该断裂过程区存在后峰闭合应力，其断裂行为与理想线弹性材料有很大的不同，是一种断裂行为介于理想线弹性材料和理想弹塑性材料的一种准脆性材料，或称之为黏聚性材料。但是由于混凝土拉伸作用下的塑性变形能力与金属等材料相差较远，理论上其性能会略偏向于前者。

虽然采用线弹性断裂力学不能直接描述混凝土断裂行为，但是如果能通过某种等效方法，依然按照线弹性断裂力学方法（即使用应力强度因子、能量释放率、阻力曲线等）判定裂缝发展，则可极大简化计算的工作量。由于把黏聚材料等效成为线弹性材料来处理，因此，混凝土这种断裂模型通常称为等效弹性断裂模型。

为便于理解，先以一个简单例子做概要介绍。如图5.1所示，假设有两个几何形式相同的断裂试件（如CT试件），分别标记为试件CT1和试件CT2，具有相同的长度为a_0的预缺口裂缝，并以*CMOD*为加载控制方式施加荷载。假设试件CT1由混凝土材料制成，而试件CT2由线弹性材料制成。假设在某一*CMOD*时，试件CT1可承受的荷载为P_1，裂缝长度扩展为(a_0+c)，c为存在闭合黏聚力的裂缝长度，如图5.1(a)所示。理论上讲，在同一*CMOD*下，试件CT2承受的断裂荷载P_2通常并不等于试件CT1正承受的荷载P_1，但通过适当调整试件CT2的裂缝长度使其成为$(a_0+\Delta a_{eq})$，并使得在相同*CMOD*时有$P_2=P_1$。在这种情况下，将得到两个试件相同的P-*CMOD*曲线。显然，在这种等效方法下，虽然试件CT1和试件CT2有相同的P-*CMOD*曲线，但等效后裂缝尖端的应力场情况并不相同。CT1是一个具有初始裂缝长度为a_0但可缓慢扩展并在裂缝面上存在闭合黏聚应力的构件，而CT2是一个裂缝长度为$(a_0+\Delta a_{eq})$，裂缝尖端存在需采用应力强度因子等线弹性断裂参数表达的奇异应力场的构件。显然等

效裂缝长度 Δa_{eq} 在不同加载阶段可能有所不同，二者行为只是在 P-$CMOD$ 曲线上达成一致。因此，借助等效的方法，可以在失稳断裂等阶段，确定对应的等效断裂参数，例如临界应力强度因子。

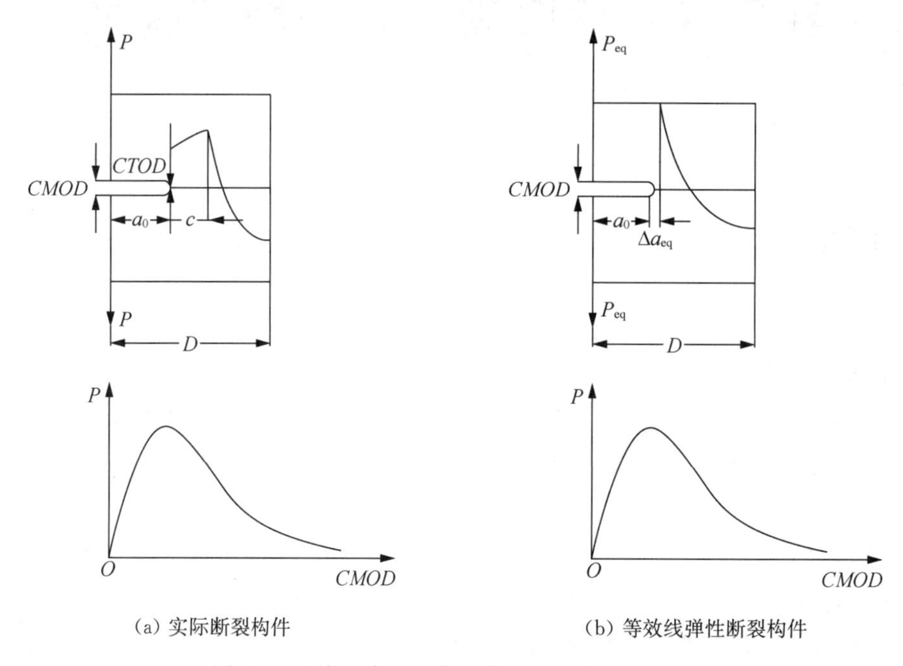

(a) 实际断裂构件　　(b) 等效线弹性断裂构件

图 5.1　混凝土断裂试件的等效线弹性断裂试件

显然，混凝土等效弹性断裂模型不能像线弹性断裂模型那样使用单一的断裂参数(如仅仅采用临界应力强度因子或临界能量释放率)描述其断裂行为。实际上，该类等效模型大多需要采用两个断裂参数来考虑非线性断裂行为的影响，主要包括两参数断裂模型、尺寸效应模型、等效裂缝模型和双 K 断裂模型等。

5.2　两参数断裂模型(TPFM)

两参数断裂模型由 Jenq 和 Shah(1985a，b)提出，该模型采用“等效虚拟裂缝”替代真实裂缝。该模型最初以混凝土Ⅰ型裂缝为研究对象，其基本概念可以通过图 5.2 给出的不同阶段荷载-裂缝张开位移曲线(P-$CMOD$)进一步来解释。在加载初期阶段(假设不超过最大荷载的 50%)，荷载-位移曲线大致呈线性比例关系，如图 5.2(a)所示。在线性阶段，裂缝尖端的应力强度因子 K_{I} 小于 0.5 倍断裂韧度 K_{IC}^{s}，故这个阶段裂缝没有向前扩展，仍然保持初始裂缝长度 a_0。随着外加荷载的进一步增加，P-$CMOD$ 曲线显示出非线性特征如图 5.2(b)所示，裂缝开始稳定扩展直至达到临界点，如图 5.2(c)所示。两参数断裂模型假设裂缝发展达到临界状态时，裂缝尖端的应力强度因子 K 达到了材料的断裂韧度 K_{IC}^{s}，并且裂缝尖端张开位移 $CTOD$ 达到了临界裂缝尖端张开位移 $CTOD_c$。

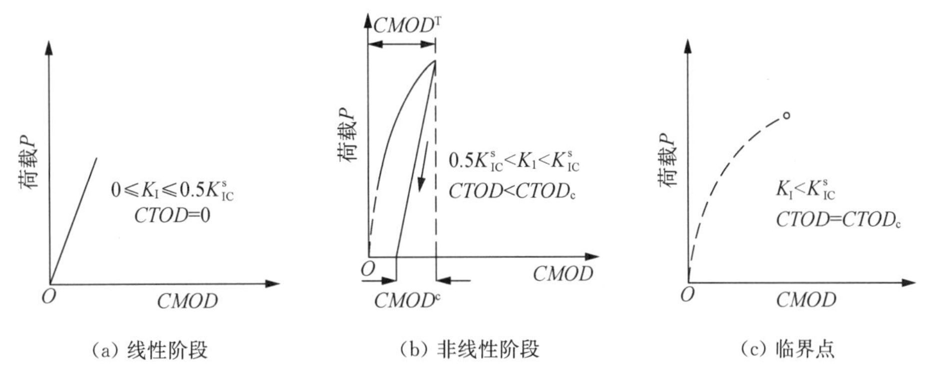

(a) 线性阶段　　(b) 非线性阶段　　(c) 临界点

图 5.2　混凝土不同加载阶段的断裂行为

因此，两参数断裂模型包括两个断裂参数：峰值荷载下等效裂缝长度 a_c 尖端的临界应力强度因子 K_{IC}^s(即断裂韧度) 和对应的裂缝尖端张开位移，称为临界裂缝口张开位移 $CTOD_c$。K_{IC}^s 和 $CTOD_c$ 是两参数断裂模型的两个控制参数，由这两个断裂参数建立的临界失稳状态的断裂判定准则可表达为

$$\begin{cases} K_I = K_{IC}^s \\ CTOD = CTOD_c \end{cases} \tag{5.1}$$

国际结构与材料研究联合会(RILEM)混凝土断裂力学委员会(TC-50FMC)简要提及了三点弯曲试件中两个控制参数 K_{IC}^s 和 $CTOD_c$ 的计算过程。Jenq 和 Shah(1988a)从紧凑拉伸试验、劈裂试验以及大型变截面双悬臂梁中得到的试验结果表明，两个控制参数 K_{IC}^s 和 $CTOD_c$ 都是与几何形状无关的断裂参数。

需要指出的是，对于裂缝尖端应力强度因子 K_I 随裂缝发展增加$\left(即\dfrac{dK_I}{da}>0\right)$的正断裂试件形式(G 型)，临界点 ($K_I = K_{IC}^s$ 并且 $CTOD = CTOD_c$) 与荷载-位移曲线的峰值点相对应(图 5.3)。换句话说，过了最大荷载后裂缝发展由稳定状态转变为不稳定状态($K_I > K_{IC}^s$ 并且 $CTOD > CTOD_c$)；但对于裂缝尖端应力强度因子 K_I 随裂缝发展减小$\left(即\dfrac{dK_I}{da}<0\right)$的负断裂试件形式，临界点与荷载-位移曲线的峰值点是两个不相同的点。如图 5.3 所示，对负几何试件(N 型)，临界点 ($K_I = K_{IC}^s$ 并且 $CTOD = CTOD_c$) 早于荷载峰值点出现，过了临界点后裂缝仍然可以稳定发展($K_I < K_{IC}^s$ 并且 $CTOD > CTOD_c$)，假设其在达到荷载-位移曲线峰值点之前，裂缝尖端的应力强度因子几乎不发生变化，则仍然可认为等于材料断裂韧度，但裂缝尖端张开位移 $CTOD$ 会大于临界裂缝尖端张开位移 $CTOD_c$。因此，当确定断裂韧度 K_{IC}^s 时，

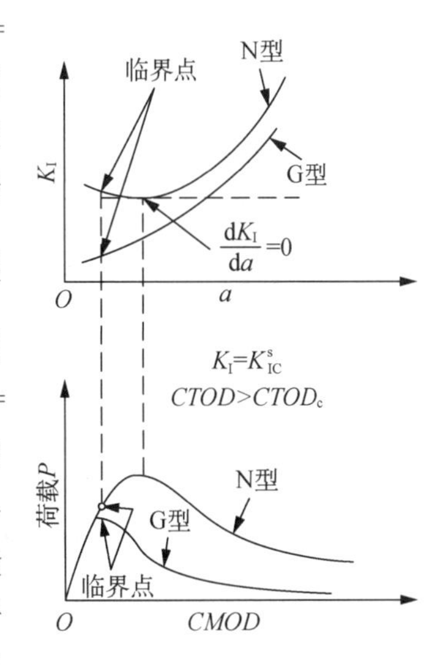

图 5.3　临界点和最大荷载点的关系

既可以进行正几何试件断裂试验，又可以进行负几何试件断裂试验，然而对临界裂缝尖端张开位移 $CTOD_c$，只能通过正几何试件断裂试验获得。

5.2.1 断裂参数的确定方法

为了确定两参数断裂模型中的两个断裂控制参数，首先需要确定最大荷载时刻的等效弹性裂缝长度(即临界等效弹性裂缝长度 a_c)。临界等效弹性裂缝由两部分组成：第一部分是初始裂缝，第二部分是加载到峰值时刻的等效扩展裂缝长度。由于很难直接测量裂缝尖端张开位移($CTOD$)，故一般采用测量裂缝口张开位移($CMOD$) 的办法进行反算。

如图 5.4 所示，在超过 0.5 倍峰值荷载并且未达到峰值荷载时的 P-$CMOD$ 曲线会呈现出较明显的非线性特征，这主要是由于混凝土裂缝尖端断裂过程区中的亚临界裂缝扩展造成的。两参数断裂模型认为，随着这种亚临界裂缝扩展，体系将产生非线性变形。也就是说，P-$CMOD$ 曲线在非线性部分的任何一个阶段，裂缝口张开位移($CMOD$) 可以分解为弹性部分($CMOD^e$) 和塑性部分($CMOD^p$) 之和，即 $CMOD = CMOD^e + CMOD^p$。与之相对应的裂缝尖端张开位移($CTOD$) 分解为弹性部分($CTOD^e$) 和塑性部分($CTOD^p$) 之和，即 $CTOD = CTOD^e + CTOD^p$。

两参数断裂模型中的临界等效弹性裂缝长度 a_c 定义为与裂缝口张开位移($CMOD$) 的弹性部分($CMOD^e$) 相对应的等效裂缝长度。因此，两参数断裂模型采取峰值荷载卸载法获得 $CMOD^e$(该方法称为卸载柔度法)，并将其代入线弹性断裂力学给出的相应公式，确定 a_c 的值。

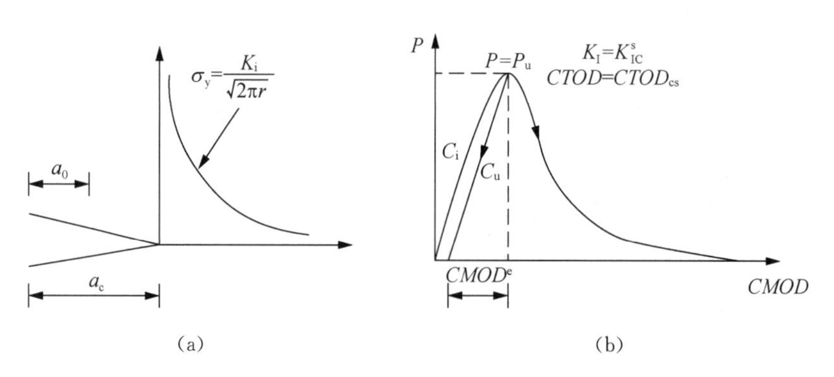

图 5.4 (a) 等效 Griffth 裂缝；(b) P-$CMOD$ 曲线

然而事实上，试验中无法准确预知实际结构所能承受的峰值荷载，因此两参数断裂模型放宽了卸载的条件，可选择在峰值后下降不超过 5%的荷载阶段卸载来获得 $CMOD^e$。值得指出的是，在两参数断裂模型中，临界裂缝口张开位移 $CTOD_c$ 实际上指的是弹性部分 $CMOD^e$ 对应的 $CTOD_c^e$，在绝大多数的参考资料中 $CTOD_c^e$ 简化为 $CTOD_c$。

以三点弯曲梁试验为例，根据线弹性力学的解，裂缝口张开位移 ($CMOD^e$) 和弹性裂缝长度 a_c 的关系由下式给出(D 为高度，B 为厚度，E 为弹性模量)：

$$\begin{cases} CMOD_e = \dfrac{24P_{max}}{BDE}V_1\left(\dfrac{a_c}{D}\right) \\ V_1\left(\dfrac{a_c}{D}\right) = 0.76 - 2.28\dfrac{a_c}{D} + 3.87\left(\dfrac{a_c}{D}\right)^2 - 2.04\left(\dfrac{a_c}{D}\right)^3 + \dfrac{0.66}{\left(1-\dfrac{a_c}{D}\right)^2} \end{cases} \tag{5.2}$$

由上述卸载方法得到 $CMOD^e$ 并确定临界等效弹性裂缝长度 a_c 后，就可以根据线弹性力学的解确定两参数断裂模型的两个控制参数 K_{IC}^s 和 $CTOD_c$ 的值。对于三点弯曲梁试验，计算式如下：

$$\begin{cases} K_{IC}^s = \dfrac{6P_{max}}{BD}\sqrt{\pi a_c}\,f\left(\dfrac{a_c}{D}\right) \\ f\left(\dfrac{a_c}{D}\right) = \dfrac{1}{\sqrt{\pi}}\dfrac{1.99 - \dfrac{a_c}{D}\left(1-\dfrac{a_c}{D}\right)\left[2.15 - \dfrac{3.93a_c}{D} + 2.7\left(\dfrac{a_c}{D}\right)^2\right]}{\left(1+2\dfrac{a_c}{D}\right)\left(1-\dfrac{a_c}{D}\right)^{\frac{3}{2}}} \end{cases} \tag{5.3}$$

$$\begin{cases} CTOD_{cs} = CMOD^e Z(a_c,\ a_0) \\ Z(a_c,\ a_0) = \sqrt{\left(1-\dfrac{a_0}{a_c}\right)^2 + \left(-\dfrac{1.149a_c}{D} + 1.081\right)\left[\dfrac{a_0}{a_c} - \left(\dfrac{a_0}{a_c}\right)^2\right]} \end{cases} \tag{5.4}$$

为了便于使用两参数断裂模型研究混凝土断裂的规律，常常将研究曲线归一化处理。脆性指数 Q 是两参数断裂模型中常用的归一化参数，可采用下式计算：

$$Q = \left(\frac{E \times CTOD_{cs}}{K_{IC}^s}\right)^2 \tag{5.5}$$

脆性指数 Q 越小，则说明材料越脆。对硬化水泥净浆、砂浆和混凝土材料，Q 值分别为 1.25～5 cm，5～15 cm，15～35 cm。

5.2.2 应用示例

前面以三点弯曲试件为例，给出了两参数断裂模型中 K_{IC}^s 和 $CTOD_c$ 的计算方法。两参数断裂模型认为 K_{IC}^s 和 $CTOD_c$ 是材料常数，与结构的几何形式、尺寸以及边界条件无关。因此，在选定材料后，K_{IC}^s 和 $CTOD_c$ 也就已知。更广义地来说，结构的临界等效弹性裂缝长度 a_c 和名义强度 σ_N 可以分别通过以下公式确定：

$$\begin{cases} K_{IC}^s = \dfrac{CTOD_c E\sqrt{\pi}}{4\sqrt{a_c}} \times \dfrac{F(g,\ p)}{V_1(a_c)Z(a_c,\ a_0)} \\ K_{IC}^s = \sigma_N\sqrt{\pi a_c} \times F(g,\ p) \end{cases} \tag{5.6}$$

式中，$F(g, p)$ 为与结构形状和荷载类型相关的无量纲函数；$V_1(a_c)$ 和 $Z(a_c, a_0)$ 为几何修正因子。由此可以进一步得到：

$$\sigma_N = \frac{K_{IC}^s}{F(g, p)\sqrt{\pi a_c\left(1+\frac{a_0}{a_c}\right)}} \tag{5.7}$$

Tang(1992)在采用两参数断裂模型分析中，假定材料的两参数断裂模型的参数分别为 $K_{IC}^s = 0.955$ MPa·m$^{1/2}$，$CTOD_c = 0.00965$ mm，并认为结构的初始缺陷仅与材料的微观结构相关，即与结构尺寸无关。这一点与传统线弹性断裂力学通常假设的缺陷尺寸随结构尺寸增大不完全一致。在此基础上，分析了 $a_0 = 0$ 和 $a_0 = 10$ mm 两种情况。从图 5.5 可知，当试件尺寸超过 200 mm 后，混凝土结构的名义强度基本收敛，不再下降。图 5.6 显示了等效弹性裂缝长度 a_c 随试件高度的变化，从图中可知，当试件高度小于 200 mm 时，a_c 随着梁高的增加而增加；而当试件高度大于 200 mm 时，a_c 基本收敛，不再增加。对应于两种情况分别收敛于 12 mm 和 20 mm。

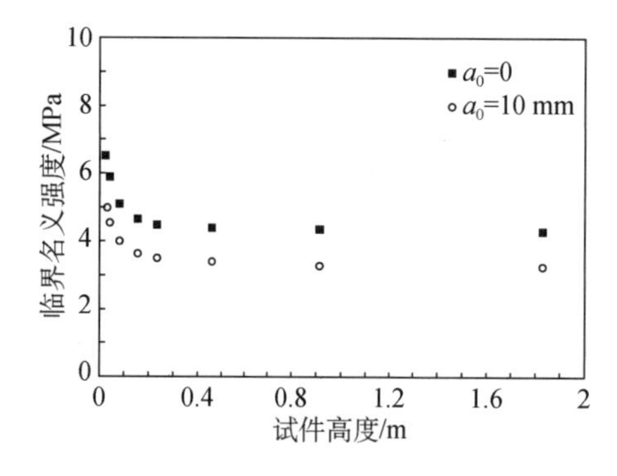

图 5.5　三点弯曲试件名义强度 σ_{NC} 随试件高度的变化

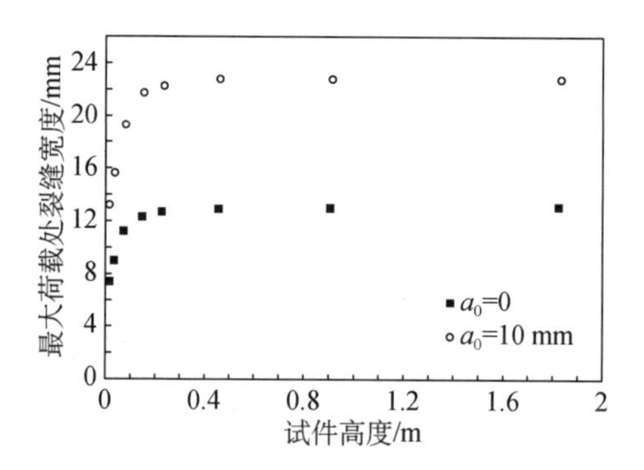

图 5.6　三点弯曲试件等效弹性裂缝长度 a_c 随试件高度的变化

5.3　尺寸效应模型(SEM)

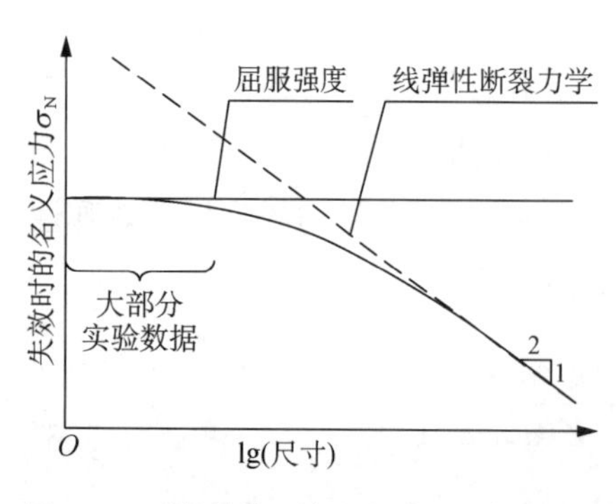

图 5.7　对数转换下名义强度-尺寸关系图

经典的强度理论不具有任何尺寸效应，而在线弹性断裂力学中，考虑裂缝缺陷之后的名义强度$\left(\text{定义为失效时的名义应力 } \sigma_N = \frac{K_{IC}}{Y\sqrt{\pi a}}\right)$与裂缝尺寸的平方根成反比例关系。由图 5.7 可见，经典的强度理论与结构尺寸的关系是一条水平直线；基于线弹性断裂力学获得的曲线也是一条直线，但斜率为 1/2(假设构件内最大裂缝尺寸与构件尺寸成正比)。但像混凝土这类准脆性材料与线弹性材料表现行为并不完全相同，虽然根据线弹性断裂力学理论，直观上可以判定混凝土也应当存在尺寸效应，但其尺寸效应的规律却不能直接采用线弹性断裂力学的公式表达。实际研究表明，混凝土材料尺寸效应通常处于这两种理想情况的过渡区内。

早在20世纪80年代末，Hillerborg(1976)基于虚拟裂缝模型的有限元分析从理论上就发现，不带有切口的平面混凝土梁弯曲破坏时存在尺寸效应。20世纪80年代初期，Bazant等著名学者在经过研究后提出了尺寸效应的简单公式，称为尺寸效应模型(Size Effect Model, SEM)。

实际上，混凝土强度尺寸效应除了线弹性断裂力学所隐含的尺寸效应机理之外，还可以包括诸多其他机制。例如边界效应，即边界处大骨料的含量将低于中心区域，小骨料的含量将高于中心区域，并且骨料在边界处的方向性受边界面的约束，骨料方向随机性不具有完全的均匀性。同时，混凝土构件边界层受力行为倾向于平面应力状态，朝向构件中心时逐渐倾向于平面应变或空间应力状态。对于小构件，边界层占据构件的整体将较大，而对于大构件而言，边界层占据构件的整体将较小，因此必定会产生尺寸效应。这些诸多因素导致混凝土这种多相材料的尺寸效应与线弹性断裂力学尺寸效应并不完全相同。

5.3.1 尺寸效应式

Bažant等(Bažant, 1984, 2002; Bažant等, 1986, 1991; Bažant和Kazemi, 1990, 1991; Gettu等, 1990; Bažant和Jirâsek, 1993)提出了描述混凝土类材料断裂行为特征的尺寸效应模型，该模型包含两个断裂参数：无限大尺寸试件的断裂能G_f和临界等效裂缝长度c_f。这两个断裂参数可根据不同尺寸的几何相似缺口试件最大极限荷载P_u确定，即不需要力-位移曲线。

设$\sigma_N=\dfrac{K_{IC}}{Y\sqrt{\pi a}}=c_n\dfrac{P_u}{BD}$，其中$\sigma_N$为名义强度，$a$为裂缝长度，$P_u$为结构的极限荷载，$c_n$为一个与应力强度因子有关的系数，$B$为平面结构的厚度，$D$为结构的特征尺寸，如梁高或板宽。同时，设总势能为$U=\dfrac{\sigma_N^2}{2E'}Vf(\alpha)$，其中，对于平面应变问题，$E'=E$，对于平面应力问题，$E'=\dfrac{E}{1-\mu^2}$，$\alpha=\dfrac{a}{D}$，$V=BD^2$，$f(\alpha)$是一个与裂缝特征长度比$\alpha=\dfrac{a}{D}$有关的一个函数。因此能量释放率$G=-\dfrac{1}{B}\dfrac{\partial U}{\partial a}=-\dfrac{1}{BD}\dfrac{\partial U}{\partial \alpha}=-\dfrac{\sigma_N^2}{2E'}f'(\alpha)D$，其中$f'(\alpha)=\dfrac{\partial f(\alpha)}{\partial \alpha}$，因此有：

$$G=\frac{P_u^2 g(\alpha)}{E'B^2D}\Rightarrow K=\sqrt{GE'}=\frac{P_u k(\alpha)}{B\sqrt{D}}=\frac{\sigma_N}{c_n}\sqrt{D}k(\alpha) \tag{5.8}$$

式中，$g(\alpha)=-f'(\alpha)\dfrac{c_n^2}{2}$，$k(\alpha)=\sqrt{g(\alpha)}$。对于标准试件，$g(\alpha)$可在相关手册中查到(Tada等, 1985)，对于复杂形状也可以通过线弹性有限元分析得到。

按照 Bažant 的假设，能量释放率 G 和等效弹性裂缝长度 c_f 将取决于断裂过程区的尺寸，并且与极限荷载时刻近似存在相似关系 $\frac{G}{g(\alpha)}=\frac{G_{FB}}{g(\alpha_1)}$，因此有 $G=G_{FB}\frac{g(\alpha)}{g(\alpha_1)}$。将 $g(\alpha_1)$ 按照泰勒级数在 $\alpha_0=\frac{a_0}{D}$ 处展开，取前两项，则有 $g(\alpha_1)=g(\alpha_0)+g'(\alpha_0)\frac{c_f}{D}$，将其代入式(5.8)可以得到：

$$\sigma_N=c_n\sqrt{\frac{GE'}{g(\alpha_0)D+g'(\alpha_0)c_f}} \tag{5.9}$$

令 $\bar{B}f_t=c_n\sqrt{\frac{E'G_f}{c_f g'(\alpha_0)}}$，$D_0=c_f\frac{g'(\alpha_0)}{g(\alpha_0)}$，可得 Bažant 尺寸效应模型的一般形式如下：

$$\sigma_{NC}=\frac{\bar{B}f_t}{\sqrt{1+\beta}},\ \beta=\frac{D}{D_0} \tag{5.10}$$

当 $D\Rightarrow\infty$，则有 $\alpha\Rightarrow\alpha_0$，联合式(5.10) 和式(5.8) 可以得到无限大尺寸试件的断裂能 G_f：

$$G_f=\frac{\bar{B}^2 f_t^2 D_0 g(\alpha_0)}{c_n^2 E'} \tag{5.11}$$

对于较小尺寸的情况，$D\Rightarrow 0$，因此式(5.10) 中 $\beta\Rightarrow 0$，联合式(5.10)，据此也可以得到 $\bar{B}=c_n\frac{P_u}{f_t BD}$。

式(5.10)中的 β 又称为脆性指数，同时可引入参数 $\bar{D}$，其表达式为

$$\bar{D}=\frac{g(\alpha_0)}{g'(\alpha_0)}D \tag{5.12}$$

尺寸效应模型的一个优点是，无限大尺寸试件的断裂能 G_f 和临界等效弹性裂缝长度 c_f 可以通过对几何相似结构的最大极限荷载 P_u 进行回归分析获得。RILEM 方法(1990b)描述了如何利用尺寸效应模型，基于回归分析，确定非线性断裂特性。将式(5.10)扩展变化为

$$\left(\frac{1}{\sigma_N}\right)^2=\frac{D}{D_0\left(\bar{B}f_t\right)^2}+\left(\frac{1}{\bar{B}f_t}\right)^2 \tag{5.13}$$

令 $Y=\left(\frac{1}{\sigma_N}\right)^2$，$X=D$，$C=\left(\frac{1}{\bar{B}f_t}\right)^2$，$A=\frac{C}{D_0}$，则有：

$$Y=AX+C \tag{5.14}$$

在 X-Y 坐标系中绘制 Y 和 X 的关系，如图 5.8 所示。式(5.14)中的系数通过线性回

归分析确定，分别取回归线斜率的变异系数和截距的变异系数。离散带的相对宽度不超过 0.1，0.2 和 0.2。断裂能 G_f、等效弹性裂缝长度 c_f 和脆性指数 β 分别由下式计算：

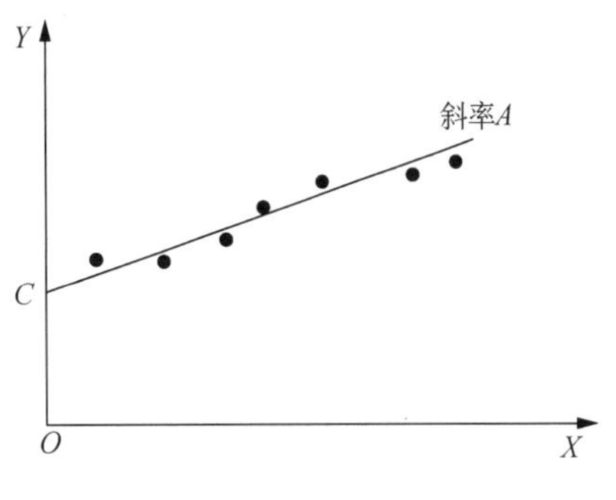

图 5.8 试验数据回归分析

$$G_f = \frac{g(\alpha_0)}{AE'} \tag{5.15}$$

$$c_f = \frac{g(\alpha_0)}{g'(\alpha_0)} \frac{C}{A} \tag{5.16}$$

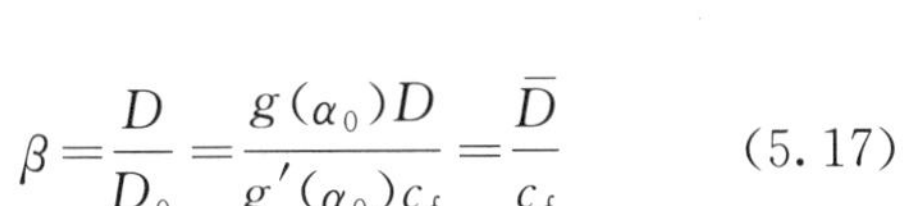

$$\beta = \frac{D}{D_0} = \frac{g(\alpha_0)D}{g'(\alpha_0)c_f} = \frac{\bar{D}}{c_f} \tag{5.17}$$

通常当 $\beta > 10$ 时，可以通过线弹性断裂力学来进行断裂分析；当 $\beta < 0.1$ 时，则可以通过强度理论来预测断裂行为；当 $0.1 \ll \beta \ll 10$ 时，结构需要根据非线性断裂力学来分析。

另外，R 阻力曲线和裂缝扩展过程中的裂缝增量可由下式确定：

$$G(\alpha) = R(c) = G_{FB} \frac{g(\alpha_0)}{g'(\alpha_0)} \frac{c}{c_f} \tag{5.18}$$

$$\frac{c}{c_f} = \frac{D}{D + D_0} \frac{g'(\alpha_0) g(\alpha)}{g(\alpha) g(\alpha_0)} \tag{5.19}$$

尺寸效应模型中定义的断裂能 G_f 与试件形状和尺寸无关，但实际上它只是一种近似描述。该模型近似地描述了介于无尺寸效应的强度理论和尺寸效应显著的 LEFM 准则之间的过渡区。具有简单性是尺寸效应法的一个重要的优势，它只需要知道几何相似的不同尺寸试件的最大荷载值，不需要采用专门的闭路试验系统。既不需要确定峰值荷载后的软化响应，也不用知道裂缝的实际长度。尺寸效应法的另一个优点是，它不仅可以获得材料的断裂能，还能得到断裂过程区的等效弹性裂缝长度。

需要指出的是，尺寸效应式(5.9)和式(5.10)是在式(5.8)的级数展开式中取一次项，因此，当构件特征尺寸 W 偏大时，式(5.9)和式(5.10)相对于式(5.8)将会有一定的精度损失。另外，与线弹性断裂力学尺寸效应式 $\sigma_N = \dfrac{K_{IC}}{Y\sqrt{\pi a}}$ 相比较而言，Bažant 尺寸效应式在几何尺寸趋于零时将得到一个确定的值，而线弹性断裂力学尺寸效应式将会趋于无穷大，显然 Bažant 尺寸效应式在极小尺寸范围内对尺寸效应的描述比线弹性断裂力学尺寸效应式更加符合实际。

5.3.2 与两参数模型断裂参数之间的转换关系

两参数断裂模型根据结构的弹性响应部分定义了断裂韧度 K_{IC}^s 和临界裂缝尖端张开位移 $CTOD_c$ 两个断裂控制参数，并假设是与几何形状无关的断裂参数；尺寸效应模型根据无穷大结构定义了临界能量释放率 G_f 和临界等效裂缝(断裂过程区)长度 c_f 两个断裂控制参数。这两种等效弹性断裂模型的断裂参数(K_{IC}^s 和 $CTOD_c$；G_f 和 c_f)存在相互转换关系。

根据能量释放率和应力强度因子之间的相互转化关系式(参见 2.1.4 节)有：

$$G_f = \frac{(K_{IC}^s)^2}{E'} \tag{5.20}$$

按照线弹性断裂力学(Bažant，1991)，裂缝尖端张开位移 $CTOD$ 与 r(与裂缝尖端的距离)的关系有：

$$r = c_f,\ CTOD_c = \frac{K_{IC}^s}{E'}\sqrt{\frac{32r}{\pi}} = \sqrt{\frac{32G_f c_f}{E'\pi}} \tag{5.21}$$

式(5.21)仅仅截取了位移场解析解级数展开式中的一阶项，因此，只有在 c_f 远小于裂缝长度 a 的情况下才适用。当 c_f 和裂缝长度 a 相比较大时，应当考虑级数展开式中高阶项的影响。

以下举出两个例子，演示尺寸效应模型与两参数断裂模型参数之间的转换关系。

1. 无限宽板含单一 Griffth 裂缝拉伸板

单位厚度无限宽板含单一 Griffth 裂缝拉伸板，两端远场拉应力为 σ，按照线弹性断裂力学，其裂缝尖端张开位移 $CTOD$ 为

$$CTOD = \frac{4\sigma}{E'}\sqrt{a^2 - x^2} \tag{5.22}$$

将 $a = a_c = a_0 + c_f$，$x = a_0$ 代入式(5.22)，可以得到临界裂缝尖端张开位移 $CTOD_c$ 为

$$CTOD_c = \frac{4\sigma_f}{E'}\sqrt{2a_0 c_f - c_f^2} \tag{5.23}$$

按照线弹性断裂力学，临界能量释放率 G_f 和临界名义强度 σ_f 的关系式为

$$G_f = \frac{\sigma_f^2 \pi a_c}{E'} = \frac{\sigma_f^2 \pi (a_0 + c_f)}{E'} \tag{5.24}$$

由此可以得到：

$$c_f = \frac{E'\pi CTOD_c}{32G_f} - a_0 + \sqrt{a_0^2 + \left(\frac{E'\pi CTOD_c}{32G_f}\right)^2} \tag{5.25}$$

2. 无穷大三点弯曲梁

按照线弹性断裂力学，无穷大三点弯曲梁的临界裂缝口张开位移 $CMOD_c$ 可由下式得到：

$$CMOD_c = \frac{5.68\sigma_f \pi a_c}{E} = \frac{5.68\sigma_f \pi (a_0 + c_f)}{E} \tag{5.26}$$

裂缝尖端张开位移 $CTOD_c$ 与裂缝口张开位移 $CMOD_c$ 的关系可由下式得到：

$$CTOD_c = CMOD_c\sqrt{1-0.92\left(\frac{a_0}{a_0+c_f}\right)-0.08\left(\frac{a_0}{a_0+c_f}\right)^2} \tag{5.27}$$

同时，无穷大三点弯曲梁的临界能量释放率 G_f 和临界名义强度 σ_f 的关系式为

$$G_f = \frac{1.261\sigma_f^2\pi a_c}{E} = \frac{1.261\sigma_f^2\pi(a_0+c_f)}{E} \tag{5.28}$$

将式(5.26)代入式(5.27)，并根据式(5.28)消去临界名义强度 σ_f，可得到裂缝尖端张开位移 $CTOD_c$：

$$CTOD_c = 2.854\sqrt{\frac{G_f}{E}\left(0.081a_0+c_f-\frac{0.081a_0^2}{a_0+c_f}\right)} \tag{5.29}$$

根据式(5.29)可以得到：

$$c_f = \frac{0.061CTOD_cE}{G_f} - 0.054a_0 + \sqrt{0.292a_0^2 + \frac{0.057CTOD_cEa_0}{G_f} + 0.0038\left(\frac{CTOD_cE}{G_f}\right)^2} \tag{5.30}$$

Ouyang(1996)计算了两参数断裂模型和尺寸效应模型的参数，并与上述转化关系进行了比较，发现吻合很好。

5.4 等效裂缝模型(ECM)

Nallathambi 和 Karihaloo(1986)以及 Karihaloo 和 Nallathambi(1989a, b, 1990, 1991)提出了混凝土断裂的等效裂缝模型，该模型的断裂控制参数为临界等效裂缝长度 a_e 及裂缝尖端的临界应力强度因子(即断裂韧度)K_{IC}^e。相应的裂缝失稳断裂准则如下：

$$\begin{cases} K_I = K_{IC}^e \\ a = a_e \end{cases} \tag{5.31}$$

根据等效裂缝模型，在应力强度因子达到临界值 K_{IC}^e 和等效裂缝长度达到 a_e 后将发生失稳断裂。

如前所述，两参数断裂模型是基于 P-$CMOD$ 曲线来确定两个断裂参数(临界应力强度因子 K_{IC}^s 和临界裂缝尖端张开位移 $CTOD_c$)的。与两参数断裂模型不同的是，等效裂缝模型是基于 P-δ (荷载-加载点位移)曲线来确定两个断裂参数的。

5.4.1 断裂参数的确定方法

以三点弯曲混凝土梁为例，考虑一个典型的 P-δ 曲线(即荷载-位移曲线)，当荷载达

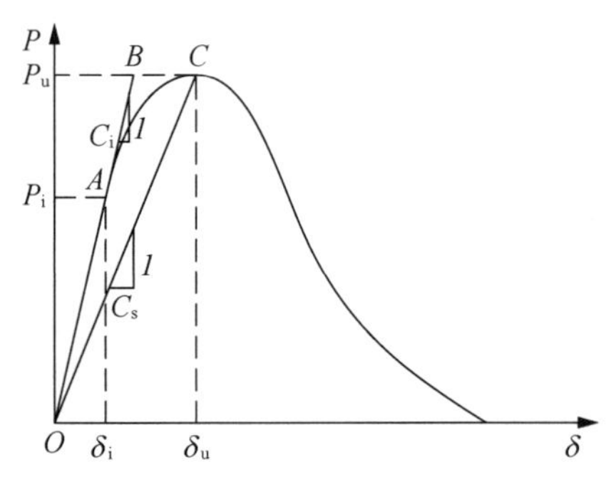

图 5.9 根据 P-δ 曲线确定 a_e

到峰值 P_u 时相应的挠度为 δ_u，如图 5.9 所示。整个 P-δ 曲线可以划分成三个阶段，其中 OA 段代表弹性阶段，在该阶段 P-δ 为线性关系；AC 段为微裂缝滋生和缓慢发展阶段，在该阶段 P-δ 曲线呈现非线性特征，也可称为亚临界裂缝发展阶段。曲线剩余部分为峰值荷载后宏观裂缝扩展延伸阶段，因此与临界应力强度因子(即断裂韧度)的计算无关。对于正几何试件如三点弯曲梁，过了峰值荷载后，裂缝处于失稳快速发展阶段。因此，AC 段为等效裂缝模型需要关注处理的区域。根据 AC 段非线性曲线部分处理方式的不同，临界等效裂缝的计算公式也不同，等效裂缝模型的计算包括三种方法。

1. AC 段线性化

首先，对不带缺口的三点弯曲梁跨中挠度的计算公式为

$$\delta = \frac{P}{BE}\left[\frac{S^3\left(1+\dfrac{5w_g S}{8\Delta P}\right)}{4D^3} + \frac{(1+\nu)S}{2kD}\right] \tag{5.32}$$

式中，B、D 和 S 分别为三点弯曲梁的宽度、高度和跨度；w_g 为三点弯曲梁单位长度的自重；ν 为泊松比；k 为剪切系数，对于矩形截面，$k=10(1+\nu)/(12+11\nu)$。

第一种方法将 AC 曲线段简化为 AC 直线段，这样处理后，AC 段将成为线弹性，设 A 点坐标为(P_A，δ_A)，C 点坐标为(P_u，δ_u)。对于初始缺口长度为 a_0 的三点弯曲梁，在 AC 阶段引入等效弹性模量 E^*，将其与荷载增量 $\Delta P=P_u-P_A$ 和位移增量 $\Delta\delta=\delta_u-\delta_A$ 的关系表达为

$$E^* = \frac{\Delta P}{B\Delta\delta}\left[\frac{S^3\left(1+\dfrac{5w_g S}{8\Delta P}\right)}{4D^3\left(1-\dfrac{a_0}{D}\right)^3} + \frac{(1+\nu)S}{2kD\left(1-\dfrac{a_0}{D}\right)}\right] \tag{5.33}$$

式中，E^* 为 AC 段由于裂纹扩展引起的混凝土退化等效弹性模量。

Karihaloo 和 Nallathambi 进一步引入了一个虚拟等效混凝土梁，该虚拟梁的初始裂缝长度为 a_e，且初始等效弹性模量也为 E^*。虚拟混凝土梁的初始等效弹性模量表达为

$$E^* = \frac{P}{B\delta}\left[\frac{S^3\left(1+\dfrac{5w_g S}{8\Delta P}\right)}{4D^3\left(1-\dfrac{a_e}{D}\right)^3} + \frac{(1+\nu)S}{2kD\left(1-\dfrac{a_e}{D}\right)}\right] \tag{5.34}$$

需要注意的是，实际混凝土梁的真实初始裂缝长度为 a_0，而裂缝发展后 AC 段才退化

为E^*。因此，为使具有初始裂缝长度为a_e的虚拟等效混凝土梁的等效弹性模量E^*与真实初始裂缝长度为a_0的混凝土梁AC段广义弹性模量相等，需要根据式(5.32)和式(5.33)以及相应的荷载-位移曲线进行求解。通过对大量数据的回归分析，得到了临界等效裂缝长度的简化回归关系(Nallathambi和Karihaloo，1986)：

$$\frac{a_e-a_0}{D}=\frac{f_c}{E}\left[\beta_0+\beta_1\left(\frac{d_a}{d_a+1}\right)^2+\beta_2\left(\frac{d_a}{d_a+1}\right)\frac{a_0}{D}+\beta_3\frac{a_0}{D^2}S+\beta_4\frac{D}{D+1}\right] \tag{5.35}$$

式中，$\beta_0=3\ 960.0\pm120.0$，$\beta_1=144.0\pm4.3$，$\beta_2=-88.2\pm5.1$，$\beta_3=8.7\pm0.7$，$\beta_4=-3\ 950.0\pm120.0$；$d_a$为骨料的最大粒径；$E$为混凝土弹性模量。

与线弹性断裂力学《应力强度因子手册》给出的应力强度因子计算式不同的是，考虑裂缝尖端三向应力状态的影响，在求得临界等效裂缝长度a_e后，混凝土临界应力强度因子K_{IC}^e按下式计算：

$$K_{IC}^e=\sigma_0\sqrt{a_e}\,Y_1\left(\frac{a_e}{D}\right)Y_2\left(\frac{a_e}{D},\frac{S}{D}\right) \tag{5.36}$$

式中，名义应力$\sigma_0=\dfrac{3(P_c+0.5w_gS)S}{2BD^2}$，并有：

$$Y_1\left(\frac{a_e}{D}\right)=A_0+A_1\left(\frac{a_e}{D}\right)+A_2\left(\frac{a_e}{D}\right)^2+A_3\left(\frac{a_e}{D}\right)^3+A_4\left(\frac{a_e}{D}\right)^4 \tag{5.37a}$$

$$Y_2\left(\frac{a_e}{D},\frac{S}{D}\right)=B_0+B_1\left(\frac{S}{D}\right)+B_2\left(\frac{S}{D}\right)^2+B_3\left(\frac{S}{D}\right)^3+B_4\left(\frac{S}{D}\right)\left(\frac{a_e}{D}\right)+B_5\left(\frac{S}{D}\right)^2\left(\frac{a_e}{D}\right) \tag{5.37b}$$

式中，$A_0=3.6460$，$A_1=-6.7890$，$A_2=39.2400$，$A_3=-76.8200$，$A_4=-74.3300$；$B_0=0.4607$，$B_1=0.0484$，$B_2=-0.0063$，$B_3=0.0003$，$B_4=-0.0059$，$B_5=-0.0003$。

2. OC整段线性化

通过有限元计算，对于初始裂缝长度为a_0的三点弯曲梁，在OA弹性阶段，荷载P-位移δ(即跨中挠度)计算的回归公式为

$$\begin{cases}\delta=\dfrac{\lambda^*P}{BE}\left[\dfrac{S^3\left(1+\dfrac{5w_gS}{8P}\right)}{4D^3\left(1-\dfrac{a_0}{D}\right)^3}+\dfrac{(1+\nu)S}{2kD\left(1-\dfrac{a_0}{D}\right)}\right]\\ \lambda^*=\eta_1\exp\left[\eta_2\left(\dfrac{a_0}{D}\right)^2+\eta_3\left(\dfrac{a_0}{D}\right)^3+\eta_4\left(\dfrac{a_0}{D}\right)\left(\dfrac{S}{D}\right)+\eta_5\left(\dfrac{a_0}{D}\right)\left(\dfrac{S}{D}\right)^2+\right.\\ \qquad\left.\eta_6\left(\dfrac{S}{D}\right)+\eta_7\left(\dfrac{S}{D}\right)^2+\eta_8\left(\dfrac{S}{D}\right)^2\right]\end{cases} \tag{5.38}$$

式中，λ^* 为修正系数；ν 为泊松比；k 为剪切系数，对于矩形截面，$k=\frac{10(1+\nu)}{12+11\nu}$；在 $2\leqslant\frac{S}{D}\leqslant 9$ 且 $0.1\leqslant\frac{a_0}{D}\leqslant 0.6$ 范围内：$\eta_1=1.067$，$\eta_2=-0.6521$，$\eta_3=-0.2117$，$\eta_3=-0.3814$，$\eta_5=0.0164$，$\eta_6=-0.0057$，$\eta_7=-0.0110$，$\eta_8=-0.0011$。

由于将 OC 整段线性化(图 5.6)，将 P_u 和 δ_u 代入式(5.38)，就可以确定临界等效裂缝 a_e。为简化计算，研究者(Karihaloo 和 Nallathambi，1989)还提出了一个经验公式，通过荷载-加载点位移图利用回归分析来计算 a_e 的值：

$$\frac{a_e}{D}=B_1\left(\frac{\sigma_N}{E}\right)^{B_2}\left(\frac{a_0}{D}\right)^{B_3}\left(1+\frac{d_a}{D}\right)^{B_4} \tag{5.39}$$

式中，d_a 是粗骨料的最大尺寸；$\sigma_N=\frac{6M_u}{BD^2}$ 是相对于 P_u(包含自重)下的名义拉伸应力；$M_u=(P_u+0.5w_gS)S/4$；$B_1=0.121\pm0.004$，$B_2=-0.192\pm0.006$，$B_3=-0.467\pm0.007$，$B_4=-0.215\pm0.031$。

除了式(5.39)，也可以采用下式计算临界等效裂缝长度：

$$\frac{a_e}{D}=C_1\left(\frac{\sigma_N}{E}\right)^{C_2}\left(\frac{a_0}{D}\right)^{C_3}\left(1+\frac{d_a}{D}\right)^{C_4} \tag{5.40}$$

式中，$C_1=0.249\pm0.029$，$C_2=-0.120\pm0.015$，$C_3=-0.643\pm0.015$，$C_4=-0.217\pm0.073$。

在得到了临界等效裂缝长度后，临界应力强度因子 K_{IC}^e 可由下式计算得到：

$$\begin{cases} K_{IC}^e=\sigma_N\sqrt{a_e}F(\alpha_e) \\ F\left(\alpha_e=\frac{a_e}{D}\right)=\frac{1.99-\alpha_e(1-\alpha_e)(2.15-3.93\alpha_e+2.70\alpha_e^2)}{(1+2\alpha_e)(1-\alpha_e)^{\frac{3}{2}}} \end{cases} \tag{5.41}$$

对比第一种和第二种方法可知，两种方法的不同之处在于临界等效裂缝长度 a_e 的计算方法不同。第一种方法将非线性 AC 阶段简化为线性，但要想计算临界等效裂缝长度，需要确定 A 点的位置，即弹性响应的极限点。然而，弹性响应极限点的选取受人为因素影响较大，不同的观察者确定的位置不尽相同，因此，这种方法得出的结果通常有主观性。第二种方法则通过有限元计算方法引入了一个修正系数 λ^*，考虑了缺口大小对三点弯曲梁跨中挠度的影响，C 点可以认为不受主观性影响，避免了第一种方法的离散性。

3. 增量法

Karihaloo 和 Nallathambi(1989a，b)进一步修正了临界等效裂缝长度的计算式。对初始裂缝长度为 a_0 的三点弯曲梁，他们认为任一点的跨中挠度 δ 可分为两部分：第一部分为不带缺口的三点弯曲梁跨中挠度(故为弹性解)，记为 δ_1；第二部分为初始裂缝引起的附加变形，记为 δ_2，从带缺口的三点弯曲梁的应力强度因子推导获得 δ_2 的值。

对不带缺口的三点弯曲梁，如上所述，跨中位移为

$$\delta_1 = \frac{P}{E}\left[\frac{S^3\left(1+\frac{5w_g S}{8P}\right)}{4BD^3} + \frac{(1+\nu)S}{2kD}\right] \tag{5.42}$$

取混凝土泊松比 $\nu = 0.2$，则可以转换为

$$\delta_1 = \frac{PS^3}{4EBD^3}\left[1+\frac{5w_g S}{8P} + \left(\frac{D}{S}\right)^2 (2.70 + 1.35\frac{w_g S}{P} - 0.84)\left(\frac{D}{S}\right)^3\right] \tag{5.43}$$

三点弯曲梁 I 型应力强度因子 K_{I} 与能量释放率 U 的关系如下：

$$\frac{\partial U}{\partial a} = B\frac{K_{\mathrm{I}}^2}{E} \tag{5.44}$$

其中，

$$K_{\mathrm{I}} = \sigma_0 \sqrt{a}\, Y_4\left(\frac{a}{D}\right) \tag{5.45}$$

$$Y_4\left(\frac{a}{D}\right) = C_0 + C_1\left(\frac{a}{D}\right) + C_2\left(\frac{a}{D}\right)^2 + C_3\left(\frac{a}{D}\right)^3 + C_4\left(\frac{a}{D}\right)^4 \tag{5.46}$$

式中，$\sigma_0 = \frac{3(P+0.5w_g S)S}{2BD^2}$ 是裂缝面上作用的名义拉应力；对 $\frac{S}{D}=4$ 或 8 且 $0.1 \ll \frac{a}{D} \ll 0.6$ 的三点弯曲梁，$C_0 = 0.0075\frac{S}{D} + 1.90$，$C_1 = 0.080\frac{S}{D} - 3.39$，$C_2 = -0.2175\frac{S}{D} + 15.40$，$C_3 = 0.2825\frac{S}{D} - 26.24$，$C_4 = -0.145\frac{S}{D} + 26.38$。

结合式(5.44)和式(5.45)，积分后可得：

$$U\left(\frac{a}{D}\right) = \sigma_0^2 \frac{BD^2}{E} Y_5\left(\frac{a}{D}\right) \tag{5.47}$$

其中，

$$Y_5\left(\frac{a}{D}\right) = \int_0^{\frac{a}{D}} Y_4\left(\frac{a}{D}\right) \mathrm{d}\alpha,\ \alpha = \frac{a}{D} \tag{5.48}$$

根据卡氏定理，初始裂缝引起的附加变形 δ_2 为

$$\delta_2 = \frac{\partial U}{\partial P} = B\frac{D^2}{E} Y_5\left(\frac{a}{D}\right)\frac{\partial(\sigma_0^2)}{\partial P} \tag{5.49}$$

将名义应力 $\sigma_0 = \frac{3(P_c + 0.5w_g S)S}{2BD^2}$ 代入式(5.49)后，可得：

$$\delta_2 = \frac{9P}{2BE}\left(1+\frac{w_g S}{2P}\right)\left(\frac{a}{D}\right)^2 Y_5\left(\frac{a}{D}\right) \tag{5.50}$$

因此，OA 弹性阶段跨中总位移可表达为

$$\delta = \delta_1 + \delta_2 \tag{5.51}$$

将 P_u 和 δ_u 代入式(5.51)求解，即可得到$\frac{a_e}{D}$。结合大量的试验数据，Karihaloo 和 Nallathambi(1989a, b)给出了一个简化的拟合表达式来计算临界等效裂缝长度：

$$\frac{a_e}{D} = \gamma_1\left(\frac{\sigma_N}{E}\right)^{\gamma_2}\left(\frac{a_0}{D}\right)^{\gamma_3}\left(1+\frac{d_a}{D}\right)^{\gamma_4} \tag{5.52}$$

式中，$\gamma_1 = 0.088 \pm 0.004$，$\gamma_2 = -0.208 \pm 0.010$，$\gamma_3 = -0.131 \pm 0.011$，$\gamma_4 = 0.600 \pm 0.092$。

应力强度因子可根据下式计算：

$$K_I = \sigma_N \sqrt{a_e} Y_4\left(\frac{a_e}{D}\right) \tag{5.53}$$

式中，$\sigma_N = \frac{3(P_u + 0.5 w_g S)S}{2BD^2}$。

5.4.2 等效裂缝模型的尺寸效应预测

Karihaloo 和 Nallathambi 给出了等效裂缝模型的尺寸效应预测公式如下：

$$\left(\frac{K_{IC}^e}{K_{IN}}\right)^2 = 1 + \lambda_1\left(\frac{\Delta a_e}{D}\right) + \lambda_2\left(\frac{\Delta a_e}{D}\right)^2 + \lambda_3\left(\frac{\Delta a_e}{D}\right)^3 + \lambda_4\left(\frac{\Delta a_e}{D}\right)^4, \quad \alpha_0 = \frac{a_0}{D} \tag{5.54}$$

式中，$\lambda_1 = 2D_1 + \frac{1}{\alpha_0}$，$\lambda_2 = D_1^2 + 2D_2 + \frac{2D_1}{\alpha_0}$，$\lambda_3 = 2(D_3 + D_1 D_2) + \frac{D_1^2 + 2D_2}{2\alpha_0}$，$\lambda_4 = D_2^2 + 2D_1 D_3 + 2D_4 + \frac{2(D_3 + D_1 D_2)}{\alpha_0}$。

其中，

$$\begin{cases} D_1 = \dfrac{B_1' + B_0' A_1'}{B_0'} \\ D_2 = \dfrac{B_2' + B_1' A_1' + B_0' A_2'}{B_0'} \\ D_3 = \dfrac{B_3' + B_2' A_1' + B_1' A_2' + B_0' A_3'}{B_0'} \\ D_4 = \dfrac{B_4' + B_3' A_1' + B_2' A_2' + B_1' A_3' + B_0' A_4'}{B_0'} \end{cases} \tag{5.55a}$$

$$\begin{cases} B'_0=1.99-\alpha_0(1-\alpha_0)(2.15-3.93\alpha_0+2.70\alpha_0^2) \\ B'_1=\alpha_0(1-\alpha_0)(3.93-5.40\alpha_0)-(1-2\alpha_0)(2.15-3.93\alpha_0+2.70\alpha_0^2) \\ B'_2=2.70\alpha_0(1-\alpha_0)+(1-2\alpha_0)(3.93-5.40\alpha_0)+(2.15-3.93\alpha_0+2.70\alpha_0^2) \\ B'_3=2.70\alpha_0(1-2\alpha_0)+(3.93-5.40\alpha_0) \\ B'_4=-2.70 \end{cases} \tag{5.55b}$$

$$\begin{cases} A'_1=\dfrac{2}{1+2\alpha_0}+\dfrac{3}{2(1-\alpha_0)} \\ A'_2=\dfrac{4}{(1+2\alpha_0)^2}-\dfrac{3}{(1+2\alpha_0)(1-\alpha_0)}+\dfrac{15}{8(1-\alpha_0)^2} \\ A'_3=-\dfrac{8}{(1+2\alpha_0)^3}+\dfrac{6}{(1+2\alpha_0)^2(1-\alpha_0)}-\dfrac{15}{4(1+2\alpha_0)(1-\alpha_0)^2}+\dfrac{35}{16(1-\alpha_0)^3} \\ A'_4=-\dfrac{16}{(1+2\alpha_0)^4}-\dfrac{12}{(1+2\alpha_0)^3(1-\alpha_0)}+\dfrac{15}{2(1+2\alpha_0)^2(1-\alpha_0)^2}- \\ \qquad \dfrac{35}{8(1+2\alpha_0)(1-\alpha_0)^3}+\dfrac{315}{128(1-\alpha_0)^4} \end{cases} \tag{5.55c}$$

式(5.52)还可以转换为

$$\left(\frac{K_{\mathrm{IC}}^{\mathrm{e}}}{K_{\mathrm{IN}}}\right)^2=1+\gamma_1\left(\frac{l_{\mathrm{ch}}}{D}\right)+\gamma_2\left(\frac{l_{\mathrm{ch}}}{D}\right)^2+\gamma_3\left(\frac{l_{\mathrm{ch}}}{D}\right)^3+\gamma_4\left(\frac{l_{\mathrm{ch}}}{D}\right)^4 \tag{5.56}$$

式中，$\gamma_1=\lambda_1\dfrac{\Delta a_{\mathrm{e}}}{l_{\mathrm{ch}}}$，$\gamma_2=\lambda_2\left(\dfrac{\Delta a_{\mathrm{e}}}{l_{\mathrm{ch}}}\right)^2$，$\gamma_3=\lambda_3\left(\dfrac{\Delta a_{\mathrm{e}}}{l_{\mathrm{ch}}}\right)^3$，$\gamma_4=\lambda_4\left(\dfrac{\Delta a_{\mathrm{e}}}{l_{\mathrm{ch}}}\right)^4$。

第 6 章　双 K 断裂模型

6.1　概述

针对混凝土断裂的诸多试验研究已经充分表明，混凝土的断裂过程可分为三个阶段，即裂缝的起裂（在此之前混凝土构件保持线弹性行为）、裂缝的稳定扩展（在此阶段混凝土构件保持非线性行为）和裂缝的失稳扩展。使用传统单一的临界应力强度因子来分析混凝土结构，特别是需要严苛控制裂缝产生的结构显得不太充分。20 世纪 80 年代，徐世烺基于应力强度因子参量提出了描述混凝土断裂的双 K 断裂模型。在双 K 断裂模型中，除了使用失稳断裂韧度这一参数外，还引入了一个新的概念即起裂断裂韧度，起裂断裂韧度可作为描述混凝土结构裂缝起裂的参数，从而建立双 K 断裂的判据。

徐世烺认为，断裂韧度的增值是混凝土骨料的齿和黏聚作用导致的。也就是说，失稳断裂韧度和起裂断裂韧度的差值是骨料的贡献。据此，进一步给出了确定双 K 断裂参数的闭合解析解，并通过大量的试验数据进一步论证了双 K 断裂理论（Xu 和 Reinhardt，1999a，1999b，1999c）。随后，为了减少积分计算的工作量，他们又给出了双 K 断裂参数计算的简化公式（Xu 和 Reinhardt，2000）。

此外，他们的研究小组还通过试验研究了试件高度、初始缝高比、混凝土强度以及骨料粒径对双 K 断裂参数的影响。同国际上其他学者提出的断裂模型相比，双 K 断裂模型相关理论通过结合虚拟裂缝方法和等效弹性方法，避免了 Hillerborg 在 1976 年提出的虚拟裂缝模型和 Bažant 在 1983 年提出的裂缝带模型中的大型数值计算，也避免了尺寸效应模型和等效裂缝模型的回归分析，同时也考虑了两参数断裂模型忽略的塑性变形的影响，不仅物理意义十分明确，而且使用的试验方法也简易可行（即线性叠加原理）。双 K 断裂模型提出后，引起了国内外学者的广泛关注，得到了高度评价。

特别值得一提的是，该理论曾在 2001 年被美国 ACI446 委员会作为美国混凝土断裂参数标准测定方法候选草案之一，2005 年被确立为我国电力行业标准《水工混凝土断裂试验规程》（DL/T 5332—2005）的理论依据。因此，双 K 断裂模型是一个很重要的混凝土断裂模型。双 K 断裂理论对进一步认识和解释混凝土乃至钢筋混凝土结构的受力破坏机理提供了一种新的理论分析手段。

6.2　基本概念

两参数断裂模型（TPFM）、尺寸效应模型（SEM）和等效裂缝模型（ECM）这几种等效弹性断裂模型，将线弹性断裂力学(LEFM)的概念应用于混凝土结构的断裂模型，但仅仅只能预测混凝土结构的失稳断裂，即极限荷载阶段。Xu 和 Reinhardt(1999a)提出了一种新的断裂模型，它能够描述混凝土断裂过程中完整的三步骤开裂现象：裂缝起裂，裂缝的稳定扩展，裂缝的失稳扩展。

图 6.1 所示为某混凝土试件发生Ⅰ型断裂而得到的 P-$CMOD$ 或 P-δ 曲线，在 B 点之前，试件表现为线弹性，裂缝长度保持为初始裂缝长度不变，裂缝没有发生扩展，裂缝尖端张开位移($CTOD$)保持为零。而 BC 段的切线与线性段 OB 存在偏差，这种非线性是由于出现断裂过程区引起的，也就是亚临界裂缝扩展阶段，但由于断裂过程区内骨料的黏结作用，导致裂缝稳定扩展。因此，B 点是断裂过程区萌生的起始点，从该点开始在裂缝尖端的砂浆基体中出现宏观微裂缝。

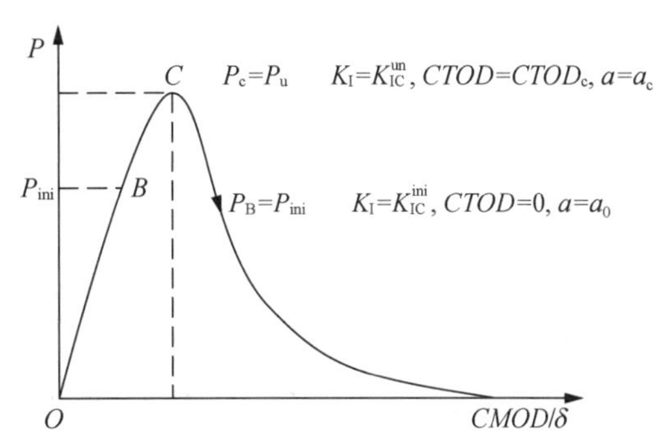

图 6.1　根据 P-$CMOD$ 或 P-δ 确定折点示意图

B 点对应的荷载 P_{ini} 称为起裂荷载，对应的应力强度因子称为起裂韧度 K_{IC}^{ini}，此时有裂缝尖端张开位移 $CTOD=0$，裂缝长度 $a=a_0$。此外，当达到最大荷载 P_u 时将发生失稳断裂，此时裂缝长度和裂缝尖端张开位移达到临界值 $a=a_c$ 和 $CTOD=CTOD_c$，对应的应力强度因子则称为失稳断裂韧度 K_{IC}^{un}。这种引入起裂断裂韧度 K_{IC}^{ini} 和失稳断裂韧度 K_{IC}^{un} 两个断裂参数来判定裂缝的起裂和失稳的断裂模型，即被命名为双 K 断裂模型(Xu 和 Reinhardt，1999a)。相应的断裂准则可以描述如下：

(1) $K<K_{IC}^{ini}$，裂缝不扩展。

(2) $K=K_{IC}^{ini}$，裂缝扩展的起始阶段。

(3) $K_{IC}^{ini}<K<K_{IC}^{un}$，裂缝处于稳定扩展阶段(即图 6.1 中 BC 非线性曲线阶段)。

(4) $K=K_{IC}^{un}$，裂缝即将失稳扩展。

(5) $K>K_{IC}^{un}$，裂缝失稳扩展。

两个断裂参数 K_{IC}^{ini} 和 K_{IC}^{un} 都有它们各自的优点和应用场合。对某些重要结构，如混凝土大坝、混凝土压力容器和核反应堆，两个参数 K_{IC}^{ini} 和 K_{IC}^{un} 都要求能够预先确定。对于某些特殊结构单元，如积水的混凝土结构，也需要依靠起裂断裂韧度 K_{IC}^{ini} 来对裂缝的起裂进行准确的预测。此外，双 K 断裂参数比较容易通过试验确定，不需要对结构进行加卸载，可避免使用闭合试验布置。

Xu 和 Reinhardt(1999a)根据试验结果得到，三点弯曲试验(TPBT)和紧凑拉伸试验(CT)试件的起裂韧度均值分别为 $K_{IC}^{ini}=0.509\ \mathrm{MPa\cdot m^{\frac{1}{2}}}$(范围在 $0.393\sim0.585\ \mathrm{MPa\cdot m^{\frac{1}{2}}}$)和 $0.458\ \mathrm{MPa\cdot m^{\frac{1}{2}}}$(范围在 $0.455\sim0.459\ \mathrm{MPa\cdot m^{\frac{1}{2}}}$)，而失稳断裂韧度的均值则分别为 $2.428\ \mathrm{MPa\cdot m^{\frac{1}{2}}}$(范围在 $1.518\sim3.454\ \mathrm{MPa\cdot m^{\frac{1}{2}}}$)和 $2.525\ \mathrm{MPa\cdot m^{\frac{1}{2}}}$(范围在 $2.323\sim2.837\ \mathrm{MPa\cdot m^{\frac{1}{2}}}$)。试验结果显示，对两种几何形状的试件(试件由物理属性几乎相同的

混凝土制成)而言，K_{IC}^{ini} 和 K_{IC}^{un} 的均值十分接近。

Xu 和 Reinhardt(1999b，c)提出了三点弯曲试验(TPBT)、紧凑拉伸试验(CT)和劈裂试验(WST)中的解析方法来确定双 K 断裂参数的值。从试验结果发现，双 K 断裂参数 K_{IC}^{ini} 和 K_{IC}^{un} 仍与试件尺寸无关。另外，评估得到的 $CTOD_c$ 值显示其与试件尺寸相关(Xu 和 Reinhardt，1999b)。在小尺寸劈裂试件的断裂试验中，计算得到的参数 K_{IC}^{ini} 和 K_{IC}^{un} 的值与相对初始缺口长度无关，与试件的尺寸轻度相关，但不受试件厚度的影响(Xu 和 Reinhardt，1999c)。

Xu 和 Reinhardt(2000)还提出了双 K 断裂参数的简化计算方法。该方法提出了两个经验公式，用于根据虚拟裂缝带的黏聚应力确定裂缝尖端张开位移 $CTOD$ 和应力强度因子 K。结果显示，对于三点弯曲试验，用简化方法计算得到的双 K 断裂参数与用解析方法得到的结果非常接近(Xu 和 Reinhardt，1999b)。

Zhao 和 Xu(2002)进行了针对三点弯曲试验试件的数值试验，目的是研究矢跨比、试件尺寸以及混凝土强度三者对双 K 断裂参数的影响。试验表明，失稳断裂韧度 K_{IC}^{un} 与矢跨比无关，只与材料属性相关。而起裂韧度 K_{IC}^{ini} 表现出不随材料强度变化而变化的特性，但对矢跨比和试件深度表现出一定的尺寸效应。

Zhang 等(2007)为了分析双 K 断裂参数，对总计 43 个混凝土试件(包括三点弯曲梁和楔入劈裂试件)开展了断裂试验，试验中的混凝土使用小尺寸集料，其最大尺寸仅为 10 mm。通过图解法或电阻应变片法确定了起裂荷载。试验发现，起裂荷载与极限荷载的比值为 0.67～0.71，而起裂断裂韧度和失稳断裂韧度的比值为 0.45～0.50。此外，在三点弯曲梁和劈裂试件中，当试件的深度分别大于 200 mm 和 400 mm 时，起裂韧度 K_{IC}^{ini} 和失稳断裂韧度 K_{IC}^{un} 的值几乎保持不变。同时计算了每个试件的临界裂缝尖端张开位移 $CTOD_c$，注意到该值对不同几何形状的试件而言也不尽相同。

Xu 和 Zhu(2009)对不同尺寸的三点弯曲试验试件进行了断裂试验，这些试件由不同强度的硬化水泥浆和砂浆制成。试验结果表明，所有水泥材料(即使是硬化水泥浆和砂浆)的断裂特性都表现出非线性，双 K 断裂模型和准则同样可以应用于硬化水泥浆和砂浆。

6.3 线性渐近叠加原理

线弹性断裂力学是断裂力学最为早期且较成熟和简单的理论，因此很多学者采用了弹性等效的方法，其目的是把断裂过程区的非线性特性等效为弹性裂缝，从而可使用线弹性断裂力学的理论来计算断裂韧度。两参数断裂模型可根据 P-$CMOD$ 曲线采用卸载柔度法获得临界等效弹性裂缝长度；等效裂缝断裂模型可以根据 P-δ 曲线的割线刚度，再根据线弹性应力强度因子的概念确定等效弹性裂缝长度；双 K 断裂模型在吸取了这些模型的优缺点后，提出了一个重要的原理，即线性渐进叠加原理。该原理是进行双 K 断裂参数计算的理论基础，具有两个前提假设：①P-$CMOD$ 曲线的非线性由在扩展裂缝前端的虚拟裂缝增长所引起；②一个等效裂缝由等效弹性自由(无应力)裂缝和等效弹性虚拟裂缝组成。

图 6.2 展示了一个带预缺口的混凝土试件在断裂试验中加载—卸载—反复加载过程中的典型行为。在试验过程中，$P-CMOD$ 包络曲线 $OABCDE$ 由初始缺口长度为 a_0 的试件单调加载得到。P-$CMOD$ 曲线在 A 点之前为线性增长，此前不会发生裂缝扩展，此点外部荷载记为 P_{ini}。越过 A 点之后，断裂过程区产生并发生裂缝缓慢扩展现象。因此，P_{ini} 就是起裂荷载。考虑曲线上的 B 点，此时对应的外部荷载大小为 P_b，从 B 点卸载直到外部荷载值为零时，将会有一个残余的裂缝口张开位移 $CMOD_b^p$。

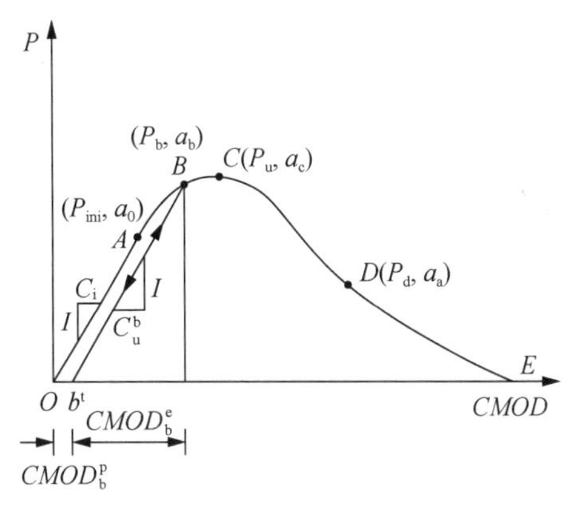

图 6.2 任意点 B 的卸载和反复加载路径

如果假设 B 点处对应的等效弹性裂缝长度是 a_b，即假设卸载轨迹朝向原点 O，则该卸载轨迹被称为虚拟裂缝轨迹，如图 6.3 所示。在这种方式下，非弹性变形将由割线柔度 C_s^b 考虑。当等效弹性裂缝长度从 a_0 变为 a_b 时，柔度则从 C_i 变为 C_s^b。由此，假设由相同材料制作，具有相同几何尺寸的 A 和 B 两个试件，仅仅初始裂缝长度 a_0 和 a_b 不同。对于试件 A 的 $P-CMOD$ 曲线为 $OABCDE$，对于试件 B 的 $P-CMOD$ 曲线则是 $OBCDE$。经过 $OBCDE$ 路径的 $P-CMOD$ 曲线，可假设通过一个等效初始裂缝长度(预缺口长度)为 a_b 的试件 B 测量得到。越过 B 点后，随着外部荷载的增加，裂缝将会发展。试件 A 和 B 中的初始裂缝长度 a_0 和 a_b 的不同仅导致在到达荷载值 P_b 之前产生不同的轨迹 OAB 和 OB，但 B 点是吻合的。需要指出的是，这个虚拟裂缝增量 $\Delta a_b = a_b - a_0$ 不是对应于无应力的状况，而实质上是随着一些黏聚力作用在该虚拟裂缝上。

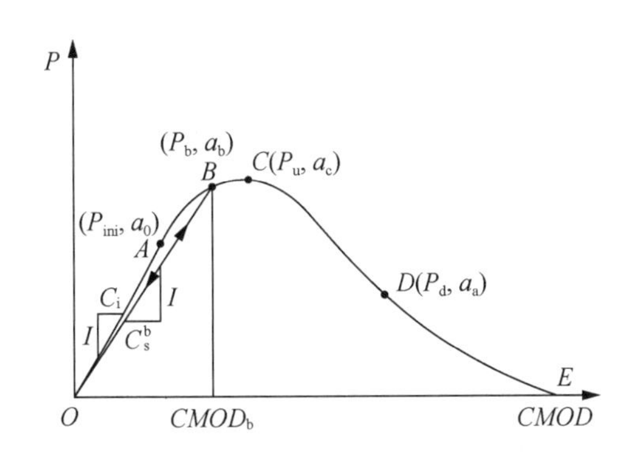

图 6.3 任意点 B 的虚拟等效弹性裂缝

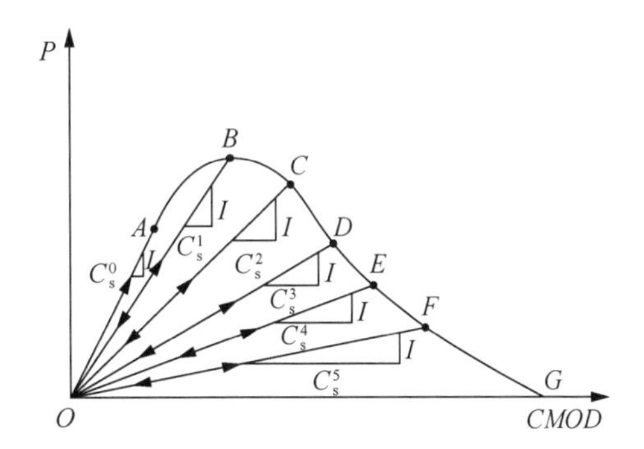

图 6.4 线性渐进叠加

因此，假设有一系列试件，由相同材料制作并具有相同的几何尺寸，但拥有不同的初始裂缝长度 a_0，a_1，a_2，a_3，…，对所有试件加载直到非线性变形出现在 P-$CMOD$ 曲线上，如图 6.4 所示。所得到的这一系列 P-$CMOD$ 曲线的 OA，OB，OC，OD 将是线性的。将这些线绘制在同一个坐标系中，渐进叠加一起，其起点是端点 O，途经 A，B，C，

D，E 等这些点。当这些线的数量足够多产生一条光滑的曲线时，可以预期该包络曲线将与一个带有初始裂缝长度为 a_0 的试件的 P-$CMOD$ 曲线吻合。这个过程就是线性渐进叠加。所有这些割线 OA，OB，OC，OD，…，均是一系列 P-$CMOD$ 测量曲线的线性部分。

6.4 等效裂缝长度的求解

为了确定双 K 断裂模型的断裂参数，首先需要得到等效弹性裂缝长度 a。为此，可从标准的三点弯曲和四点弯曲测试中得到 P-$CMOD$ 曲线，或从标准的紧凑拉伸测试中得到 P-COD 曲线。对每种不同几何形状的试件，通过 $LEFM$ 公式或简化公式，可得到不同荷载 P 对应的等效弹性裂缝长度 a。

6.4.1 LEFM 解析法

1. TPBT 试件($S/D=4$)

根据下式计算等效弹性裂缝长度 a：

$$CMOD=\frac{6PSa}{BD^2E}V(\beta) \tag{6.1}$$

$$V(\beta)=0.76-2.28\beta+3.87\beta^2-2.04\beta^3+\frac{0.66}{(1-\beta)^2} \tag{6.2}$$

式中，$\beta=\dfrac{a+H_o}{D+H_o}$，$H_o$ 是卡式计量器的厚度(Tada，1985)。从 P-$CMOD$ 曲线中测得的初始柔度 C_i 可以计算杨氏弹性模量，采用 RILEM(1990)公式如下：

$$E=\frac{6Sa_0}{C_iBD^2}V(\beta_0) \tag{6.3}$$

式中，a_0 是初始裂缝长度，$\beta_0=\dfrac{a_0+H_o}{D+H_o}$。

2. 标准 CT 试件

与式(6.1)类似，CT 试件的 COD (Murakami，1987)可用下式表达：

$$COD=\frac{P}{BE}V(\alpha) \tag{6.4}$$

$$V(\alpha)=(2.163+12.219\alpha-20.065\alpha^2-0.9925\alpha^3+20.609\alpha^4-9.9314\alpha^5)\times\left(\frac{1+\alpha}{1-\alpha}\right)^2 \tag{6.5}$$

式中，$\alpha=\dfrac{a}{D}$；$a=a_c$ 为在最大荷载 P_u 下的等效弹性裂纹长度。

式(6.5)在 $0.2<\alpha<0.95$ 时可达到0.5%的精确度。使用 P-COD 曲线可计算杨氏弹性模量 E：

$$E=\frac{V_1(\alpha_0)}{C_i B} \tag{6.6}$$

6.4.2 简化法

1. TPBT 试件($S/D=4$)

为计算标准 TPBT 试件的 $CMOD$，推荐 Xu 和 Reinhardt(2000)提出的简化经验公式，如下式所示：

$$CMOD=\frac{P}{BE}\left[3.70+32.60\tan^2\left(\frac{\pi}{2}\beta\right)\right] \tag{6.7}$$

式中，$\beta=\dfrac{a+H_0}{D+H_0}$。

式(6.7)不需要试错法便可直接求得结果。与式(6.1)相比，当 $0.2\leqslant\beta\leqslant0.7$ 时，式(6.7)的误差不超过2%；当 $\beta=0.80$ 时，最大误差不超过3%。应用式(6.7)时，等效裂纹扩展长度可以用以下简单的公式表达：

$$a=\frac{2(D+H)}{\pi}\arctan\sqrt{\frac{BEC}{32.6}-0.1135}-H_0 \tag{6.8}$$

式中，$C=\dfrac{CMOD}{P}$。

2. 标准 CT 试件

Xu 和 Reinhardt(1999c)也提出了一个经验公式，用于确定标准 CT 试件的等效裂纹长度，当 $0.2\leqslant a\leqslant0.62$ 时，计算结果的误差在1%以内，当 $0.2\leqslant a\leqslant0.7$ 时，误差在3%以内。Kumar 和 Barai(2009a)提出了这一经验公式的改进式，与式(6.3)相比，改进的经验关系式扩展到 $0.2\leqslant a\leqslant0.9$，且误差只在0.7%以内。具体的经验公式改进式如下所示：

$$COD=\begin{cases}\dfrac{P}{BE}\left[-10.4595+12.4573\left(\dfrac{1-0.047\alpha}{1-\alpha}\right)^2\right], & 0.2\leqslant\alpha<0.6\\ \dfrac{P}{BE}\left[3.4127+3.7266\left(\dfrac{1+\alpha}{1-\alpha}\right)^2\right], & 0.6\leqslant\alpha<0.8\\ \dfrac{P}{BE}\left[-8.4875+3.8564\left(\dfrac{1+\alpha}{1-\alpha}\right)^2\right], & 0.8\leqslant\alpha<0.9\end{cases} \tag{6.9}$$

6.5 双 K 断裂参数的直接测试方法

为了采用双 K 断裂准则来预测混凝土裂缝的发展状态，需要测定其断裂控制参数，即起裂韧度和失稳断裂韧度。在裂缝即将开裂时，其对应的状态为初始裂缝长度 a_0 和起裂荷载 P_{ini}。由这两个参数决定的起裂韧度 K_{IC}^{ini} 代表的是材料抵抗亚裂缝出现的能力；而在临界失稳状态，虚拟裂缝有了一定的扩展增量，对应于临界有效裂缝长度 a_c 和极值荷载 P_{max}，失稳断裂韧度 K_{IC}^{un} 代表混凝土在此临界状态抵抗外力的能力。理论上只需把 (P_{ini}, a_0) 和 (P_u, a_c) 代入到线弹性断裂力学公式就可获得起裂断裂韧度 K_{IC}^{ini} 和失稳断裂韧度 K_{IC}^{un}。因此，要得到混凝土的双 K 断裂参数的实测值，需确定 (P_{ini}, a_0) 和 (P_u, a_c) 的值。

当获得了 (P_{ini}, a_0) 和 (P_u, a_c) 后，代入线弹性断裂力学中应力强度因子计算公式便可确定起裂韧度 K_{IC}^{ini} 和失稳断裂韧度 K_{IC}^{un}。对于三点弯曲试验梁，该公式为

$$\begin{cases} K = \dfrac{3P_{ini}S}{2D^2B}\sqrt{a}F(\alpha),\ \alpha = \dfrac{a}{D} \\ F(\alpha) = \dfrac{1.99 - \alpha(1-\alpha)(2.15 - 3.93\alpha + 2.7\alpha^2)}{(1+2\alpha)(1-\alpha)^{\frac{3}{2}}} \end{cases} \tag{6.10}$$

6.5.1 起裂荷载 P_{ini} 和起裂韧度 K_{IC}^{ini} 的确定

起裂荷载可通过激光散斑法、光弹贴片法、扫描电子显微镜法、电阻应变片法、声发射法等方法通过试验进行测定。徐世烺(1991)提出了采用光弹贴片法确定起裂荷载的方法。将光弹贴片材料和试件的一些基本材料参数代入应力光学第一定律，可得到试件开裂时贴片上所对应的条纹基数值 n 为

$$n = \frac{2(1+\mu_s)t_c\varepsilon_{ls}}{\left[1 + \dfrac{t_cE_c(1+\mu_s)}{t_sE_s(1+\mu_c)}\right]f_e} \tag{6.11}$$

式中，E_c 和 E_s 分别为贴片材料和试件的弹性模量；μ_c 和 μ_s 分别为贴片材料和试件的泊松比；f_e 是贴片材料的应变条纹值；t_c 和 t_s 分别为贴片材料和试件的厚度；ε_{ls} 为混凝土的极限拉伸应变值。

当确定了应变条纹值后，就可确定试件开裂时对应的彩色条纹颜色，然后对照不同荷载等级下的光弹照片，就可以确定在哪一级荷载裂缝开始起裂，从而确定起裂荷载 P_{ini}。

徐世烺(2008)等还提出了电阻应变片法确定起裂荷载。该方法是将应变片贴置于试件初始裂缝前端，一部分沿着裂缝前端布置，一部分沿着裂缝前端的两侧对称布置，如图 6.5 所示。沿着裂缝前端布置的应变片用来测量起裂荷载，两侧对称布置的应变片用来观测裂缝扩展过程。在达到起裂荷载之前，缝端应变片的应变值与荷载基本呈线性增长趋势。当应变增大到极限拉伸应变值后，由于裂缝出现，测点应力下降，并开始回缩，这表明测点处有裂缝出现，混凝土聚集的能量得到释放，缝端应变片应变开始回缩时的荷载值即对应于起裂荷载 P_{ini}。

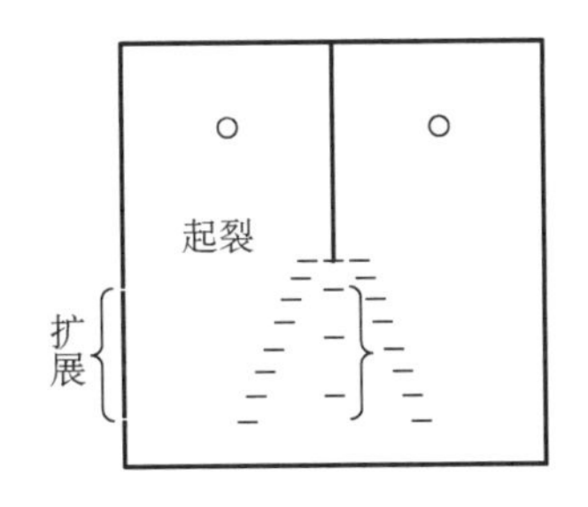

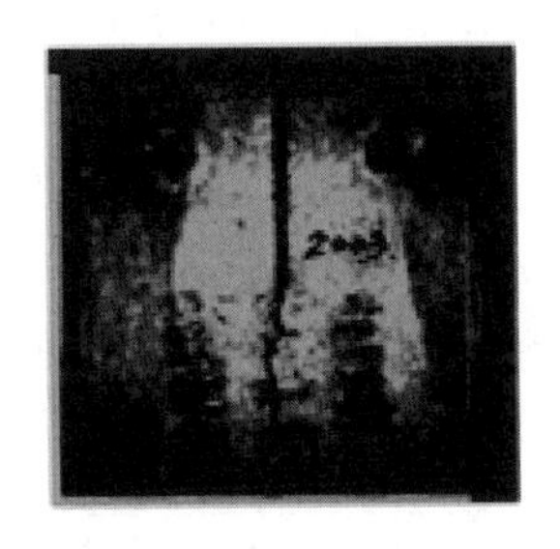

图 6.5　电阻应变片法测点布置方式

得到了起裂荷载 P_{ini} 之后，将其与初始裂缝长度 a_0 代入线弹性应力强度因子计算公式便可确定起裂韧度。对于三点弯曲梁，该公式为(6.10)。

6.5.2　失稳断裂韧度 K_{IC}^{un} 的确定

基于线性叠加原理，用最大荷载 P_u 按照本书 6.4 节等效裂缝长度的求解方法得到临界等效裂缝长度 a_c，代入线弹性应力强度因子计算公式便可确定起裂韧度。对于三点弯曲梁，该公式为(6.10)。

6.6　双 K 断裂参数的曲线法

通过试验获得 P-CMOD 曲线，通过该曲线也可以确定(P_{ini}, a_0)和(P_u, a_c)，这种方法称作曲线法。对于起裂荷载 P_{ini}，当使用曲线法时，需要找出曲线弹性和非线性的转折点，但该点在曲线上比较难以准确界定，不同的人可能会得出不一样的结果，导致结果不准确。因此，起裂荷载 P_{ini} 多采用电阻应变片法、光弹贴片法、声发射法、激光散斑法、扫描电子显微镜法等试验方法来确定。

6.7　总应力强度因子 K 的叠加法及黏聚韧度 K_{IC}^{C} 的确定

在断裂过程区荷载达到峰值前，存在非线性黏聚应力，其模式取决于黏聚准则(即软化函数)的类型(Zi 和 Belytschko, 2003)。对普通混凝土，通常使用双线性软化准则，可得到满足工程要求的精度。

断裂过程区的黏聚应力分布产生了黏聚韧度 K^C，是结构整体断裂韧度的一部分。等效裂缝长度对应的应力强度因子可采用叠加法进行计算。该方法中，总应力强度因子 K 等于外部荷载产生的应力强度因子 K^P 以及黏聚应力贡献的应力强度因子 K^C (Jenq 和 Shah, 1985b; Xu 和 Reinhardt, 1999b)之和，可用下式表示：

$$K = K^P + K^C \tag{6.12}$$

由于断裂过程区为闭合应力而非张开应力，黏聚应力强度因子 K^C 和黏聚韧度 K_{IC}^C 是负值。有研究报告(Xu 和 Reinhardt, 1998)指出，裂缝尖端的黏聚应力分布形状对裂缝尖端应力强度因子的整体值虽有影响，但不会太过于敏感，根据结构的外荷载情况，可取线性或双线性形状。这种假设可使数值计算得到简化，且不会过多影响断裂参数的计算值。在试件达到极限荷载时，这个假设实际上也较为合理，因为对于试验试件，通常达到极限荷载时断裂发展区长度还相对较小，只需要用到软化阶段的初始部分。

TPBT 和 CT 试件的黏聚应力可被理想化为一系列成对的法向应力作用于有限宽度的单边开裂试件，如图 6.6 所示。

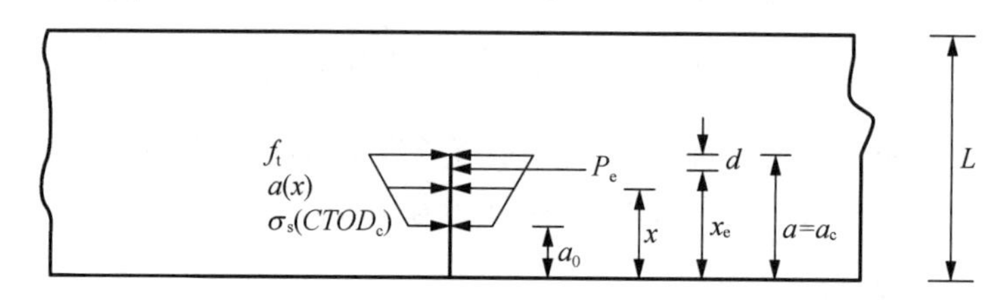

图 6.6　断裂过程区中的黏聚应力分布

在试件的加载过程中，临界状态由最大荷载值 P_u 得到，并可获得相应的临界裂缝尖端张开位移($CTOD_c$)。图 6.6 中，$\sigma_s(CTOD_c)$ 是初始缺口尖端(裂缝尖端)张开位移为 $CTOD_c$ 时对应的黏聚应力，由此 $\sigma(x)$ 可以用下式计算：

$$\sigma(x)=\sigma_s(CTOD_c)+\frac{x-a_0}{a-a_0}[f_t-\sigma_s(CTOD_c)] \tag{6.13}$$

式(6.13)可以用裂缝长度的无量纲形式表示，设 $\xi=\frac{x}{a}$，则有：

$$\begin{cases}\sigma(U)=\sigma_s(CTOD_c)+\dfrac{U-\dfrac{a_0}{a}}{1-\dfrac{a_0}{a}}[f_t-\sigma_s(CTOD_c)] \\ \dfrac{a_0}{a}\leqslant U\leqslant 1,\ 0\leqslant CTOD\leqslant CTOD_c\end{cases} \tag{6.14}$$

$\sigma_s(CTOD_c)$ 的值通过混凝土的软化函数计算得到。由于很难直接测量 $CTOD_c$ 的值，在实践中需要持续监测裂缝口张开位移 COD。当已知 COD 的值时，裂缝口张开位移 COD 与裂缝长度 a 的关系用下式确定(Jenq 和 Shah，1985a)：

$$COD(x)=COD_c\left\{\left(1-\frac{x}{a}\right)^2+\left(1.081-\frac{1.149a}{D}\right)\left[\frac{x}{a}-\left(\frac{x}{a}\right)^2\right]\right\}^{\frac{1}{2}} \tag{6.15}$$

式中，取 $x=a_0$ 和 $a=a_c$ 用于计算 $CTOD_c$。

6.7.1　计算 K_{IC}^{C} 的解析方法

如图 6.6 所示，对于无限长窄条在Ⅰ型裂缝长度范围内作用一对单位闭合力的情况，

裂缝尖端的应力强度因子为

$$K_{\mathrm{I}}=\frac{2}{\sqrt{\pi a}}F(\xi,\ \alpha),\ \xi=\frac{x}{a},\ \alpha=\frac{a}{D} \tag{6.16}$$

$$F(\xi,\ \alpha)=\frac{3.52(1-\xi)}{(1-\alpha)^{\frac{3}{2}}}-\frac{4.35-5.28\xi}{(1-\alpha)^{\frac{1}{2}}}+\left(\frac{1.30-0.30\xi^{\frac{3}{2}}}{\sqrt{1-\xi^{2}}}+0.83-1.76\xi\right)[1-(1-\xi)\alpha] \tag{6.17}$$

则分布的黏聚应力产生的黏聚强度因子由如下积分得到：

$$K^{\mathrm{C}}=\int_{\frac{a_0}{a}}^{1}2\sqrt{\frac{a}{\pi}}\sigma(\xi)F(\xi,\ \alpha)\mathrm{d}\alpha \tag{6.18}$$

在临界状态时取 $a=a_{\mathrm{c}}$，即可得到黏聚韧度：

$$K_{\mathrm{IC}}^{\mathrm{C}}=\int_{\frac{a_0}{a_{\mathrm{c}}}}^{1}2\sqrt{\frac{a_{\mathrm{c}}}{\pi}}\sigma(\xi)F(\xi,\ \alpha)\mathrm{d}\alpha \tag{6.19}$$

由于积分边界上存在奇异性，需采用高斯-切比雪夫求积法对式(6.17)进行积分求解。

6.7.2 计算 $K_{\mathrm{IC}}^{\mathrm{C}}$ 的简化方法

Xu 和 Reinhardt(2000)提出了计算黏聚韧度 $K_{\mathrm{IC}}^{\mathrm{C}}$ 的简化方法，该简化方法是通过校正函数 $Z\left(\frac{x_{\mathrm{e}}}{a},\ \frac{a_0}{a}\right)$以及式(4.13)计算得到。分布的黏聚应力 $\sigma(x)$ 被转换成单个的等效力 P_{e}，如图6.6所示。$K_{\mathrm{IC}}^{\mathrm{C}}$ 的绝对值可用下式表示：

$$K_{\mathrm{IC}}^{\mathrm{C}}=Z\left(\frac{x_{\mathrm{e}}}{a},\ \frac{a_0}{a}\right)\frac{2P_{\mathrm{e}}}{\sqrt{\pi a}}F\left(\frac{x_{\mathrm{e}}}{a},\ \frac{a}{D}\right) \tag{6.20}$$

在式(6.20)中，令 $\xi_{\mathrm{e}}=\frac{x_{\mathrm{e}}}{a},\ \alpha_0=\frac{a_0}{D},\ \alpha=\frac{a}{D}$，则无量纲值$\frac{K_{\mathrm{IC}}^{\mathrm{C}}}{f_{\mathrm{t}}\sqrt{D}}$为

$$\frac{K_{\mathrm{IC}}^{\mathrm{C}}}{f_{\mathrm{t}}\sqrt{D}}=Z\left(U_{\mathrm{e}},\ \frac{\alpha_0}{\alpha}\right)\frac{2P_{\mathrm{e}}}{\sqrt{\pi aD}}F(U_{\mathrm{e}},\ \alpha) \tag{6.21}$$

对于梯形黏聚应力分布的情况，使用无量纲系数 γ：

$$\gamma=\frac{\sigma_{\mathrm{s}}(CTOD_{\mathrm{c}})}{f_{\mathrm{t}}} \tag{6.22}$$

则式(6.14)可用无量纲形式表示为

$$\frac{\sigma(U)}{f_t}=\gamma+\frac{U-\frac{\alpha_0}{\alpha}}{1-\frac{\alpha_0}{\alpha}}(1-\gamma) \tag{6.23}$$

从图 6.6 可以看出,合力 P_e 可以写成以下形式:

$$P_e=\frac{f_t}{2}(1+\gamma)(a-a_0),\ a\leqslant a_c \tag{6.24}$$

若写成无量纲形式,则式(6.24)可表达成:

$$\frac{2P_e}{f_t\sqrt{\pi a D}}=(1+\gamma)\left(1-\frac{a_0}{a}\right)\sqrt{\frac{\alpha}{\pi}} \tag{6.25}$$

从扩展裂缝尖端测得的黏聚力合力的形心 d 可通过下式求得:

$$d=\frac{1+2\gamma}{3(1+\gamma)}(a-a_0) \tag{6.26}$$

以及有:

$$x_e=a-d=a-\frac{1+2\gamma}{3(1+\gamma)}(a-a_0) \tag{6.27}$$

并有:

$$\xi_e=\frac{x_e}{a}=\frac{1}{3(1+\gamma)}\left[2+\gamma+(1+2\gamma)\frac{\alpha_0}{\alpha}\right] \tag{6.28}$$

最后,校正函数由以下经验式确定:

$$Z\left(\xi_e,\frac{\alpha_0}{\alpha}\right)=\frac{6(1.025-0.1\gamma)}{1+1.83(\alpha_0-0.2)}\left(\frac{\alpha_0}{\alpha}\right)^p\sqrt{\frac{\alpha}{\pi}}\xi_e^{-0.2},\ 0.2\leqslant\alpha_0\leqslant 0.8 \tag{6.29}$$

式中,当 $0.2\leqslant\alpha_0\leqslant 0.6$ 时, $p=1.5(\alpha_0-0.2)+0.8$;当 $0.6\leqslant\alpha_0\leqslant 0.7$ 时,$p=3(\alpha_0-0.6)+1.4$;当 $0.7\leqslant\alpha_0\leqslant 0.8$ 时,$p=6(\alpha_0-0.7)+1.7$。

式(6.21)中的 $F(\xi_e,\alpha)$ 由式(6.19)计算,$F_{\mathrm{IC}}^{\mathrm{C}}$ 的值由式(6.21)和式(6.29)获得。对于 $0.6\leqslant\gamma\leqslant 0.7$, $0.2\leqslant\alpha_0\leqslant 0.8$, α 直到 0.975 的情况,可以查阅有关文献(Xu 和 Reinhardt, 2000)。采用解析法和简化方法计算无量纲量 $\frac{K_{\mathrm{IC}}^{\mathrm{C}}}{f_t\sqrt{D}}$,比较结果表明,简化方法计算结果的最大误差小于 3.6%。

6.7.3 计算 $K_{\mathrm{IC}}^{\mathrm{C}}$ 的权函数法

在权函数方法中,按梯形应力分布(图 6.6)使用式(4.1)计算不稳定断裂状态时的

K_{IC}^{C}。根据该方法，首先根据权函数表达式中的项数，由式(4.22)或式(4.24)确定权函数的参数。式(4.1)中的 $\sigma_s(x)$ 用式(6.13)替代，因此可以求得 K_{IC}^{C} 的闭合表达式。使用四项式的 K_{IC}^{C} 表达式可以用下式表达：

$$K_{IC}^{C}=\int_{a_0}^{a}\left\{\sigma_s(CTOD_c)+\frac{x-a_0}{a-a_0}[f_t-\sigma_s(CTOD_c)]\right\}\times \frac{2}{\sqrt{2\pi(a-x)}}\left[1+M_1\left(1+\frac{x}{a}\right)^{\frac{1}{2}}+M_2\left(1-\frac{x}{a}\right)+M_3\left(1-\frac{x}{a}\right)^{\frac{3}{2}}\right]dx \quad (6.30)$$

对式(6.30)进行积分后，K_{IC}^{C} 的闭合解可以写成：

$$K_{IC}^{C}=\frac{2}{\sqrt{2\pi a}}\left(A_1 a\left[2s^{\frac{1}{2}}+M_1 s+\frac{2}{3}M_2 s^{\frac{3}{2}}+\frac{1}{2}M_3 s^2\right]+ A_2\left\{\frac{1}{2}\times\frac{4}{3}s^3+\frac{1}{2}M_1 s^2+\frac{4}{15}M_2 s^{\frac{5}{2}}+\frac{M_3}{6}\left[1-(a_0-a)^3-\frac{3sa_0}{a}\right]\right\}\right) \quad (6.31)$$

式中，$A_1=\sigma_s(CTOD_c)$，$A_2=\dfrac{f_t-\sigma_s(CTOD_c)}{a-a_0}$，$s=1-\dfrac{a_0}{a}$。

针对临界有效裂缝扩展的情况，式(6.30)中的 $a=a_c$。类似地，采用五项式的 K_{IC}^{C} 的闭合解表达式如下所示：

$$K_{IC}^{C}=\frac{2}{\sqrt{2\pi a}}\left(A_1 a\left[2s^{\frac{1}{2}}+M_1 s+\frac{2}{3}M_2 s^{\frac{3}{2}}+\frac{1}{2}M_3 s^2+\frac{2}{5}M_4 s^{\frac{5}{2}}\right]+ A_2\left\{\frac{4}{3}s^{\frac{3}{2}}+\frac{1}{2}M_1 s^2+\frac{4}{15}M_2 s^{\frac{5}{2}}+\frac{4}{35}M_4 s^{\frac{7}{2}}+\frac{1}{6}M_3\left[1-(a_0-a)^3-\frac{3sa_0}{a}\right]\right\}\right) \quad (6.32)$$

6.7.4 应用 K_{IC}^{C} 确定双 K 断裂参数

当确定了不稳定状态的临界等效裂缝增量后，双 K 断裂准则的两个参数(K_{IC}^{ini}，K_{I}^{un})可以用 Tada(1985)推荐的 LEFM 公式确定：

$$K_I=\sigma_N\sqrt{D}k(\alpha) \quad (6.33)$$

1. TPBT 试件($S/D=4$)

通过式(6.32)和式(6.35)计算应力强度因子，其中 $\alpha=\dfrac{a}{D}$，σ_N 是由外荷载 P 和结构自重产生的梁内的名义应力，采用 Tada(1985)给出的公式：

$$\sigma_N=\frac{3S}{4BD^2}(2P+w_g S) \quad (6.34)$$

$$k(\alpha)=\sqrt{\alpha}\ \frac{1.99-\alpha(1-\alpha)(2.15-3.93\alpha+2.7\alpha^2)}{(1+2\alpha)(1-\alpha)^{\frac{3}{2}}} \tag{6.35}$$

式中，w_g 为梁单位长度的自重。

2. 标准 CT 试件

根据 ASTM 国际标准 E399－06(2006)，应力强度因子采用式(6.33)和式(6.36)计算：

$$k(\alpha)=\frac{(2+\alpha)(0.886+4.64\alpha-13.32\alpha^2+14.72\alpha^3-5.6\alpha^4)}{(1-\alpha)^{\frac{3}{2}}} \tag{6.36}$$

对于 TPBT 和 CT 试件，可分别取各自对应的 LEFM 公式计算等效断裂长度为 a_c 时裂缝尖端的不稳定断裂韧性 K_{IC}^{un}，公式中取 $a=a_c$，$P=P_u$(即最大荷载)。如果初始裂缝尖端的起裂荷载 P_{ini} 已知，则初始韧度 K_{IC}^{ini} 可使用 LEFM 公式计算。因为很难在试验中测得起裂荷载，所以采用一种反分析法来计算 K_{IC}^{ini} 的值，计算式如下：

$$K_{IC}^{ini}=K_{IC}^{un}-K_{IC}^{C} \tag{6.37}$$

6.8 解析法、简化法和权函数法的对比

本节针对 $D=200$ mm 尺寸的 TPBT 和 CT 试件，a_0/D 比值在 0.15～0.80 范围内，对使用解析法、简化法和权函数法确定的双 K 断裂参数进行了对比。还对尺寸范围为 100～600 mm 的试件，分别研究了试件几何形状和软化效应对断裂参数的影响。峰值荷载 P_u 以及相应的 $CMOD_c$(用于 TPBT)和 COD_c(用于 CT)临界值，均基于有限元的虚拟裂缝法(Fictitious Crack Model, FCM)(见本书第 9 章的介绍)获得相应的输入数据。

6.8.1 材料特性

混凝土的属性取 $f_t=3.21$ MPa，$E=30$ GPa，$G_F=103$ N/m (Planas 和 Elices, 1990)，$d_a=16$ mm，$\nu=0.18$，采用准指数软化函数。对于 $B=100$ mm 且尺寸范围 $D=100\sim600$ mm 的标准 TPBT 和 CT 试件，由于对称性，进行有限元分析时取半结构分析(图 6.7 和图 6.8)，沿着深度 D 方向划分 80 个尺寸相同的等参矩形平面单元。采用相同的准指数软化函数用于确定双 K 断裂参数。

TPBT 试件在所有计算阶段中考虑自重的影响，而这种影响对于 CT 试件来说不用特意考虑。由 FCM 得到的外荷载 P 并不包括自重，而得到的 $CMOD$ 则包含了自重的贡献。因此，除了作用在 TPBT 试件上的外部荷载 P 之外，在整个计算过程中，还存在作用于跨中处大小等于 $w_g\cdot\dfrac{S}{2}$ 的等效集中荷载的影响，在计算等效裂纹增量时，式

(6.1) 的 P 值需修正为$\left(P + w_g \cdot \dfrac{S}{2}\right)$。在分析时使用到 FCM 中的两个参数,即 $l_{ch} = \dfrac{G_F E}{f_t^2}$ 和 $K_C = \sqrt{G_F E}$。

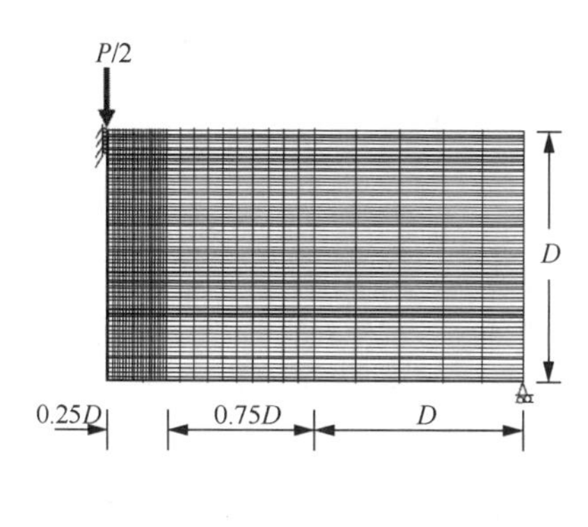

图 6.7 TPBT 试件的有限元离散网格

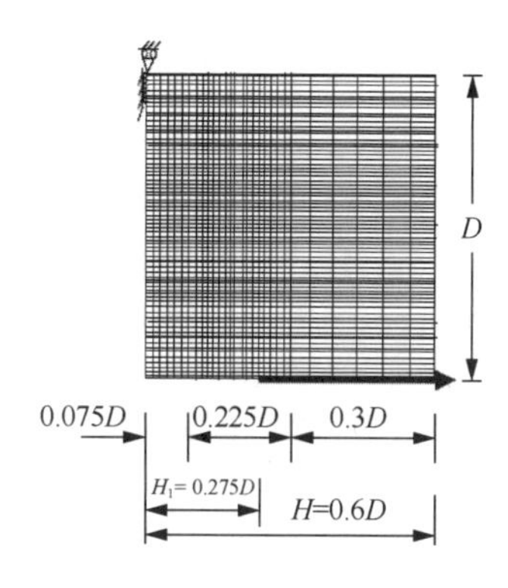

图 6.8 CT 试件的有限元离散网格

6.8.2 确定 DKFM 的方法对比

使用 FCM 获得的 TPBT 和 CT 试件在 a_0/D 比值为 0.15～0.80 和 $D=200$ mm 情况下的 P-$CMOD$ 和 P-COD 曲线分别如图 6.9 和图 6.10 所示。双 K 断裂参数使用解析法、简化法和权函数法(包括四项式和五项式)计算。使用解析法和权函数法计算 a_c 时均采用试错法。使用简化法的经验公式来确定 TPBT 和 CT 试件的 a_c 值。

对于 $D=200$ mm 的 TPBT 和 CT 试件,使用 LEFM 公式和简化经验公式确定的无量纲参数 K_C/K_{IC}^{un} 与 a_0/D 的关系如图 6.11 所示。直到 $a_0/D=0.75$ 时,由简化法和解析法求解的 TPBT 试件 K_{IC}^{un} 的最大差别为 3.25%,在 $a_0/D=0.8$ 时略高一些,为 5.34%。在不同 a_0/D 下计算得到的 K_{IC}^{un} 平均值的差别在 0.13%。对于 CT 试件,这个

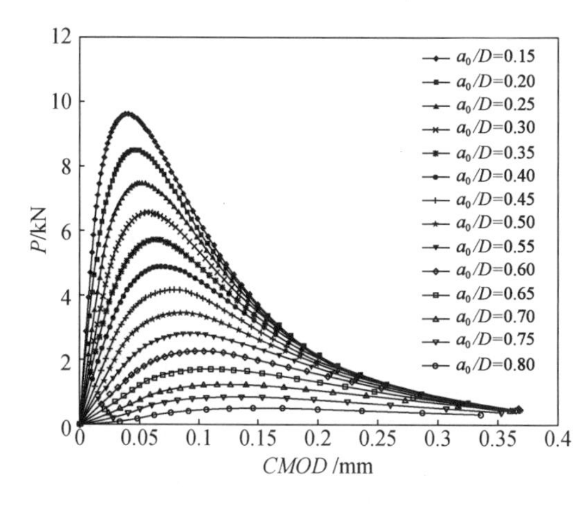

图 6.9 $D=200$ mm,TPBT 试件的 P-$CMOD$ 曲线

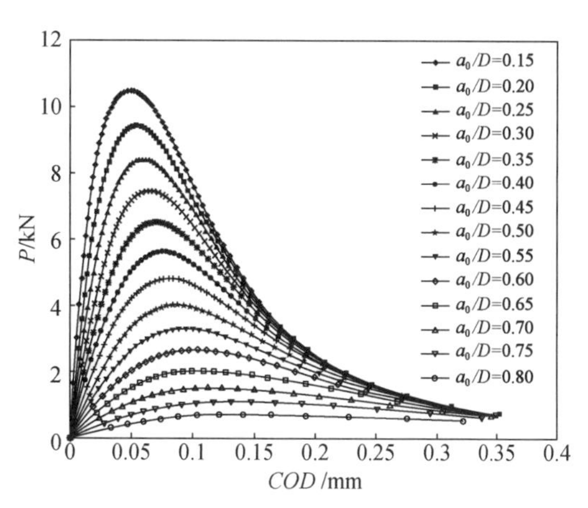

图 6.10 $D=200$ mm,CT 试件的 P-COD 曲线

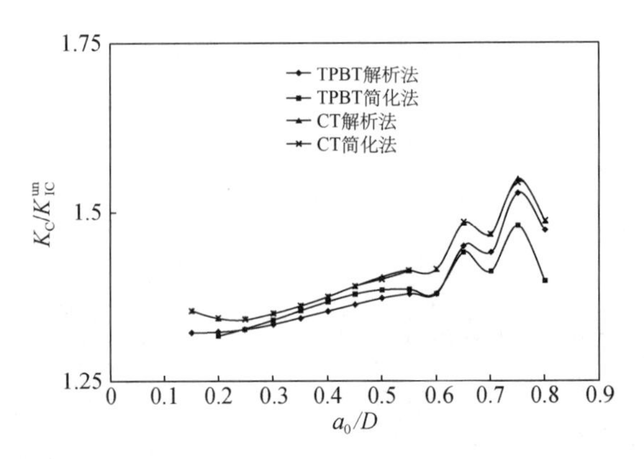

图 6.11　解析法和简化法获得的 TPBT 和 CT 试件 K_{IC}^{un}(D=200 mm)

最大差别直到 a_0/D=0.8 时仍为 0.31%，而对于 K_{IC}^{un} 平均值的差别为 0.26%。从图中还可以看出，结果不受试件形状太大的影响。直到 $a_0/D=0.6$ 时，K_{IC}^{un} 的值几乎保持恒定，超过这个值，两种试件的值都观察到略有下降。这两种几何形状之间 K_{IC}^{un} 平均值的差异约为 1.76%。

针对 $D=200$ mm 的 TPBT 试件，图 6.12 对比了使用不同方法得到的无量纲量 K_C/K_{IC}^C 和 K_C/K_{IC}^{ini} 与 a_0/D 的关系曲线。K_C/K_{IC}^C 与 K_C/K_{IC}^{ini} 随 a_0/D 的变化趋势十分相似。将权函数法和简化法获得的结果与标准解析法确定的结果进行对比，可以发现，在 a_0/D 较大时简化法会有更大的差异。对于尺寸为 200 mm 的试件，使用四项式和五项式权函数法以及简化法获得的 K_{IC}^C 平均值的百分比差别分别为 0.85%，0.07%和 0.78%。K_{IC}^{ini} 计算值的差别分别为 1.62%，0.13%和 1.86%，如图 6.13 所示。在图 6.14 和图 6.15 中，对于 $D=200$ mm 的 CT 试件，可以观察到类似结果。从图 6.14 可以发现，与解析法相比，采用四项式和五项式权函数以及简化法求得的 K_{IC}^C 平均值的百分比差别分别为 0.89%，0.07%和 0.78%。从图 6.15 可以发现，使用四项式和五项式权函数以及简化方法求得的 K_{IC}^{ini} 平均值的差别分别为 1.61%，0.13%和 1.52%。

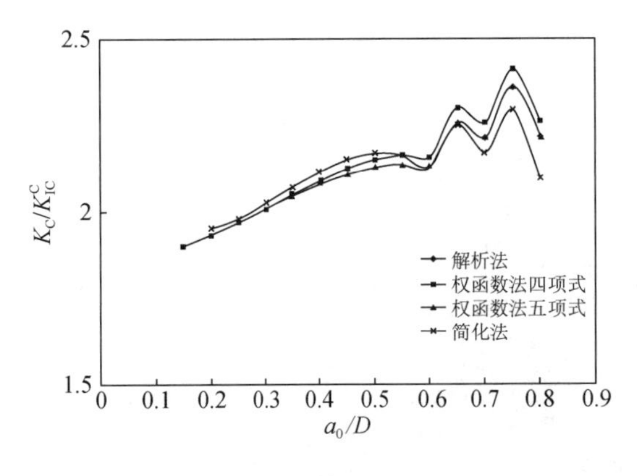

图 6.12　解析法、权函数法、简化法获得的 TPBT 试件 K_{IC}^C(D=200 mm)

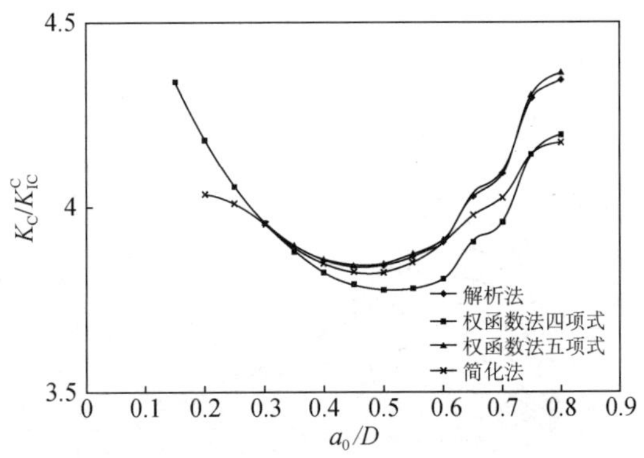

图 6.13　解析法、权函数法、简化法获得的 TPBT 试件 K_{IC}^{ini}(D=200 mm)

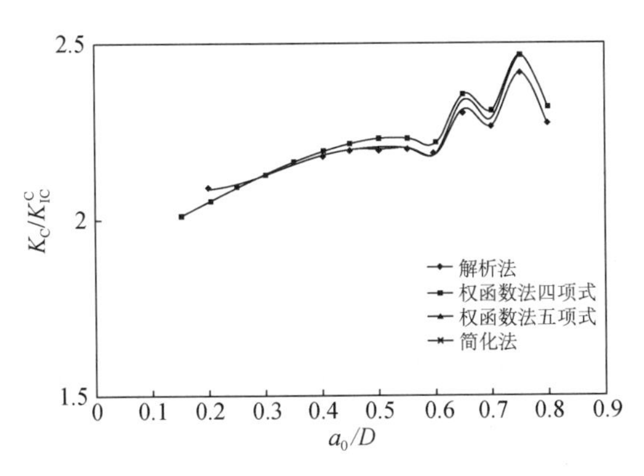

图 6.14 解析法、权函数法、简化法获得的 CT 试件 K_{IC}^{C}(D=200 mm)

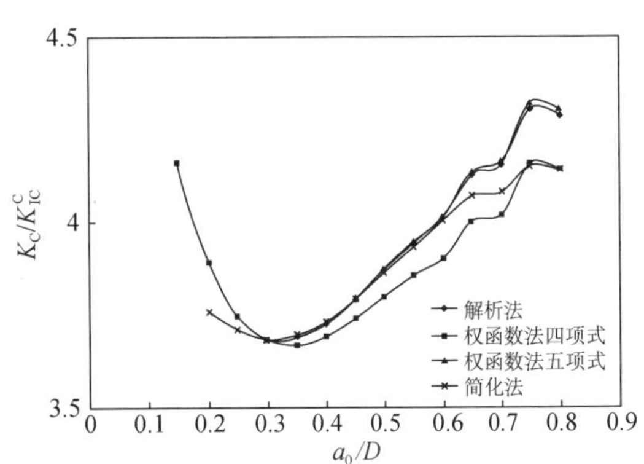

图 6.15 解析法、权函数法、简化法获得的 CT 试件 K_{IC}^{ini}(D=200 mm)

6.8.3 试件几何形状的影响

将所获得的 TPBT 和 CT 试件的断裂参数绘制成无量纲形式,如图 6.16—图 6.19 所示。从这些图中可以观察到以下结果:

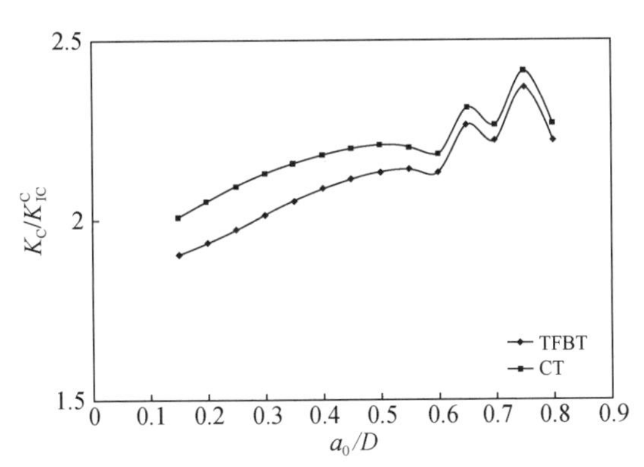

图 6.16 TPBT 和 CT 试件使用五项式权函数法获得的 K_{IC}^{C} 比较(D=200 mm)

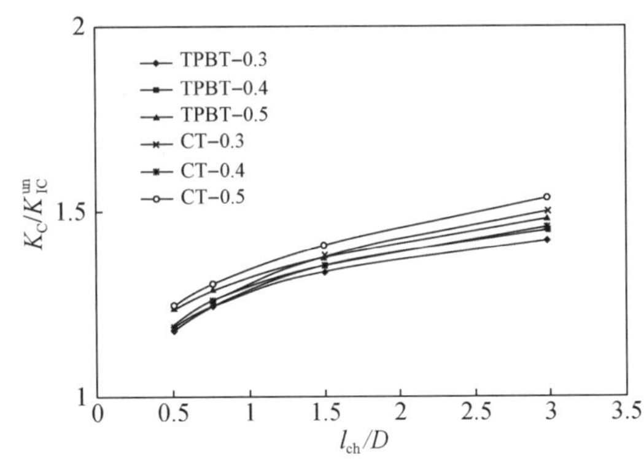

图 6.17 不同试件尺寸下试件形状对 K_{IC}^{un} 的影响

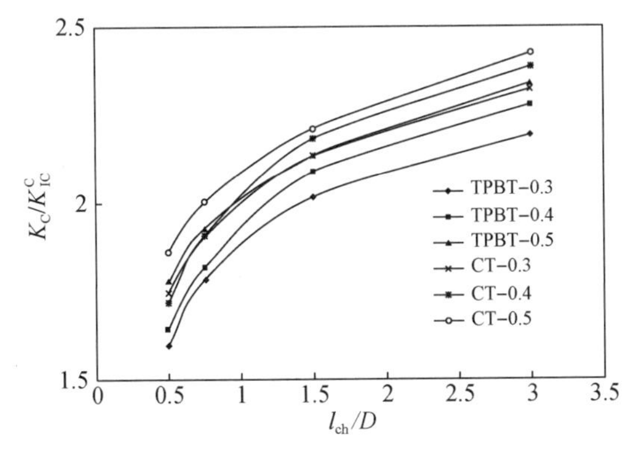

图 6.18 不同试件尺寸下试件形状对 K_{IC}^{C} 的影响

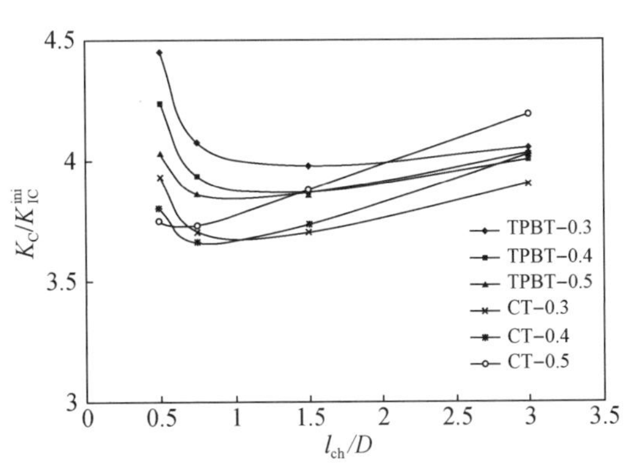

图 6.19 不同试件尺寸下试件形状对 K_{IC}^{ini} 的影响

(1) 图 6.16 显示了 $D=200$ mm 时,试件几何形状对 K_{IC}^{C} 数值结果的影响。K_{IC}^{C} 的值是用五项式权函数法得到的。可以看出,一直到 $a_0/D=0.6$,黏聚韧度几乎保持恒定,$a_0/D=0.6\sim0.8$ 时,可以观察到黏聚韧度略有下降。TPBT 和 CT 试件的 K_{IC}^{C} 平均值的百分比差别约为 2.12%。

(2) 使用五项式权函数法计算 TPBT 和 CT 试件的 K_{IC}^{un}, K_{IC}^{C} 和 K_{IC}^{ini} 值,试件尺寸为 100~600 mm, a_0/D 为 0.3 ~ 0.5。两种试件几何形状的无量纲参数 K_C/K_{IC}^{un},K_C/K_{IC}^{C} 和 K_C/K_{IC}^{ini} 随 l_{ch}/D 的变化绘制在图 6.17—图 6.19 中。图中的图例表示试件几何形状和 a_0/D 的值(例如图 6.17 中的 TPBT-0.3)。从图中可以看出,断裂参数的值在一定程度上取决于几何参数 a_0/D 和试件几何形状。参数 K_{IC}^{un} 和 K_{IC}^{C} 均随着试件尺寸的增加而增加,而 K_{IC}^{ini} 的值在 100~400 mm 范围内时相对不依赖尺寸;然而,超过 400 mm 的尺寸范围时,可观察到 K_{IC}^{ini} 值的降低。忽略 a_0/D 值的影响,计算尺寸范围为 100 mm $\leqslant D \leqslant$ 600 mm 的 TPBT 和 CT 试件的 K_{IC}^{un}, K_{IC}^{C} 和 K_{IC}^{ini} 的平均值,发现对于尺寸为 100 mm, 200 mm, 400 mm 和 600 mm 的试件,CT 试件的 K_{IC}^{un} 值比 TPBT 试件的 K_{IC}^{un} 值分别小约 2.99%, 1.69%, 1.20% 和 1.16%。根据得到的黏聚韧度,对于 100 mm, 200 mm, 400 mm 和 600 mm 的尺寸,CT 试件的 K_{IC}^{C} 值比 TPBT 试件的 K_{IC}^{C} 值分别小约 4.59%, 4.43%, 5.01%和 5.82%。因此,对于 100 mm, 200 mm, 400 mm 和 600 mm 的尺寸,TPBT 试件 K_{IC}^{ini} 的平均值分别比 CT 试件小约 0%, 3.33%, 6.55%和 9.63%。

(3) 对不同试件的几何形状和尺寸(100 mm 和 400 mm),不稳定裂纹扩展开始时,无量纲形式的 $l_{ch}/CTOD_c$ 随 a_0/D 的变化如图 6.20 所示。图中的图例表示试件几何形状类型与尺寸(以 mm 为单位)。从图 6.20 中可以看出,$CTOD_c$ 随试件的尺寸和形状的变化而变化。基于试验测试结果(Refai 和 Swartz, 1987),Xu 和 Reinhardt(1999b)研究得出了类似的结论,得到的 $CTOD_c$ 似乎与尺寸有关。

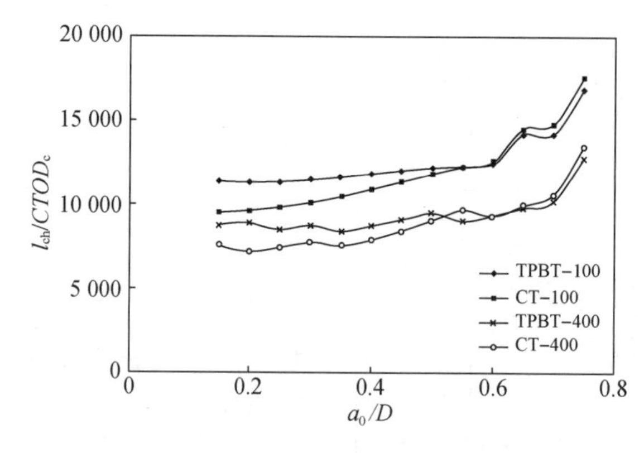

图 6.20 TPBT 和 CT 试件的 $CTOD_c$($D=100$ mm 和 400 mm)

6.8.4 软化函数的影响

使用 Petersson (1981) 双线性, Wittmann (1988) 双线性, 改进双线性 (Xu 和

Reinhardt，1999b)，非线性(Reinhardt，1986)和准指数(Planas 和 Elices，1990)软化函数来计算 TPBT 试件的 K_{IC}^{C} 和 K_{IC}^{ini}，其中试件的 a_0/D 为 0.3，尺寸范围为 100～600 mm。K_{IC}^{C} 和 K_{IC}^{ini} 获得的结果以无量纲形式绘制在图 6.21 和图 6.22 中。结果表明，这些断裂参数在一定程度上受到混凝土软化函数的影响。

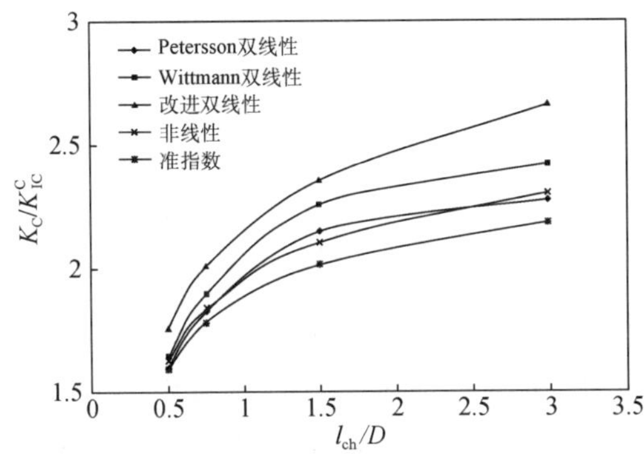

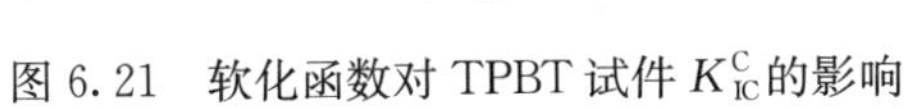
图 6.21　软化函数对 TPBT 试件 K_{IC}^{C} 的影响

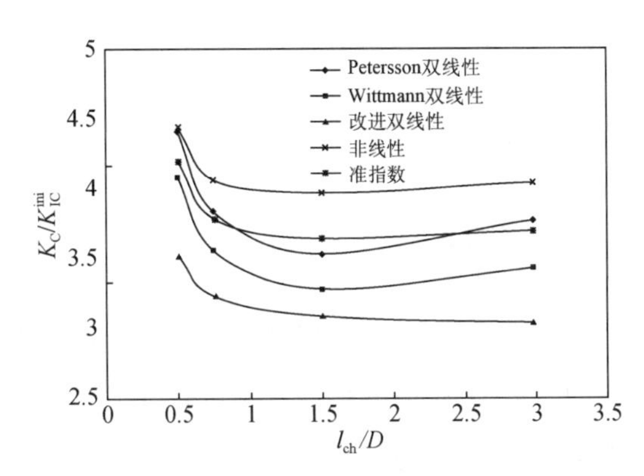

图 6.22　软化函数对 TPBT 试件 K_{IC}^{ini} 的影响

第 7 章　不同等效弹性断裂模型对比

7.1　概述

研究表明，如果将混凝土材料软化性能考虑进去，则断裂力学可以作为一个实用而有力的工具，分析裂缝扩展和局域化效应。由于断裂过程区的存在，混凝土结构表现出尺寸效应。许多断裂模型，例如两参数断裂模型、尺寸效应模型、等效裂缝模型以及双 K 断裂模型，都可以预测这种尺寸效应。

Karihaloo 和 Nallathambi(1989a)借助三点弯曲试件的试验数据，对等效裂缝模型和两参数断裂模型进行了比较，发现两个模型的预测十分吻合。从大量的试验数据中，Karihaloo 和 Nallathambi(1989a)发现，由等效裂缝模型和两参数断裂模型得到的断裂韧度一致，由等效断裂模型和尺寸效应模型得到的断裂韧度也相吻合。从其他试验数据源中对断裂参数的比较也可以发现，等效裂缝模型和两参数断裂模型可以得出相似的预测结果(Karihaloo 和 Nallathambi, 1991)。

Planas 和 Elices(1990)研究了尺寸效应模型和两参数断裂模型的相互关系，并发现对三点弯曲试验，实际尺寸在 100～400 mm 范围的已开裂混凝土具有几乎相同的断裂荷载。在尺寸效应研究中发现，对于近似无限大尺寸 ($D \rightarrow \infty$) 的梁，尺寸效应模型和双参数模型所预测的断裂荷载分别有 28%和 3%的误差。

Ouyang 等人(1996)基于无限大尺寸试件，建立了两参数断裂模型和尺寸效应模型之间的等效关系。发现 $CTOD_{cs}$ 和 c_f 的关系在理论上与试件几何构形和初裂缝长度都有关，并且两种断裂模型都能对准脆性材料的断裂行为特征给出合理的预测。

Guinea 等人(1997)借助黏聚裂缝模型，利用线性和梯形软化函数，比较了试验室级尺寸的梁试件(包括带缺口和不带缺口)的最大荷载的尺寸效应。研究发现，对当前试验室中的梁试件来说，线性软化函数已经可以足够精确地预测试验中观测到的最大荷载的尺寸效应。

Xu 等人(2003)对不同初始裂缝长度的三点弯曲梁和劈裂试件进行了混凝土断裂试验，试验目的是根据双 K 断裂模型和两参数断裂模型确定断裂参数。比较结果显示，两种模型得到的临界裂缝长度 a_c 几乎没有什么不同。双 K 断裂模型所测得的 K_{IC}^{un} 和 $CTOD_{cs}$ 与两参数模型测得的 K_{IC}^{s} 和 $CTOD_{cs}$ 也相互吻合。

Hanson 和 Ingraffea(2003)基于三点弯曲试验，借助尺寸效应模型、两参数模型和虚拟裂缝模型，依靠数值方法预测了材料的裂缝生长。研究显示，尽管对无限大尺寸构件，三种模型给出了相似的预测，但对试验室级尺寸的试件而言，这三种模型得到的结果并不相同。然而，对于一定范围内的拉伸软化参数，这些模型在试验级尺寸的构件上得到的结果又能保持一致。两参数模型所得到的拉伸软化区的相对尺寸相比虚拟裂缝模型所得结果小15%左右。

Roesler等(2007)基于三点弯曲试验构件，借助黏聚裂缝模型、尺寸效应模型和两参数断裂模型从试验结果和数值模拟中得到了尺寸效应的特征。结果显示，尺寸效应模型和两参数模型得到的尺寸效应特征较为一致。

从Xu和Zhang(2008)的断裂试验可知，当达到起裂荷载和失稳荷载时，相应的双K断裂参数和双G断裂参数是等价的。本章主要展示了基于两参数断裂模型、等效裂缝模型、双K断裂模型获得的断裂参数的尺寸效应，主要讨论了Kumar和Barai(2008, 2009a, b, 2010)以及Kumar(2010)的研究工作。基于虚拟裂缝模型分析数据，针对试验尺寸在100～400 mm范围的三点弯曲混凝土梁，利用尺寸效应模型、等效裂缝模型、双K断裂模型分别得到了断裂参数。另外，两参数断裂模型的断裂参数通过已有文献中提供的数学系数(Planas和Elices, 1990)来计算。从分析中得出的结论是，不同非线性断裂模型获得的断裂参数都受到样本尺寸的影响，均能在不同程度上合理描述混凝土断裂行为的尺寸效应。

表7.1　使用FCM获得的标准TPBT试件的峰值荷载和相应的*CMOD*

D/mm	a_0/D							
	0.2		0.3		0.4		0.5	
	P_u/N	$CMOD_c$/μm	P_u/N	$CMOD_c$/μm	P_u/N	$CMOD_c$/μm	P_u/N	$CMOD_c$/μm
100	5 070.94	32.5	3 934.50	41.1	2 947.20	48.9	2 095.20	58.7
200	8 502.80	45.3	6 571.40	56.0	4 909.70	68.2	3 477.20	83.3
300	11 276.49	56.1	8 672.38	68.6	6 447.90	86.8	4 529.49	104.5
400	13 608.21	62.5	10 405.00	79.7	7 683.40	99.7	5 335.20	118.5

7.2 数值算例

对于三点弯曲标准试验试件，在虚拟裂缝模型中，按图6.7中的离散化与指数应力-位移软化关系(Planas和Elices, 1990)进行考虑。以$f_t=3.21$ MPa，$E=30$ GPa，$G_F=103$ N/m的混凝土作为FCM的输入参数，并取泊松比$\nu=0.18$。取$B=100$ mm，尺寸范围为100 mm$\leqslant D \leqslant$400 mm，$S/D=4$的TPBT样本，得到其a_0/D值在0.2～0.5之间的断裂峰值荷载和相应的*CMOD*。数值模型FCM获得的峰值荷载P_u和相应的*CMOD*临界值($CMOD_c$)在表7.1中列出。除上述情况之外，后续所有计算都假定粗骨料的最大尺寸$d_a=19$ mm。

根据 RILEM 建议草案 TC89-FMT(1990a)概述的流程,在断裂样本测试期间,要求加载和卸载以获得两参数断裂模型(TPFM)的断裂参数 K_{IC}^{s} 和 $CTOD_{cs}$,所以使用单调加载 FCM 获得的结果不能直接确定 TPFM 的断裂参数。因此,使用 Planas 和 Elices (1990)提出的表达式和数学系数,求解了两参数断裂模型的参数 K_{IC}^{s}。

Planas 和 Elices(1990)对相同材料属性的相同 TPBT 试件,计算了 TPFM 断裂参数。对无限尺寸下的临界有效裂缝增量 $\Delta a_{cs\infty}$ 可用式(4.20)确定,式中将 $\Delta a_{cs\infty}=c_f$,$G_{FS}=G_{FB}$ 代入即可。而 TPFM 的尺寸效应方程可通过下式获得:

$$\left(\frac{K_{IC}^{s}}{K_{INu}}\right)^2=\frac{G_{FC}}{G_{FS}}\left[1+\frac{\Delta a_{cs\infty}}{l_{ch}}\cdot\frac{2k'(\alpha_0)}{k(\alpha_0)}\cdot\frac{l_{ch}}{D}\right] \tag{7.1}$$

式中,$\alpha=a/D$;$k'(\alpha_0)$ 是 $k(\alpha_0)$ 对 α 的一阶导数;$G_{FC}=G_F$;G_{FS} 表示用 TPFM 获得的临界等效断裂能;系数 $\Delta a_{cs\infty}/l_{ch}=0.0746$(Planas 和 Elices, 1990),对于 $a_0/D=0.2\sim0.5$,精确度可达 3%。

名义应力 σ_N 对应的应力强度因子 K_{INu} 由 Teda 等(1985)给出的 LEFM 公式确定:

$$K=\sigma_N\sqrt{D}k(\alpha) \tag{7.2}$$

$$k(\alpha)=\sqrt{\alpha}\,\frac{1.99-\alpha(1-\alpha)(2.15-3.93\alpha+2.7\alpha^2)}{(1+2\alpha)(1-\alpha)^{\frac{3}{2}}} \tag{7.3}$$

三点弯曲梁中的最大名义应力可根据下式得出:

$$P_u=\frac{2\sigma_N BD^2}{3L}-\frac{w_g L}{2} \tag{7.4}$$

当 $\sigma_N=\sigma_{Nu}$(此时 $P=P_u$),$\alpha=\alpha_0=a_0/D$ 时,得到 $K_{IN}=K_{INu}$。在分析中,对于一个给定的 TPBT 试件,K_{INu} 的值由通过FCM获得的 P_u 值确定。最后,$CTOD_{cs}$ 由式(4.21)确定。表 7.2 给出断裂参数 K_{IC}^{s} 和 $CTOD_{cs}$ 的计算值。

对于指定的荷载峰值和初始缺口长度,尺寸效应模型的参数 G_{FB} 和 c_f 是通过采用三点弯曲试件基于 RILEM 建议草案 TC89-FMT(1990a)所给出的步骤确定。此外,使用标准 LEFM 方程计算了等效临界应力强度因子 K_{IC}^{b}。为便于比较,这些结果都由表 7.2 给出。

尺寸效应模型的断裂参数临界应力强度因子 K_{IC}^{e} 以及临界等效裂缝长度 a_e 可通过使用 Karihaloo 和 Nallathambi(1990)提出的公式获得。在这种方法中,对于指定材料和几何特性的 TPBT 试件,首先使用回归方程(Karihaloo 和 Nallathambi, 1990)获得 a_e,然后再使用 LEFM 方程计算 K_{IC}^{e}。对于 $a_0/D=0.2\sim0.5$ 的 TPBT 试件,确定的这两个断裂参数都由表 7.2 给出。

双 K 断裂参数通过五项式权函数法确定。确定双 K 断裂参数还需要使用混凝土的软化函数,所以计算采用了混凝土的修正双线性软化函数。计算有效裂缝长度时,自重效应和断裂参数均被考虑在内。TPBT 试件的双 K 断裂参数 K_{IC}^{ini} 和 K_{IC}^{un} 也在表 7.2 中给出。

表 7.2　　**不同断裂模型的断裂参数对比**

D/mm	$\frac{a_0}{D}$/mm	SEM		TPFM			ECM		双 K		
		K_{IC}^{b}/(MPa·$m^{\frac{1}{2}}$)	c_f/mm	K_{IC}^{s}/(MPa·$m^{\frac{1}{2}}$)	$CTOD_{cs}$/mm	$a_{cs\infty}$/mm	K_{IC}^{e}/(MPa·$m^{\frac{1}{2}}$)	$\frac{a_e}{D}$/mm	K_{IC}^{un}/(MPa·$m^{\frac{1}{2}}$)	K_{IC}^{ini}/(MPa·$m^{\frac{1}{2}}$)	$\frac{a_c}{D}$/mm
100	0.2	1.30	36.73	0.795	12.64	22.4	1.227	0.384	1.224	0.553	0.383
200				0.934	14.87		1.333	0.346	1.328	0.547	0.345
300				1.02	16.23		1.431	0.337	1.400	0.532	0.329
400				1.08	17.19		1.512	0.334	1.419	0.520	0.310
100	0.3	1.31	38.52	0.907	14.43	22.4	1.281	0.485	1.238	0.572	0.474
200				1.008	16.04		1.334	0.438	1.316	0.565	0.433
300				1.077	17.14		1.419	0.426	1.377	0.554	0.416
400				1.128	17.96		1.495	0.423	1.420	0.539	0.405
100	0.4	1.30	36.87	0.973	15.48	22.4	1.357	0.586	1.212	0.576	0.555
200				1.047	16.66		1.332	0.528	1.299	0.576	0.521
300				1.103	17.55		1.402	0.515	1.383	0.566	0.510
400				1.146	18.23		1.473	0.511	1.416	0.553	0.498
100	0.5	1.27	33.91	1.014	16.13	22.4	1.548	0.695	1.188	0.575	0.637
200				1.065	16.95		1.371	0.626	1.281	0.578	0.609
300				1.11	17.67		1.416	0.609	1.351	0.572	0.597
400				1.146	18.23		1.480	0.604	1.370	0.562	0.584

7.3 不同断裂模型的尺寸效应分析

7.3.1 临界应力强度因子的尺寸效应

在表 7.2 中，K_{IC}^{b} 表示用 G_{FB} 和 LEFM 方程获得的应力强度因子的等效临界值。从表中可以清楚地看出，尺寸断裂模型的断裂参数不依赖于试件尺寸，但依赖于几何因子 a_0/D。原因十分简单，在尺寸断裂模型中，定义的断裂能量 G_{FB} 与测试试件尺寸无关。G_{FB} 同样也与试件形状无关，这是因为断裂过程区在一个无限大样本的体积中只占一个小到可忽略的部分。从 LEFM 可以知道，这对任何几何形状的试件都是一样的，不管试件形状如何，断裂过程区必须处于同一个状态。a_0/D 为 0.2 ~ 0.5 时计算所得的断裂参数，即 TPFM 的 K_{IC}^{s}，ECM 的 K_{IC}^{e}，DKFM 的 K_{IC}^{ini} 和 K_{IC}^{un} 的对比如图 7.1—图 7.4 所示。

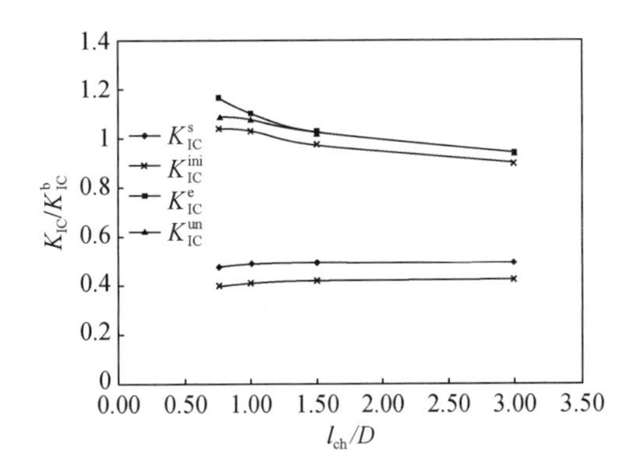

图 7.1 各断裂参数的尺寸效应(a_0/D=0.2)

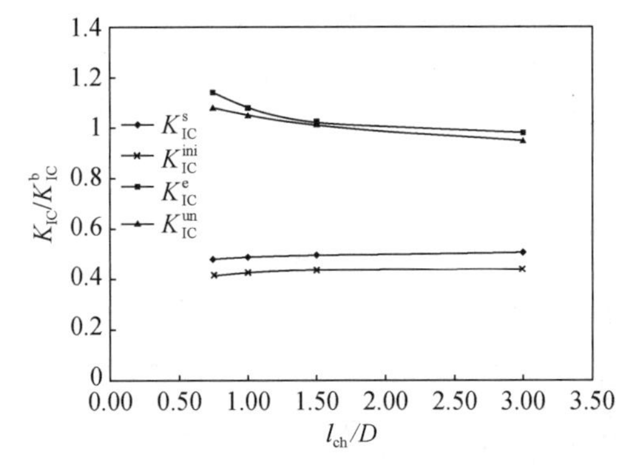

图 7.2 各断裂参数的尺寸效应(a_0/D=0.3)

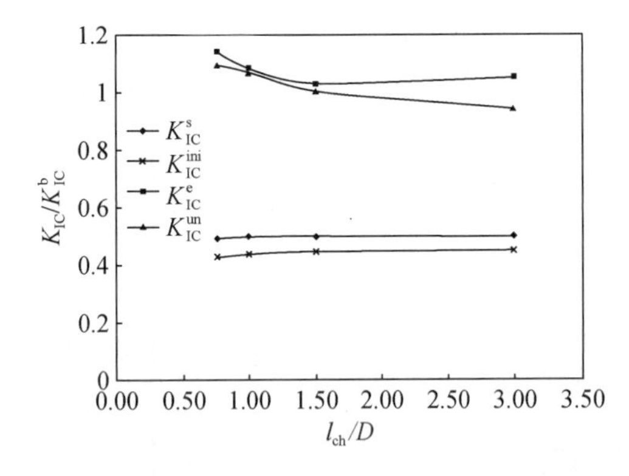

图 7.3 各断裂参数的尺寸效应(a_0/D=0.4)

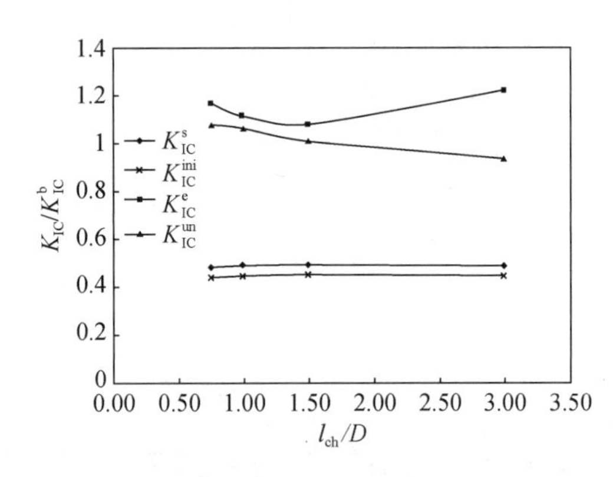

图 7.4 各断裂参数的尺寸效应(a_0/D=0.5)

从图中可以看出，断裂参数受到试件尺寸的影响，显示出尺寸效应。与 SEM 的断裂参数 K_{IC}^{b} 比较，这些不同断裂模型与无量纲参数 l_{ch}/D 有一定的关系。从图 7.1 中可以看到，在临界状态下的断裂参数，包括 ECM 的 K_{IC}^{e}，DKFM 的 K_{IC}^{un}，彼此接近。临界状态下 TPFM 的 K_{IC}^{s} 的尺寸效应与 K_{IC}^{e} 彼此接近，但 K_{IC}^{e} 尺寸效应的幅度相比最小。这意味着失稳破坏时 TPFM 预测的是临界应力强度因子最保守的结果。

除了试件尺寸为 100 mm，$a_0/D=0.5$ 的情况下的参数 K_{IC}^{e}，图 7.2—图 7.4 也显示了与图 7.1 中类似的尺寸效应特征。图中的偏差可能是由于用来确定 ECM 中 a_e 值的回归公式适用性存在局限性所引起。

另外还可以观察到，由 ECM，DKFM 和 DGFM 预测的应力强度因子临界值与 SEM 预测的临界值之比接近于 1。在 Kumar 和 Barai(2008)的数值计算中也发现，梁高在 100～400 mm 之间时，参数 K_{IC}^{ini} 相对不依赖于试件尺寸。但是，超过 400 mm 之后，其值出现了下降。Kumar 和 Barai(2009a)作了类似的报告，在 100～300 mm 之间，参数 K_{IC}^{un} 几乎与试件尺寸无关，而超过 300 mm 时，可以观测到其值急剧下降。

表 7.2 和图 7.1 的结果表明，TPFM 预测的临界应力强度因子值最保守，而 ECM 和 DKFM 预测的是近似值。这一结果与几种断裂模型的基本假设相符合。在 TPFM 中，应用 LEFM 公式来计算不同断裂参数，但只有 $CMOD$ 的弹性部分被用来确定临界有效裂缝长度。加载和卸载过程也仅考虑测量的总 $CMOD$ 的弹性部分，$CMOD$ 的非弹性部分在计算中被忽略，这可能导致临界有效裂缝长度和 K_{IC}^{s} 的值降低。

7.3.2　试件尺寸对 $CTOD_{cs}$ 和 $CTOD_c$ 的影响

由 TPFM 计算得到的 $CTOD_{cs}$ 和 DKFM 计算得到的 $CTOD_c$ 与无量纲参数 l_{ch}/D 的关系曲线分别绘于图 7.5 和 7.6 中。

从图中可以看出，对于一个给定的 a_0/D，$CTOD_{cs}$ 和 $CTOD_c$ 与试件尺寸保持一个确定的关系，且随着试件尺寸的增加而增加。对于给定试件尺寸，$CTOD_{cs}$ 和 $CTOD_c$ 依赖于 a_0/D 的值。就所讨论的尺寸范围 100～400 mm 而言，当比较不同的 a_0/D 试件时，可发现对于较小尺寸的试件，$CTOD_{cs}$ 的点更加分散，而 $CTOD_c$ 的点分散性较低(即更加接近)，并且看起来分布于一个狭长带之间。

$CTOD_{cs}/CTOD_c$ 与参数 l_{ch}/D 的关系如图 7.7 所示。从图中可以看出，$CTOD_{cs}/CTOD_c$ 与试件尺寸保持一个确定的关系，且随着试件尺寸的增加而降低。当 $a_0/D=0.2$ 时，对于试件尺寸为 100 mm，200 mm，300 mm 和 400 mm，$CTOD_{cs}/CTOD_c$ 分别为 0.625，0.561，0.511 和 0.509，而当 $CTOD_{cs}/CTOD_c=0.5$ 时，则分别为 0.847，0.686，0.597 和 0.577。若不考虑 a_0/D 的影响，对于尺寸在 100～400 mm 之间的试件，其 $CTOD_{cs}/CTOD_c$ 平均值是确定的，分别是 0.734 和 0.535。这意味着在临界荷载处用 TPFM 预测的 $CTOD$ 比 DKFM 预测的值更加保守。

7.3.3　尺寸效应模型中 c_f 和 TPFM 中 $a_{cs\infty}$ 之间的关系

由表 7.2 可以看出，c_f 随 a_0/D 略有变化。为了进行比较，计算得到 c_f 的平均值为 36.51 mm，$a_{cs\infty}$ 的平均值为 22.40 mm，$\Delta a_{cs\infty}/c_f=1.630$。这表明，对于无限大结构，等效裂缝增量用 TPFM 预测的值比用 SEM 预测的值保守约 38.64%。

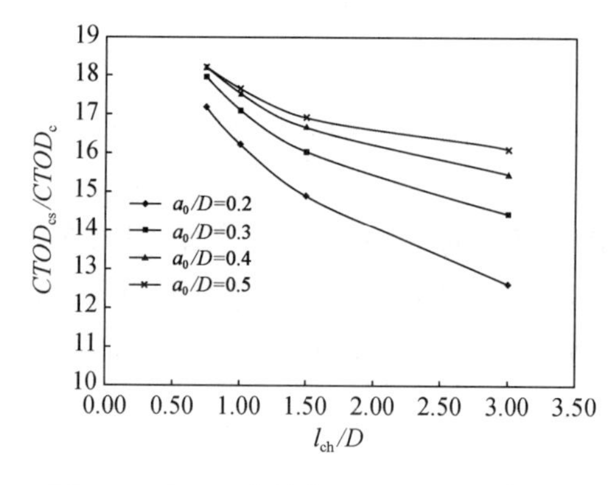

图 7.5　TPFM 获得的 $CTOD_{cs}$ 的尺寸效应

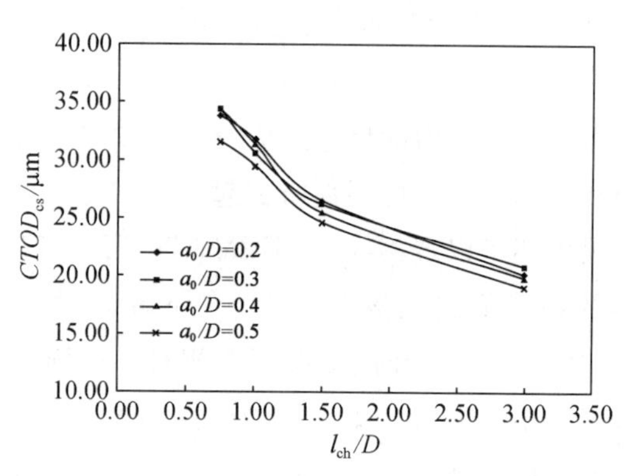

图 7.6　DKFM 获得的 $CTOD_{cs}$ 的尺寸效应

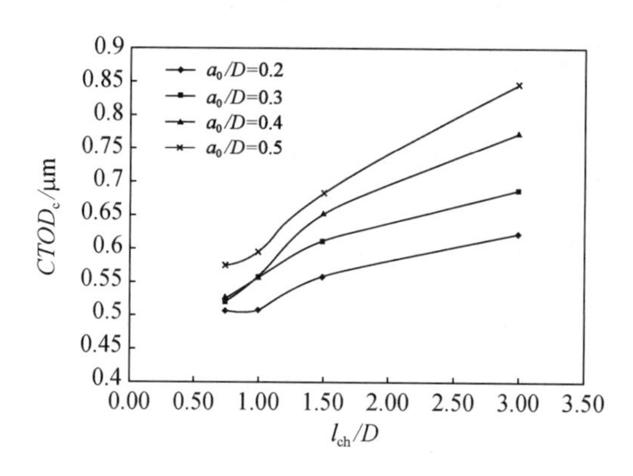

图 7.7　TPFM 和 DKFM 获得的 $CTOD_{cs}$ 和 $CTOD_c$ 之间的关系

7.4　小结

在本章中，对由不同断裂模型获得的各种断裂参数进行了尺寸效应分析。从讨论研究中可以得出以下几点结论：

(1) 所有断裂模型的断裂参数(除了 SEM)都呈现出尺寸效应特性。

(2) 用 SEM，ECM 和 DKFM 获得的临界应力强度因子似乎彼此接近，误差相差在 20%之内。

(3) TPFM 预测的临界应力强度因子最为保守。

(4) 用 TPFM 预测的不稳定断裂荷载处的裂缝尖端张开位移比使用 DKFM 预测的结果平均保守 27%～37%。

(5) 使用 ECM 和 DKFM 获得的临界有效裂缝长度彼此十分接近。

(6) 用 TPFM 预测的无限大结构的等效裂缝增量比用 SEM 预测的结果保守约 39%。

第 8 章　基于黏聚应力分布的裂缝扩展 K_R 阻力曲线

8.1　概述

Irwin 最早提出了经典的裂缝扩展阻力曲线的概念，他认为，当裂缝扩展所需的驱动力（能量释放率或应力强度因子）$G(a)$ 与材料本身所具有的裂缝扩展阻力 $R(a)$ 相等，并且当裂缝扩展驱动力增长速率 $\frac{\partial G(a)}{\partial a}$ 大于裂缝扩展阻力增长速率 $\frac{\partial R(a)}{\partial a}$ 时，裂缝失稳扩展，其数学表达式为

$$\begin{cases} G(a)=R(a) \\ \dfrac{\partial G(a)}{\partial a} > \dfrac{\partial R(a)}{\partial a} \end{cases} \tag{8.1}$$

式中，a 为裂缝长度。

对于理想脆性材料来说，Griffith 认为材料的裂缝扩展阻力是一个常数。然而如前文所述，混凝土材料在裂缝尖端存在一个断裂过程区，断裂过程区上的黏聚应力 σ 分布与裂缝张开位移 w、混凝土抗拉强度 f_t、软化准则、扩展后裂缝长度 a 有关。由于虚拟裂缝面上黏聚力的存在，裂缝扩展过程中材料抵抗裂缝扩展的阻力会随等效裂缝长度的增长而增长，表现出类似金属材料的断裂增韧现象。

前文所述混凝土断裂模型所关注的大多只是断裂过程中的关键控制参数，如失稳断裂韧度或起裂断裂韧度，对裂缝发展的整个过程中裂缝阻力的变化研究甚少。为了了解混凝土裂缝扩展全过程的断裂特性，Xu 和 Reinhardt（1998，1999）以及 Reinhardt 和 Xu（1999）在试验研究的基础上提出了基于黏聚力的 K_R 阻力曲线理论，考虑了断裂过程区存在的黏聚咬合作用对裂缝阻力的贡献。在该模型的裂缝扩展分析中也利用了双 K 断裂参数，并可用于描述混凝土全过程断裂性能。

对于带有裂缝的混凝土类准脆性材料结构，裂缝扩展阻力由两部分组成：一是起裂前材料本身所固有的抗裂能力，称为起裂韧度 K_{IC}^{ini}，此时荷载水平较低，材料处于弹性阶段，微裂区很小且主裂缝尚未扩展；另一部分是由主裂缝扩展引起的断裂增韧量 K_I^{COH}。在裂缝扩展期间，黏聚韧度 K_{IC}^{C} 的贡献随着断裂过程区长度的增加而增加，在裂缝扩展开始时，扩展裂缝尖端处的应力强度因子 K 可以表示为

$$K = K_R(\Delta a) \tag{8.2}$$

式中，$K_R(\Delta a)$ 是裂缝增长长度为 $\Delta a = a - a_0$ 时的裂缝扩展阻力。同样，裂缝扩展阻力 $K_R(\Delta a)$ 还可以表示为以下关系：

$$K_R(\Delta a) = K_{IC}^{ini} + K_I^{COH}(\Delta a) \tag{8.3}$$

其中，

$$K_I^{COH}(\Delta a) = F_1(f_t, \sigma, \Delta a) \tag{8.4}$$

混凝土结构中一个裂缝的稳定性可以用 K_R 曲线描述，如图 8.1 所示。其中，$K(P_u, a_c)$ 表示结构对应于达到最大荷载 P_u 以及临界等效裂缝长度为 a_c 时的应力强度因子 K 曲线；$K(P_{ini}, a_0)$ 表示结构对应于起裂荷载 P_{ini} 以及初始裂缝长度为 a_0 时的应力强度因子 K 曲线；K_C^t 是在裂缝不稳定扩展开始时，$K(P_u, a_c)$ 曲线和 K_R 曲线切点处的裂缝扩展阻力。

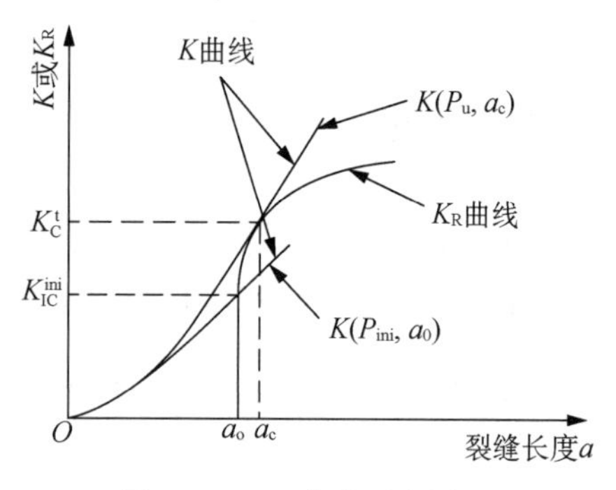

图 8.1　K_R 曲线示意图

Xu 和 Reinhardt(1999)从试验中观测到，由 K_R 曲线确定的 K_C^t 值等于 K_{IC}^{un} 值，并且 K_R 曲线上初始开裂部分的值与 K_{IC}^{ini} 值相同。因此，比较 K 曲线和 K_R 曲线，Ⅰ型裂缝扩展的稳定性可以采用以下判断准则：

(1) $K_I < K_{IC}^{ini}$，未出现裂缝扩展；

(2) $K_I = K_{IC}^{ini}$，裂缝开始稳定扩展；

(3) $K_{IC}^{ini} < K_I < K_{IC}^{un}$，裂缝稳定扩展；

(4) $K_I = K_{IC}^{un}$，临界不稳定裂缝开始扩展；

(5) $K_I > K_{IC}^{un}$，裂缝不稳定扩展。

为了确定断裂全过程的 K_R 曲线，并考虑断裂过程区中黏聚应力的影响，确定结构每一个加载阶段的黏聚韧度 K_I^{COH} 十分重要。裂缝扩展期间，考虑四种不同的加载状态，并使用三种特征裂缝长度(a_0, a_c 和 a_{wc})，如图 8.2 所示。

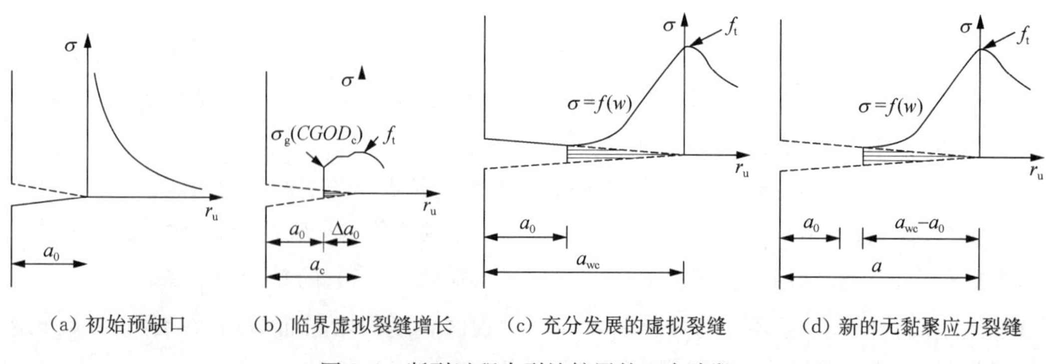

图 8.2　断裂过程中裂缝扩展的四个阶段

图 8.2 展示了混凝土断裂过程中起裂和裂缝扩展期间黏聚应力分布的发展。从图中可以看到，随着虚拟断裂带的增长(灰色阴影部分)，未损伤的韧带长度将减少。图 8.2(a)表示加载的第一阶段，此时结构上的外部荷载仍小于 P_{ini}，在这种情况下，裂缝尖端附近的应力倾向于奇异，经典线弹性断裂力学的假设仍然适用。当外部荷载等于 P_{ini} 时，形成开始稳定扩展的裂缝。进一步，当荷载增加时，稳定裂缝出现稳定扩展，黏聚应力将扩展至新的裂缝表面。在临界条件下，外部荷载等于峰值荷载 P_u，初始裂缝尖端处的裂缝张开位移 w_t 达到裂缝尖端张开位移的临界值 $CTOD_c$，总裂缝扩展长度达到临界值 a_c，如图 8.2(b)所示。在接下来的加载阶段，如图 8.2(c)所示，裂缝扩展超过 a_c，最终达到 a_{wc}，此时 w_t 等于临界裂缝张开位移 w_c。这意味着初始裂缝尖端的黏聚应力削减为 0，一个充分发育的断裂过程区($a_{wc}-a_0$)便出现了。在图 8.2(d)所示的第四个加载阶段，当裂缝扩展长度 a 大于 a_{wc} 时，一个新的无应力裂缝形成，随后的加载导致无应力裂缝持续增长。

从上述讨论中可知，基于黏聚力的 K_R 曲线显然具有捕获混凝土断裂过程区起裂和裂缝扩展机制的能力。Xu 和 Reinhardt(1998)认为，裂缝尖端前部的黏聚力分布形状对裂缝尖端的应力强度因子的值并不敏感，根据加载阶段，假设黏聚力分布为线性或双线性形状。这个假设可简化数值计算，并且不会对最终的断裂参数值产生大的影响。因此，图 8.2(b)所示加载阶段的黏聚应力考虑为线性应力分布，而图 8.2(c)，(d)所示的加载阶段则假设为双线性应力分布。上述假设也很合理，因为在加载的第二阶段[图 8.2(b)]，过程区长度相对较小且使用的主要是软化分支的初始部分。在其他的后续阶段，过程区长度变大，更大范围的软化分支将被利用，从而需要利用双线性准则。

8.2　求解 K_R 曲线的解析法

与虚拟断裂带的黏聚力分布相关的断裂全过程中，裂缝扩展阻力的一般表达式(Xu 和 Reinhardt，1998；Reinhardt 和 Xu，1999)如下：

$$K_R(\Delta a)=K_{IC}^{ini}+\int_{a_0}^{a}\frac{2}{\sqrt{\pi a}}\sigma(x)F\left(\frac{x}{a},\ \frac{a}{D}\right)\mathrm{d}x \tag{8.5}$$

式中，$F\left(\frac{x}{a},\ \frac{a}{D}\right)$ 是格林函数。对于三点弯曲(TPBT)试件，则有：

$$F\left(\frac{x}{a},\ \frac{a}{D}\right)=\frac{3.52\left(1-\frac{x}{a}\right)}{\left(1-\frac{a}{D}\right)^{1.5}}-\frac{4.35-\frac{5.28x}{a}}{\sqrt{1-\frac{a}{D}}}+\left[\frac{1.30-0.30\left(\frac{x}{a}\right)^{1.5}}{\sqrt{1-\left(\frac{x}{a}\right)^{2}}}+0.83-\frac{1.76x}{a}\right] \tag{8.6}$$

根据图 8.2 中出现的裂缝扩展情况，裂缝扩展阻力可以用式(8.5)来确定。在加载的每一个阶段,扩展裂缝的长度不同,黏聚力分布形式在式(8.5)中都不相同,可分成下列四种情况。

1. 情况 1:$a=a_0$

在此加载阶段,初始缺口长度不会增长,物体仍保持弹性状态,承受小荷载(直至 P_{ini})无任何缓慢的裂缝扩展。因此,黏聚应力 $\sigma(x)=0$ 且裂缝扩展阻力仍与材料的初始韧度相等,为垂直于水平坐标的垂直线。$K_R(\Delta a)$ 的值为

$$K_R(\Delta a)=K_{IC}^{ini} \tag{8.7}$$

2. 情况 2:$a_0 \leqslant a \leqslant a_c$

在此加载阶段,结构表现为稳定缓慢的裂缝扩展,直到与荷载最大值 P_u 相关的临界裂缝长度值 a_c。在临界情况下,$CTOD=CTOD_c$,如图 8.3 所示。在这期间,$a_0 \leqslant a \leqslant a_c$,$0 \leqslant CTOD \leqslant CTOD_c$,黏聚力的分布近似为线性。黏聚力沿虚拟裂缝带的变化可表示为

$$\sigma(x)=\sigma\left(w_t+\frac{x-a_0}{a-a_0}\right)[f_t-\sigma(w_t)],\ a_0 \leqslant x \leqslant a \tag{8.8}$$

式中,$\sigma(w_t)$ 为黏聚应力值;w_t 为初始缺口尖端处的裂缝张开位移。

$\sigma(w_t)$ 的值是由混凝土的软化函数确定的。根据 K_R 曲线法的上述发展过程,虚拟断裂带中只有两个黏聚应力值 $\sigma(w_t)$ 和 $\sigma_s(CTOD_c)$ 需要被确定。

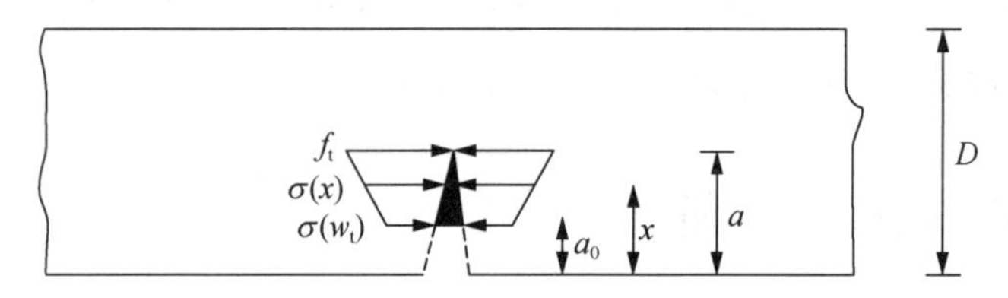

图 8.3　裂缝扩展期间虚拟断裂带中黏聚力的分布($a_0 \leqslant a \leqslant a_c$)

3. 情况 3:$a_c \leqslant a \leqslant a_{wc}$

在此加载阶段,施加的荷载 P、$CTOD$ 的值、虚拟裂缝长度分别比 P_u、$CTOD_c$ 的值和临界虚拟裂缝长度 a_c 增大。黏聚力分布表现为双线性,如图 8.4 所示,表达式如下:

$$\begin{cases}\sigma_1(x)=\sigma(w_t)+\dfrac{x-a_0}{a-\Delta a_c-a_0}[\sigma_s(CTOD_c)-\sigma(w_t)], & a_0 \leqslant x \leqslant (a-\Delta a_c) \\ \sigma_2(x)=\sigma_s(CTOD_c)+\dfrac{x-a+\Delta a_c}{\Delta a_c}[f_t-\sigma_s(CTOD_c)], & (a-\Delta a_c) \leqslant x \leqslant a\end{cases} \tag{8.9}$$

裂缝扩展阻力可以通过式(8.5)获得,积分区域应该分为两步:$a_0 \leqslant x \leqslant (a-\Delta a_c)$ 范围内的黏聚力 $\sigma_1(x)$ 和 $(a-\Delta a_c) \leqslant x \leqslant a$ 范围内的黏聚力 $\sigma_2(x)$。

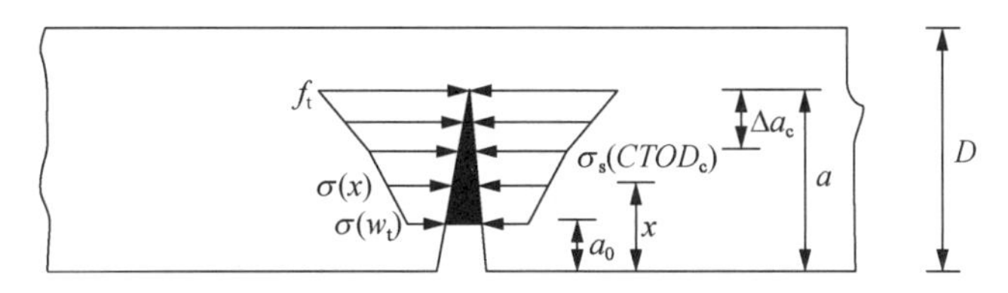

图 8.4 裂缝扩展期间虚拟断裂带中黏聚力的分布($a_c \leqslant a \leqslant a_{wc}$)

4. 情况 4:$a \geqslant a_{wc}$

这种情况出现于 P-$CMOD$ 曲线在下降段时相应的荷载状况。当虚拟裂缝长度为 a_{wc} 时,黏聚力分布的完整形状得以发展,并且随着裂缝进一步扩展,初始缺口尖端前面还形成了一个新的无应力裂缝。在这种情况下,应力分布如图 8.5 所示,用下列关系式表示:

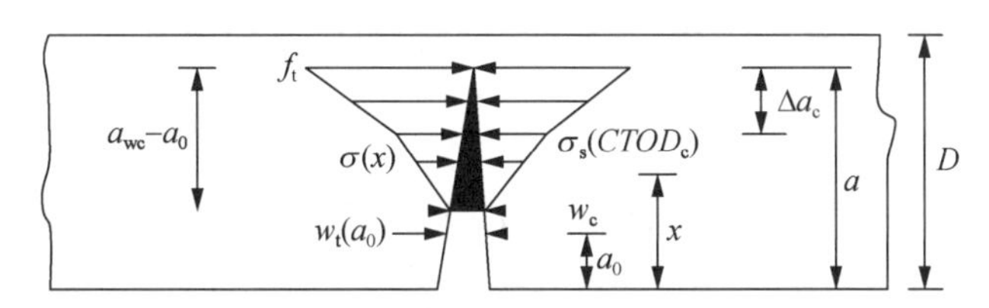

图 8.5 裂缝扩展期间虚拟断裂带中黏聚力的分布($a \geqslant a_{wc}$)

$$\begin{cases} \sigma_1(x) = 0, \quad a_0 \leqslant x \leqslant (a - \Delta a_{wc} + a_0) \\ \sigma_2(x) = \dfrac{x + a_{wc} - a_0 - a}{a_{wc} - \Delta a_c - a_0} \sigma_s(CTOD_c), \quad (a + a_0 - a_{wc}) \leqslant x \leqslant (a - \Delta a_c) \\ \sigma_3(x) = \sigma_s(CTOD_c) + \dfrac{x - a + \Delta a_c}{\Delta a_c} [f_t - \sigma_s(CTOD_c)], \quad (a - \Delta a_c) \leqslant x \leqslant a \end{cases} \tag{8.10}$$

与情况 3 相似,这种情况下的裂缝扩展阻力也用式(8.5)和格林函数来求解。

8.3 求解 K_R 曲线的权函数法

8.3.1 黏聚韧度的闭合表达式推导

为了计算裂缝扩展阻力,在断裂过程区中考虑一种线性应力分布的广义情况,如图 8.6 所示。假设当总的裂缝扩展长度为 a 时,黏聚力作用在裂缝长度 p 和 q 之间。裂缝长度 p 和 q 处的黏聚应力大小分别为 σ_p 和 σ_q。因此,在任意裂缝长度 x 处,黏聚力的分布用以下形式表示:

$$\sigma(x) = \sigma_p + \frac{x - p}{q - p}(\sigma_q - \sigma_p), \ p \leqslant x \leqslant q \tag{8.11}$$

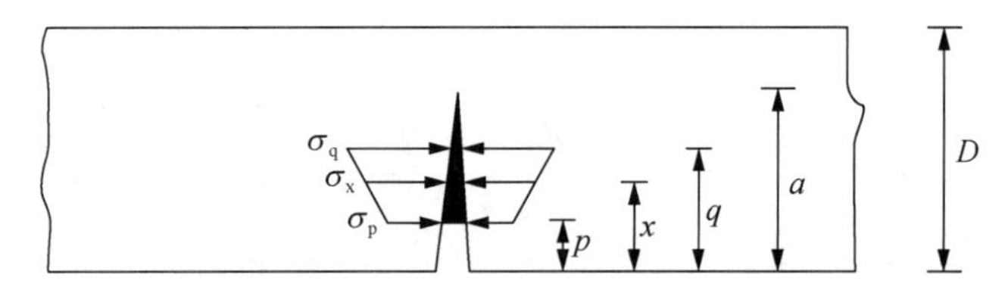

图 8.6　裂缝扩展期间虚拟断裂带中黏聚力的分布($p\leqslant x\leqslant q$)

式(8.11)中，令 $C_1=\sigma_p$ 且 $C_2=\dfrac{\sigma_q-\sigma_p}{q-p}$，裂缝扩展期间虚拟裂缝中黏聚力分布所产生的黏聚韧度用式(4.1)计算得到以下表达式：

$$K_{\mathrm{I}}^{\mathrm{COH}}(\Delta a)=\int_p^q[C_1+C_2(x-p)]m(x,\ a)\mathrm{d}x \tag{8.12}$$

使用式(4.22)中四项式权函数，结合式(8.12)可以推导出 $K_{\mathrm{I}}^{\mathrm{COH}}(\Delta a)$ 的闭合解形式如下：

$$\begin{aligned}K_{\mathrm{I}}^{\mathrm{COH}}(\Delta a)=\ &kaC_1\left[2\left(A^{\frac{1}{2}}-B^{\frac{1}{2}}\right)+M_1(A-B)+\frac{2M_2}{3}\left(A^{\frac{3}{2}}-B^{\frac{3}{2}}\right)+\frac{M_3}{3}(A^2-B^2)\right]+\\&ka^2C_2\left\{\frac{2}{3}\left[2A^{\frac{3}{2}}-(3A-B)B^{\frac{1}{2}}\right]+\frac{M_1}{2}(A-B)^2+\frac{2M_2}{15}\left[B^{\frac{3}{2}}(3B-5A)+2A^{\frac{5}{2}}\right]+\right.\\&\frac{M_3}{6}\left[3(2-A)\{(1-B)^2-(1-A)^2\}+6(1-A)(B-A)+\right.\\&\left.\left.2\{(1-B)^3-(1-A)^3\}\right]\right\}\end{aligned} \tag{8.13}$$

其中，

$$k=\sqrt{\frac{2}{\pi a}},\ A=1-\frac{p}{a},\ B=1-\frac{q}{a} \tag{8.14}$$

如果考虑五项式权函数，如式(4.24)所示，$K_{\mathrm{I}}^{\mathrm{COH}}(\Delta a)$ 的值可由式(8.12)确定，闭合解的形式表达如下：

$$\begin{aligned}K_{\mathrm{I}}^{\mathrm{COH}}(\Delta a)=\ &kaC_1\left[2\left(A^{\frac{1}{2}}-B^{\frac{1}{2}}\right)+M_1(A-B)+\frac{2M_2}{3}\left(A^{\frac{3}{2}}-B^{\frac{3}{2}}\right)+\frac{M_3}{3}(A^2-B^2)+\right.\\&\left.\frac{2M_4}{5}\left(A^{\frac{5}{2}}-B^{\frac{5}{2}}\right)\right]+ka^2C_2\left(\frac{2}{3}\left[2A^{\frac{3}{2}}-(3A-B)B^{\frac{1}{2}}\right]+\frac{M_1}{2}(A-B)^2+\right.\\&\frac{2M_2}{15}\left[B^{\frac{3}{2}}(3B-5A)+2A^{\frac{5}{2}}\right]+\frac{M_3}{6}\left\{3(2-A)[(1-B)^2-(1-A)^2]+\right.\\&\left.\left.6(1-A)(B-A)+2[(1-B)^3-(1-A)^3]+\frac{2M}{35}\left[B^{\frac{5}{2}}(5B-7A)+2A^{\frac{7}{2}}\right]\right\}\right)\end{aligned} \tag{8.15}$$

这里提出的权函数法是基于黏聚力分布来求解裂缝扩展阻力的一种替代方法，权函数法不需要特别的数值积分方法来获得 K_R 曲线。在第5章中介绍了一种使用权函数的类似方法来获得双 K 断裂模型的断裂参数，其中黏聚韧度的闭合表达式被推导出来，针对虚拟断裂带中的黏聚力为梯形分布的情况，但不适用于黏聚力双线性变化的区域。

式(8.13)和式(8.15)则是以一种更广义的方式推导得到的，不同于之前提出的那些公式。确切地说，第5章中列出的公式是式(8.13)和式(8.15)的特例，且仅适用于作用在过程区全长 $(a-a_0)$ 上黏聚力为线性变化的情况。而式(8.13)和式(8.15)则适用于作用在过程区部分或全长上的黏聚力为线性和双线性分布的情况。

根据裂缝扩展的四个阶段，黏聚韧度引起的裂缝扩展阻力可以用式(8.13)或式(8.15)来确定。在裂缝扩展的每个阶段，扩展裂缝长度 a、黏聚应力分布(即常数 C_1 和 C_2)、过程区范围以及黏聚力沿着裂缝作用值(p 和 q) 在式(8.13)和式(8.15)中都是不同的。

8.3.2　四个阶段的计算公式

1. 情况1：$a=a_0$

因为黏聚应力分布 $\sigma(x)=0$，黏聚韧度对总的裂缝增长阻力没有贡献，$K_{\mathrm{I}}^{\mathrm{COH}}$ 仍然等于 $K_{\mathrm{IC}}^{\mathrm{ini}}$。

2. 情况2：$a_0 \leqslant a \leqslant a_c$

对于这种荷载状况 ($a_0 \leqslant a \leqslant a_c$ 或 $0 \leqslant CTOD \leqslant CTOD_c$)，黏聚力分布由式(8.6)表示。参考图8.3，$K_{\mathrm{I}}^{\mathrm{COH}}(\Delta a)$ 为

$$K_{\mathrm{I}}^{\mathrm{COH}}(\Delta a)=\int_p^q \sigma(x) m(x, a) \mathrm{d}x \tag{8.16}$$

式(8.16)可以直接用式(8.13)和式(8.15)来进行求解，其中 $C_1=\sigma(w_t)$，$C_2=\dfrac{f_t-\sigma(w_t)}{a-a_0}$，$p=a_0$，$q=a$。

3. 情况3：$a_c \leqslant a \leqslant a_{wc}$

对于这种裂缝扩展情况(图8.4)，黏聚力分布采用式(8.7)所示的双线性形状。因为应力分布 $\sigma_1(x)$ 和 $\sigma_2(x)$ 而产生的黏聚韧度的两个部分分别计算，相加成为总黏聚韧度：

$$K_{\mathrm{I}}^{\mathrm{COH}}(\Delta a)=\int_{a_0}^{a-\Delta a_c} \sigma_1(x) m(x, a) \mathrm{d}x+\int_{a-\Delta a_c}^{a} \sigma_2(x) m(x, a) \mathrm{d}x \tag{8.17}$$

式(8.17)可以用式(8.13)或式(8.15)来求解，其中，与黏聚力 $\sigma_1(x)$ 相关的是 $C_1=\sigma(w_t)$，$C_2=\dfrac{\sigma_s(CTOD_c)-\sigma(w_t)}{a-\Delta a_c-a_0}$，$p=a_0$，$q=(a-\Delta a_c)$；与 $\sigma_2(x)$ 相关的是 $C_1=\sigma_s(CTOD_c)$，$C_2=\dfrac{f_t-\sigma_s(CTOD_c)}{\Delta a_c}$，$p=(a-a_0)$，$q=a$。

4. 情况 4:$a \geqslant a_{wc}$

这种情况的荷载条件如图 8.5 所示,黏聚应力分布由式(8.10)表示。黏聚韧度对裂缝扩展阻力的贡献为

$$K_{\mathrm{I}}^{\mathrm{COH}}(\Delta a)=$$
$$\int_{a_0}^{a+a_0-a_{wc}} \sigma_1(x)m(x,a)\mathrm{d}x+\int_{a+a_0-a_{wc}}^{a-\Delta a_c} \sigma_2(x)m(x,a)\mathrm{d}x+\int_{a-\Delta a_c}^{a} \sigma_3(x)m(x,a)\mathrm{d}x \tag{8.18}$$

根据权函数中的项数,黏聚韧度用式(8.13)或式(8.15)进行计算。需要考虑三种相应的应力分布,即 $\sigma_1(x)$, $\sigma_2(x)$ 和 $\sigma_3(x)$。因为 $\sigma_1(x)=0$,则由黏聚应力 $\sigma_1(x)$ 贡献的韧度为 0。对黏聚力 $\sigma_2(x)$, $C_1=0$, $C_2=\dfrac{\sigma_s(CTOD_c)}{a_{wc}-\Delta a_c-a_0}$, $p=(a+a_0-a_{wc})$, $q=(a-\Delta a_c)$,这些值将用于式(8.13) 或式(8.15)。然而对黏聚力 $\sigma_3(x)$,这些值是 $C_1=\sigma_s(CTOD_c)$, $C_2=\dfrac{f_t-\sigma_s(CTOD_c)}{\Delta a_c}$, $p=(a-\Delta a_c)$, $q=a$。一旦 $K_{\mathrm{I}}^{\mathrm{COH}}(\Delta a)$ 的值用式(8.13) 或式(8.15) 求解,裂缝扩展阻力 $K_{\mathrm{R}}(\Delta a)$ 就可以根据式(8.3)计算出来。

8.4 K_{R} 阻力曲线计算和试验验证

K_{R} 曲线的计算可按如下流程开展:

(1) 使用线性渐进叠加假设确定等效裂缝长度,使用 LEFM 公式计算试件样本。

(2) 按照第 6 章所述方法计算 $K_{\mathrm{IC}}^{\mathrm{C}}$,沿着虚拟裂缝的裂缝张开位移用式(6.5)确定。

(3) 确定初始韧度 $K_{\mathrm{IC}}^{\mathrm{ini}}$。

(4) 使用解析法或权函数法确定 $K_{\mathrm{I}}^{\mathrm{COH}}$。

(5) 用式(8.5)计算得到 K_{R} 曲线。

8.4.1 试验结果

Xu 和 Reinhardt(1998)使用了一共 8 个标准切口的混凝土梁试验,这些梁的尺寸和初始裂缝长度/深度比 (a_0/D) 各不相同。在这 8 个试件中,有 1 个试验梁来自 Karihaloo 和 Nallathambi(1991),有 4 项结果取自 Refai 和 Swartz(1987),有 3 个试验梁来自 Jenq 和 Shah(1985)。从这些计算结果发现,K_{R} 曲线不依赖于样本尺寸和初始裂缝长度 / 深度比(a_0/D)。

本节主要目标是用解析法验证权函数法,以确定基于黏聚力分布的 K_{R} 曲线。采用 Roesler 等人(2007)公布的一组试验结果,名称分别为 B250-80,B150-80 和 B63-80,其包括完整的 P-$CMOD$ 曲线,分别对应于梁深 250 mm, 150 mm 和 63 mm 三种情况。表 8.1 汇总了试验结果的主要特征以及材料特性。图 8.7 显示了试验的平均 P-$CMOD$ 曲线。混凝土的抗拉强度用关系式 $f_t=0.4983\sqrt{f_c'}$ MPa (Karihaloo 和 Nallathambi, 1991)确定。

表 8.1 切口混凝土梁的试验参数和计算结果(E=32 GPa, f_c=53.8 MPa)

梁	D/mm	B/mm	S/mm	a_0/mm	P_u/kN	$K_{IC}^{un}/(MPa \cdot m^{\frac{1}{2}})$	$K_{IC}^{ini}/(MPa \cdot m^{\frac{1}{2}})$	
							解析法	权函数法
B250-80	250	80	1 000	83	6.303	1.427	0.531	0.534
B150-80	150	80	600	50	4.089	1.612	0.458	0.460
B63-80	63	80	250	21	2.264	1.607	0.613	0.616

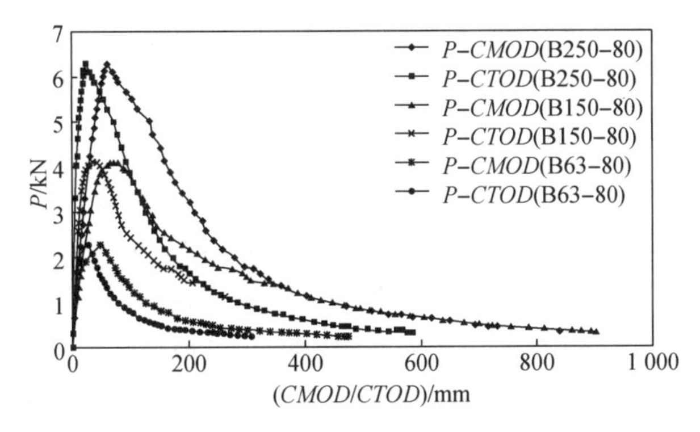

图 8.7 P-$CMOD$ 平均包络线以及计算得到的 P-$CTOD$ 曲线

实际上,非线性软化函数中的材料常数值应该由单轴拉伸试验来确定。当缺乏试验数据时,普通混凝土的非线性软化参数值 c_1, c_2 和 w_c 可以分别取 3 μm, 6.93 μm 和 160 μm(Reinhaedt 等,1986)。此外,当抗拉强度在 2.93～4.12 MPa 范围内时,混凝土 w_c 的值可以取 100～140 μm,(Phillips 和 Zhang, 1993)。Xu 和 Reinhardt(1998)对研究中报道的三种混凝土混合物采用了试错法来确定常数 c_1, c_2 和 w_c。

在 K_R 曲线的计算中(Xu 和 Reinhardt, 1998),对 Refai 和 Swartz(1987)测试的混凝土,c_1, c_2 和 w_c 分别取 3 μm, 7 μm 和 100 μm;对 Jenq 和 Shah(1985)测试的混凝土,c_1, c_2 和 w_c 分别取 3 μm, 7 μm 和 140 μm;对 Karihaloo 和 Nallathambi(1991)测试的混凝土,c_1, c_2 和 w_c 分别取 2 μm,13 μm 和 100 μm。在下面求解 K_R 曲线的讨论中,Reinhardt 和 Xu(1999)使用的材料参数 c_1, c_2 和 w_c 分别为 3 μm, 10 μm 和 110 μm。

8.4.2 裂缝扩展 K_R 阻力曲线

根据图 8.7 读取与三个样本(B250-80b,B150-80b 和 B63-80b)加载点相关的 *CMOD* 试验数据。应用解析法[式(8.5)]计算裂缝扩展阻力作为参考值,与应用权函数法计算得到的裂缝扩展阻力值进行比较。因为在积分边界存在一个奇异问题,可以用高斯-切比雪夫正交数值方法求解式(8.5)。如果使用权函数法的闭合表达式[式(8.13)或式(8.15)],则可以避免使用该数值积分方法。结果表明,使用四项式通用权函数计算双 K 断裂参数误差可以控制在 2%以内,而用五项式通用权函数可以得到几乎相同的结果。

为了验证当前权函数法,在确定裂缝扩展阻力时仅采用四项式权函数。在该方法中,首先用式(4.23)和表 4.1 计算四项权函数的三个参数 M_1，M_2 和 M_3。初始韧度值 K_{IC}^{ini} 用式(8.5) 的解析法计算。使用四项权函数的闭合表达式(8.13) 计算裂缝扩展阻力。在荷载达到峰值前的每个阶段,沿虚拟裂缝的 Δa_c 计算值满足式(6.15)。

研究发现,非线性软化函数中材料常数 c_1，c_2 和 w_c 的选择会影响 K_R 曲线。考虑这些材料参数时,采用试错法,其中 c_1 和 c_2 的值始终保持为常数 3 和 7,w_c 的值则可以是 160 μm,150 μm 和 140 μm。例如,图 8.8 展示了尺寸为 150 mm 的试件,使用权函数法获得的 w_c 值对 K_R 曲线的影响。从图中可以看出,K_R 曲线受到 w_c 值的影响,特别是对于尺寸为 63 mm 的试件,与 K 曲线相比,在 w_c 为 150 μm 和 160 μm 时，K_R 值出现了不合理的错误。因此,根据最终计算,参数 c_1，c_2 和 w_c 分别取 3 μm，7 μm 和 140 μm。这个假定也比较合理,因为混凝土的抗拉强度计算值是 3.805 MPa,与假设 w_c 值为 140 μm 时抗拉强度的计算值 4.12 MPa 接近(Phillips 和 Zhang，1993)。

使用解析法[式(8.5)]和权函数法[式(8.13)]所获得的全部三个不同尺寸梁试件(63 mm，150 mm，250 mm)的裂缝扩展阻力 $K_R(\Delta a)$ 和裂缝尖端的应力强度因子 $K(P，a)$ 与裂缝扩展增量 Δa 的关系如图 8.9—图 8.11 所示。相应的荷载 P 与裂缝扩展增量 Δa 的关系曲线也显示在图中。图 8.9—图 8.11 分别对应于尺寸为 63 mm,150 mm 和 250 mm 试件的断裂行为。符号 B，B'，C，C'，Δa_B 和 Δa_c 用来表示这些图上的特征点。比较式(8.5) 与闭合表达式(8.13) 所获得的 K_R 曲线可以发现,三个样本在裂缝扩展的任意值处都没有明显的差异,计算值只能观察到一个极小的数值差异。如果考虑五项式权函数法[式(8.15)],这个差异还可以更小,可以获得数值上几乎相同的裂缝扩展阻力。因此,式(8.13)或式(8.15)可以直接用于准确地计算混凝土结构的裂缝扩展阻力。

因为解析法的积分边界存在奇异性问题,使用权函数法的这些闭合表达式可避免特殊的数值积分情况。此外,权函数法的这些表达式在计算机程序中的实现流程更简单,裂缝扩展阻力的计算效率得到了提高。值得指出的是,使用解析法计算断裂参数的准确性取决于数值积分的步长。特别是使用双线性软化函数时,如果选择的积分点数相对较少,或者积分点的位置相对远离转折点,解析法将可能导致一定程度上的误差。而式(8.13)是一个闭合解,不存在这种误差。

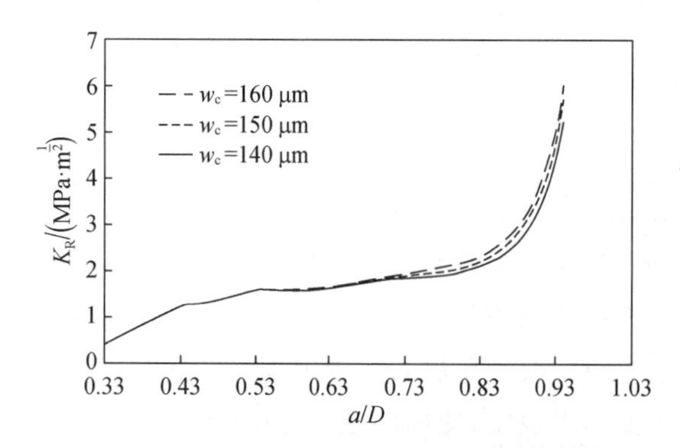

图 8.8　非线性软化参数 w_c 对 K_R 曲线的影响

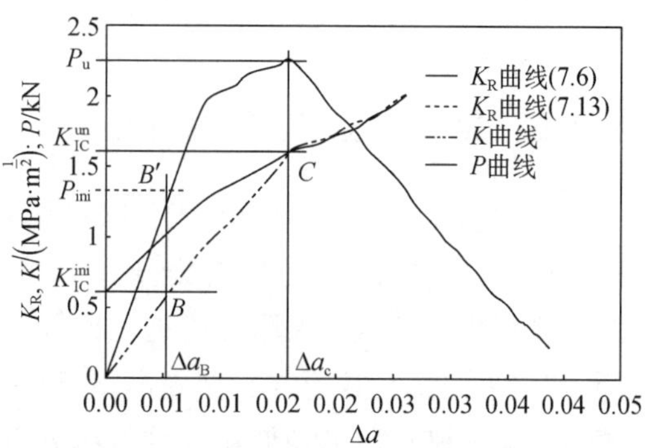

图 8.9　K_R 曲线对比及裂缝扩展的稳定分析(63 mm)

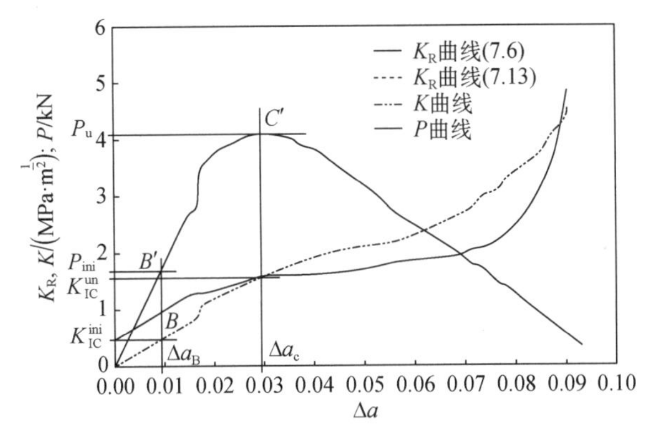

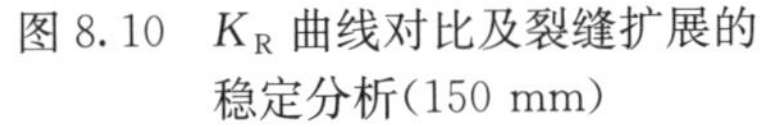

图 8.10　K_R 曲线对比及裂缝扩展的稳定分析(150 mm)

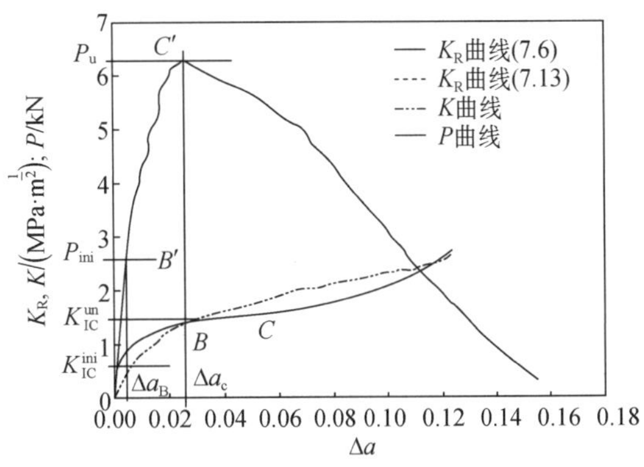

图 8.11　K_R 曲线对比及裂缝扩展的稳定分析(250 mm)

从图 8.9—图 8.11 可以看出，K_R 曲线和 K 曲线之间的相互比较可以当作一个断裂准则，来描述断裂全过程中裂缝稳定扩展的条件。从这些图中可以看到，在 P-Δa 曲线的上升段，K 曲线的值低于 K_R 曲线的值。这意味着，裂缝在 P-$CMOD$ 曲线的上升段为稳定扩展，直到裂缝延伸长度达到 a_c。在 P-Δa 曲线的下降段，K 曲线则高于 K_R 曲线，这意味着裂缝扩展是不稳定的。在峰值荷载处，K_R 曲线等于 K 曲线的值，对应于不稳定裂缝扩展的开始。

K_R 曲线的起点对应的是材料的初始韧度 K_{IC}^{ini}，荷载峰值点则对应的是材料的断裂韧度 K_{IC}^{un}。因此，裂缝扩展的稳定性可以用双 K 参数 K_{IC}^{ini} 和 K_{IC}^{un} 来描述。从 K_R 曲线分析可知，K_{IC}^{ini} 是材料的固有韧度，对应 K_R 曲线在 B 点处的起始点。过纵坐标 K_{IC}^{ini} 绘制一条与 Δa 轴平行的水平线，直到穿过 K 曲线。从 B 点绘制一条垂直线直到它在 B' 点切断 P-Δa 曲线。B' 点给出了起始裂缝荷载 P_{ini}，类似地，从 K_R 曲线和 K 曲线的交点(点 C)绘制一条与 Δa 轴平行的线，与纵轴的交点称为不稳定断裂韧度 K_{IC}^{un}。如果从交点 C 画一条垂直线，直到它穿过 P-Δa 曲线并交于点 C'，对应的荷载点即为峰值荷载。与 K_{IC}^{un} 相关的裂缝扩展长度 Δa 是临界等效裂缝长度。$\Delta a_c-\Delta a_B$ 的值是临界宏观裂缝延伸长度，即稳定缓慢发展裂缝的增加长度。实际上，断裂全过程可用双 K 断裂准则描述，这与 K_R 曲线断裂准则是等价的。

8.4.3　样本尺寸对 K_R 曲线的影响

Xu 和 Reinhardt(1998)尝试对 Refai 和 Swaetz(1987)、Jenq 和 Shah(1985)三点弯曲试验进行了尺寸效应研究。对 Refai 和 Swaetz(1987)所测试的试件，定量分析其尺寸影响似乎较困难，因为这些样本的 a_0/D 不相同。另一组测试结果(Jenq 和 Shah，1985)，计算 K_R 曲线时所用的弹性模量对不同的样本来说变化广泛。研究发现，K_R 曲线与样本尺寸和初始缺口长度的相对尺寸 a_0/D 无关。在随后的工作中，Reinhardt 和 Xu(1999)对几何相似的三点弯曲试验样本进行了 K_R 曲线的尺寸效应研究，这些样本的材料特性和 a_0/D 完全相同，尺寸范围在 200 mm $\leqslant D \leqslant$ 400 mm。该研究的数据由基于裂缝带模型

(Bažant 和 Oh,1983)的非线性断裂模型获得,其优点是可以避免试验中出现未可见的误差。在本次研究中(Reinhardt 和 Xu,1999),对于特征断裂参数 K_{IC}^{ini} 和 K_{IC}^{un},可定量观察到尺寸效应。研究发现,最大尺寸(400 mm)和最小尺寸(200 mm)计算的 K_{IC}^{ini} 和 K_{IC}^{un} 值之间的差异分别是 9.33%和 10.53%。这一观察结果表明 K_R 曲线依赖于样本尺寸。

图 8.12 显示了三种不同尺寸的试件(分别为 63 mm,150 mm 和 250 mm),用四项式权函数法[式(8.13)]得到的K_R 曲线。这些样本的双K 断裂参数值见表 8.1。从表 8.1 中可以看出,尺寸为 250 mm 和 63 mm两个试件的 K_{IC}^{ini} 和 K_{IC}^{un} 差异分别为 10.8%和 11.20%;尺寸为 250 mm 和 150 mm 两个试件的差异则分别为 13.86%和 11.48%。从图 8.12 中也可以看出试件尺寸的影响,就在达到不稳定断裂条件后,试件尺寸对 K_R 曲线的影响更加突出。特别是与 63 mm 和 250 mm 的试件相比,尺寸为 150 mm 的试件,其 K_R 曲线相对更加分散。

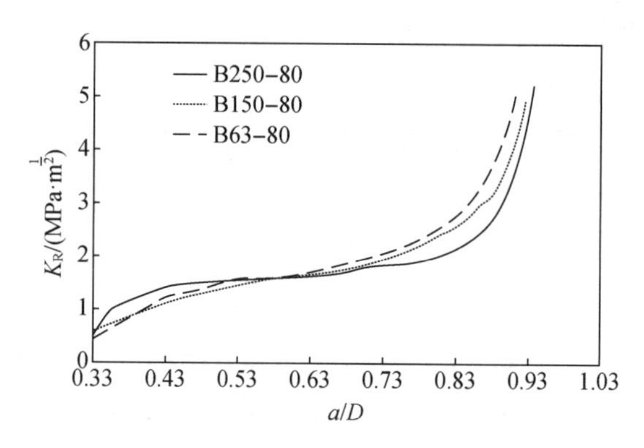

图 8.12 使用权函数法确定的 K_R 曲线的尺寸效应

8.4.4 *P-CTOD* 曲线

图 8.7 绘制了三个试件单调荷载作用下裂缝尖端张开位移图。在图中,*P-CTOD* 曲线的计算值与试验观测得到的 *P-CMOD* 曲线合并,以便观测试验数据与计算结果之间的相似性。从对比中可以看出,有缺口的样本梁的 *P-CTOD* 曲线与试验所得的 *P-CMOD* 曲线相似。这一观测结果进一步验证了使用 K_R 曲线法求解断裂参数过程的精确性。

8.4.5 *CTOD* 与 Δ*a* 之间的关系

图 8.13 显示了全部三个缺口混凝土试验梁全过程断裂期间 *CTOD* 和 Δ*a* 的计算结果。所得的 *CTOD* 值与 Δ*a* 之间存在指数关系。Du, Kobayashi 和 Hawkins(1987)使用白光摩尔干涉法,通过试验测得三点弯曲缺口混凝土梁沿过程区的裂缝张开位移。缺口梁的外形尺寸是 $S=162.4$ mm, $B=51$ mm, $D=40.6$ mm, $a_0=20.3$ mm。对这些小的混凝土弯曲试验梁,将微裂缝尖端扩展量与钝口尖端的 *CTOD* 值绘制成图。这些试件的所有数据点都落在同一条连续曲线上,并显示出指数函数关系(Du, 1987),其性质类似于图 8.13 所示。这进一步验证了与虚拟断裂带中黏聚力相关的 K_R 曲线的实用性。

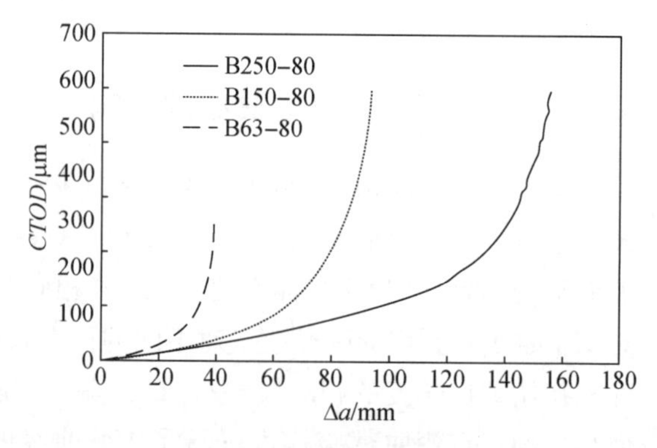

图 8.13 *CTOD* 随 Δ*a* 的变化

8.4.6　小结

基于虚拟断裂带黏聚力分布的裂缝扩展阻力 $K_R(\Delta a)$ 可根据三点弯曲缺口混凝土梁的 P - $CMOD$ 曲线的试验结果得到。本章提到了两种方法：第一种方法由 Xu 和 Reinhardt(1998)提出，由黏聚力分布引起的黏聚韧度由专门的数据积分方法确定。这种分法在积分边界上存在奇异问题。第二种是权函数法，由 Kumar 和 Barai(2008a，2009a)提出，黏聚力分布引起的黏聚韧度是用简单形式的通用权函数确定。在权函数法中，首先用简单的代数表达式确定权函数的参数，然后应用推导出的闭合解求解黏聚韧度。从对比中可以发现，用 Xu 和 Reinhardt(1998)分析法获得的裂缝扩展阻力值和使用四项式权函数闭合解获得的值十分接近，不需要任何专门的计算技术，因此计算效率得到了提高。在数值积分中由积分步长引起的误差，尤其是使用双线性软化曲线的情况，在权函数法中可以避免。

双 K 断裂准则是一个十分简单实用的方法，它可以方便地应用于 K_R 曲线的稳定性分析。为了描述混凝土从裂缝开始发生到失效的断裂全过程，可以使用与黏聚力分布相关的 K_R 曲线，且计算量较少。许多难以测量的基本断裂参数，例如起始裂缝荷载 P_{ini}、微裂缝长度、宏观裂缝长度，都可以较容易地使用 K_R 曲线分析确定。另外，在断裂全过程期间，裂缝扩展增量 Δa 对应的裂缝尖端张开位移值，都可以通过数值求解得到。

本章还用试验测试数据(Xu 和 Reinhaedt，1998)和数值计算所得数据(Reinhardt 和 Xu，1999)来研究 K_R 曲线的尺寸影响性能。Reinhardt 和 Xu(1999)的工作很好地反映了尺寸效应对 K_R 曲线的影响，在尺寸为 200 mm $\leqslant D \leqslant$ 400 mm 的范围内，观察到 K_{IC}^{ini} 和 K_{IC}^{un} 值的变化在 11%之内。除此之外，还利用三点弯曲试验结果来展示尺寸效应对 K_R 曲线的影响。对尺寸在 63～250 mm 范围内的试件，K_{IC}^{ini} 和 K_{IC}^{un} 值的最大差别小于 14%，在达到不稳定断裂状态之后，尺寸效应变得更加突出。

众所周知，K_R 曲线依赖于试件尺寸、试件几何形状、荷载状况、软化函数以及混凝土的材料特性。Reinhardt 和 Xu(1999)在这方面进行了系统研究，表明混凝土抗压强度、尺寸、软化函数都对 K_R 曲线有影响。试件几何形状和荷载状况对 K_R 曲线的影响研究相对缺乏，但探明试件几何形状和荷载状况对 K_R 曲线的影响将是十分有趣的。

获得 P-$CMOD$ 曲线是以上研究的基本要求。为了研究试件几何形状的影响，需要不同形状的试件在相似荷载状况下的 P-$CMOD$ 曲线。类似地，为了研究荷载状况对 K_R 曲线的影响，也需要荷载状况不同但其他状况相似的试验 P-$CMOD$ 曲线图。大多数文献中可获得的试验 P-$CMOD$ 曲线不足以研究试件几何形状和荷载状况对 K_R 曲线的影响。

8.5　K_R 阻力曲线的数值研究

8.5.1　材料特性和数值计算

混凝土材料特性假定为 f_t = 3.21 MPa，E = 3.0×10^4 MPa，G_F = 103 N/m (Planas

和 Elices, 1990), $\mu=0.18$。在 FCM 计算中,使用非线性软化函数。非线性软化函数中的材料常数值取 $c_1=3$, $c_2=5$, $w_c=108.8\ \mu$m。针对 $B=100$ mm 的标准 TPBT 和 CT 试件,D 取值为 100～400 mm,分析采用对称结构的半结构法,如图 6.7 和图 6.8 所示,在进行有限元分析时沿尺寸 D 考虑 80 个等参数平面单元。在 a_0/D 为 0.3 和 0.5 的情况下,使用 FCM 获得了标准 TPBT 试件的 P-$CMOD$ 曲线,以及 CT 试件的 P-COD 曲线。在本章讨论尺寸范围内的结果分别如图 8.14 和图 8.15 所示,图中的符号 D_1, D_2, D_3, D_4 分别对应试件尺寸为 100 mm, 200 mm, 300 mm 和 400 mm。

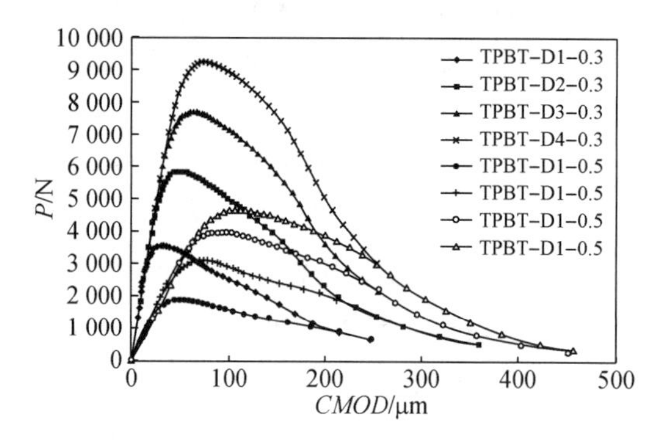

图 8.14 TPBT 样本试件的 P-$CMOD$ 曲线

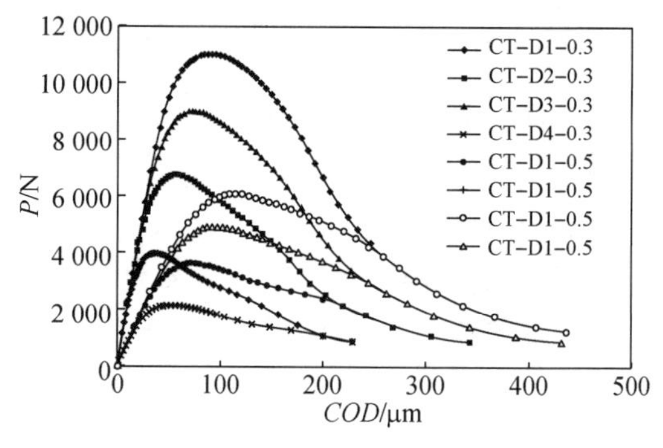

图 8.15 CT 样本试件的 P-COD 曲线

以解析法[式(8.5)]得到的裂缝扩展阻力作为参考值,再用权函数法[式(8.15)]和式(8.3)计算相应的裂缝扩展阻力值,进行比较。也就是说,初始韧度 K_{IC}^{ini} 用式(8.5) 解析法计算得出,再使用式(8.2) 和式(8.15) 的五项式权函数闭合表达式计算裂缝扩展阻力。在超过峰值荷载后,对每个加载阶段均计算了 Δa_c 的值,该值根据式(6.15) 沿着虚拟裂缝在确定 $CTOD_c$ 的值时获得。FCM、解析法以及权函数法均使用相同的非线性软化函数,以保证分析条件的一致性。为了保证数值计算的精确性,所有计算步骤都考虑了自重对 TPBT 试件的影响,然而对 CT 试件不需要明显考虑这种影响。图 8.16 展示了 TPBT 和 CT 试件的几何形状对断裂材料特性 K_{IC}^{un} 的影响。图 8.17 展示了 TPBT 和 CT 试件的几何形状对参数 K_{IC}^{ini} 的影响。TPBT 和 CT 试件的几何尺寸对双 K 断裂参数的影响,与本书第 6 章中的结果类似。

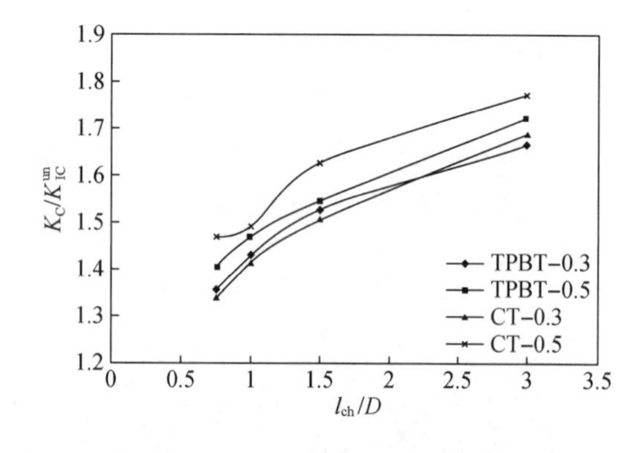

图 8.16 试件几何尺寸对 K_{IC}^{un} 的影响

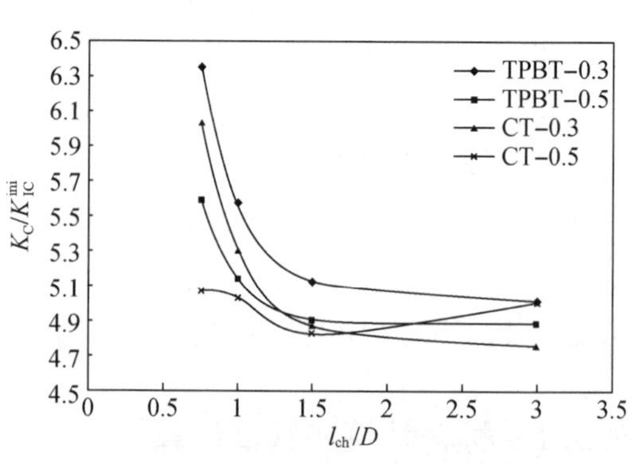

图 8.17 试件几何尺寸对 K_{IC}^{ini} 的影响

8.5.2　K_R 曲线和稳定准则

K_R 曲线作为描述结构裂缝扩展全过程的一个准则，也被认为是断裂全过程中的材料属性。裂缝尖端对应于任意荷载的应力强度因子曲线（K 曲线）以及相应的裂缝扩展长度可以通过 LEFM 公式获得。为演示完整的断裂过程，使用解析法[式(8.5)]和权函数法[式(8.15)]以及式(8.3)得到的 TPBT 和 CT 试件的裂缝扩展阻力曲线 $K_R(\Delta a)$ 和裂缝尖端扩展的应力强度因子 K 曲线随 a/D 的变化情况，如图 8.18 — 图8.33 所示。对于这 16 个样本，其相应的荷载 P 随裂缝扩展 a/D 的变化也在相应的图中同时表示。通过这些曲线，可以实现断裂全过程裂缝扩展的稳定分析，并可以比较使用解析法和权函数法获得的 K_R 曲线。

从图 8.18—图 8.33 中可以观察到，对所有分析案例，用权函数法和解析法计算的 K_R 曲线没有显著的差别。需要指出的是，权函数法不涉及任何特殊的数值积分技术，用闭合方程即可得到简单解，可以提高计算效率。因此，为了简洁起见，本章随后出现的 K_R 曲线都是用权函数法获得。

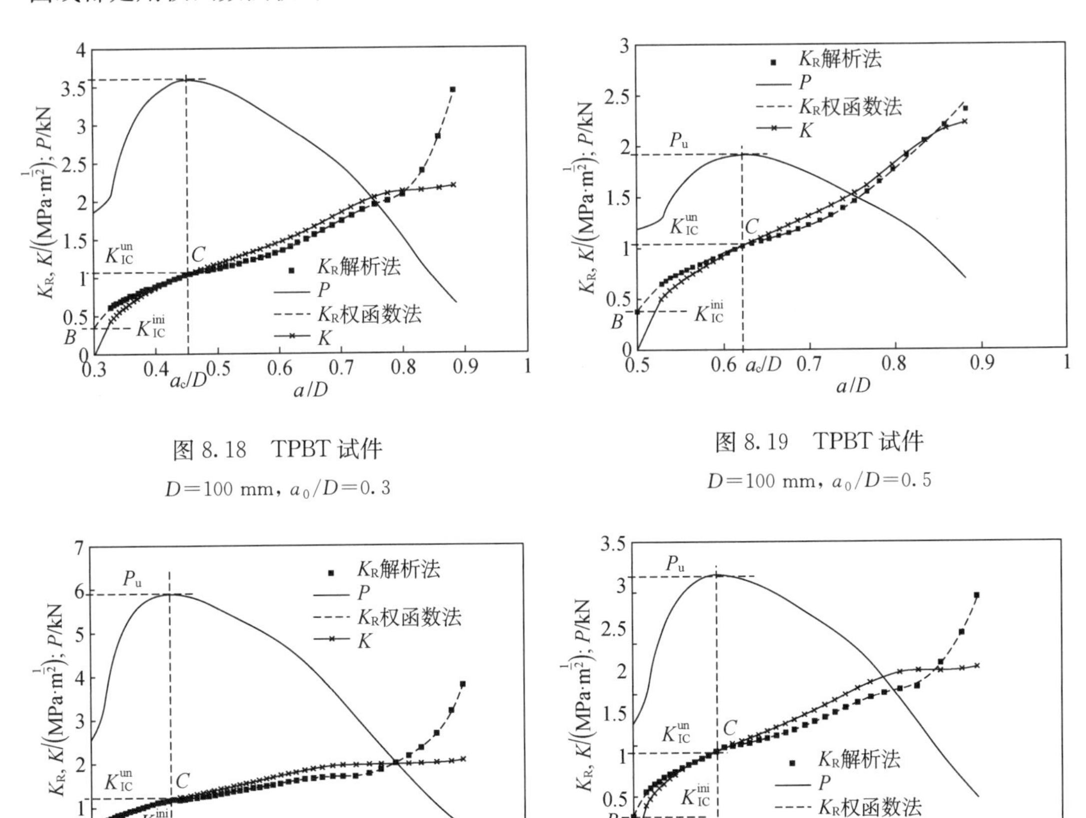

图 8.18　TPBT 试件

D=100 mm，a_0/D=0.3

图 8.19　TPBT 试件

D=100 mm，a_0/D=0.5

图 8.20　TPBT 试件

D=200 mm，a_0/D=0.3

图 8.21　TPBT 试件

D=200 mm，a_0/D=0.5

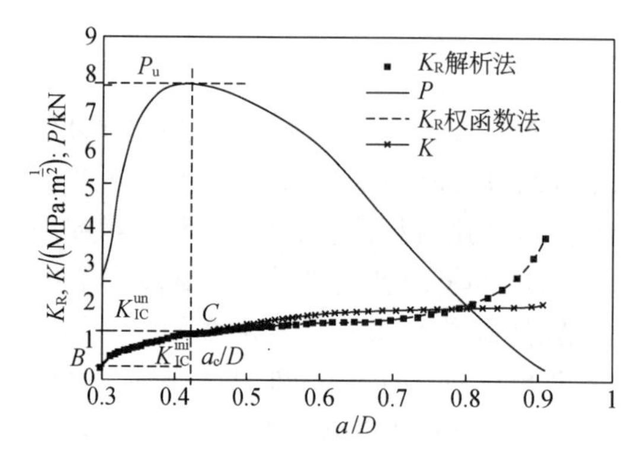

图 8.22　TPBT 试件

D=300 mm，a_0/D=0.3

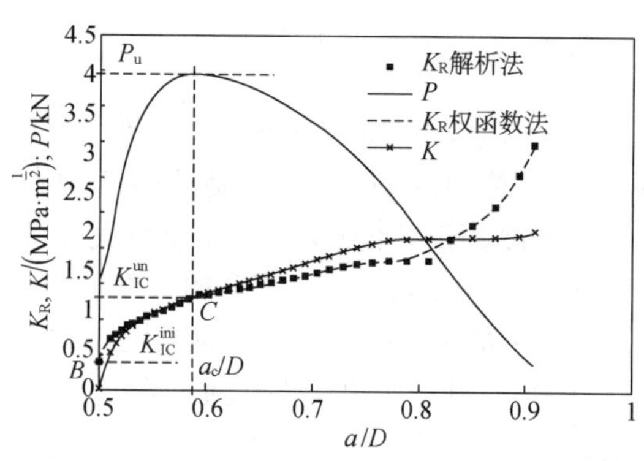

图 8.23　TPBT 试件

D=300 mm，a_0/D=0.5

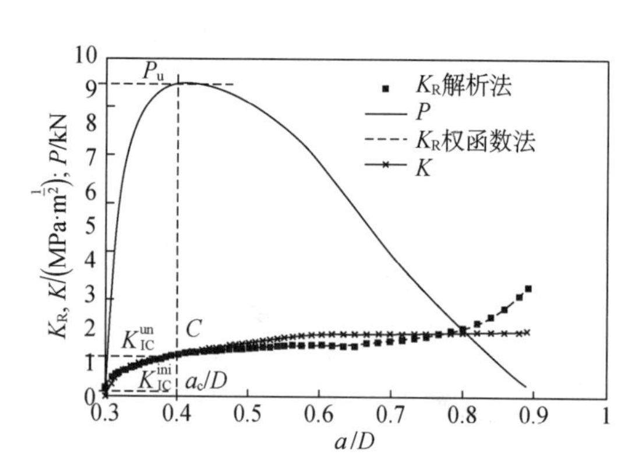

图 8.24　TPBT 试件

D=400 mm，a_0/D=0.3

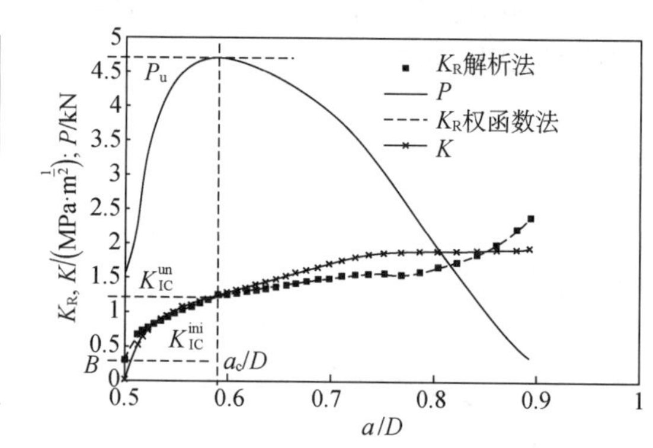

图 8.25　TPBT 试件

D=400 mm，a_0/D=0.5

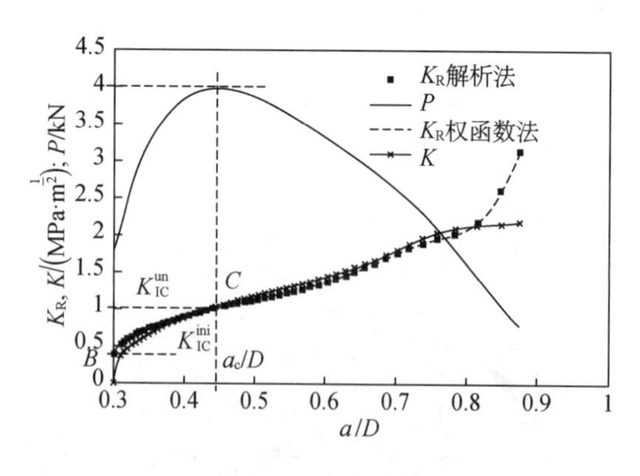

图 8.26　CT 试件

D=100 mm，a_0/D=0.3

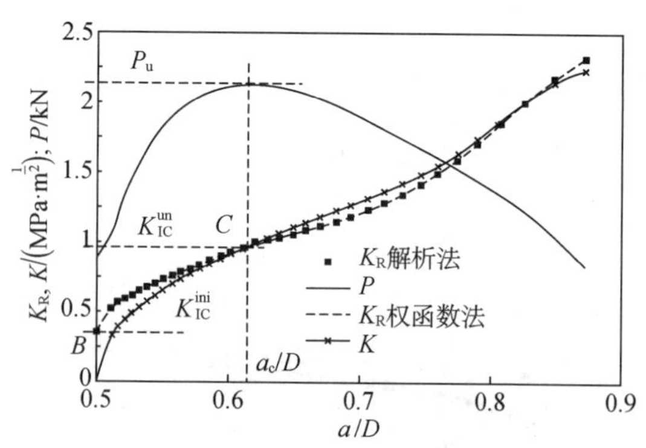

图 8.27　CT 试件

D=100 mm，a_0/D=0.5

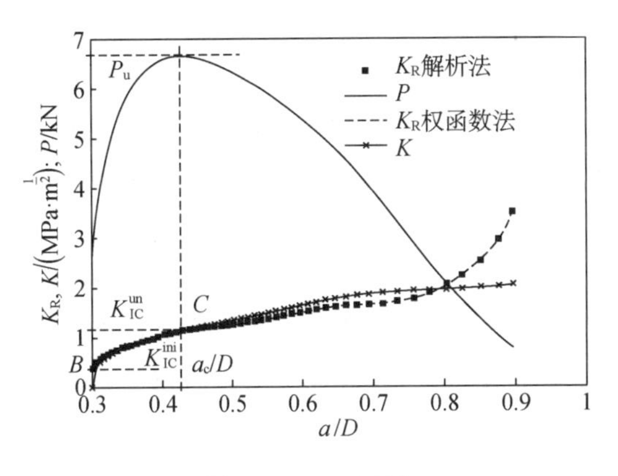

图 8.28 CT 试件

$D=200$ mm，$a_0/D=0.3$

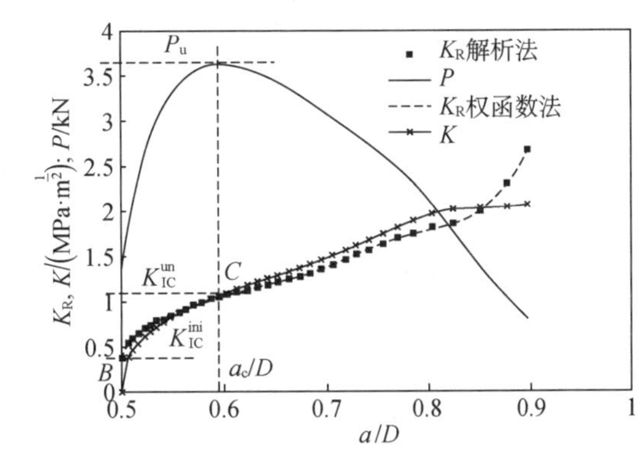

图 8.29 CT 试件

$D=200$ mm，$a_0/D=0.5$

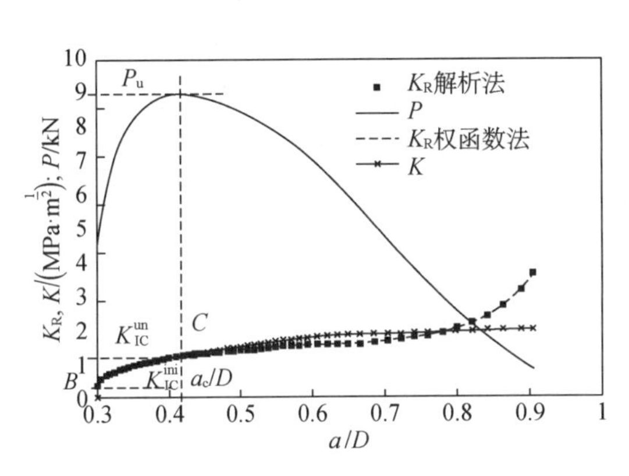

图 8.30 CT 试件

$D=300$ mm，$a_0/D=0.3$

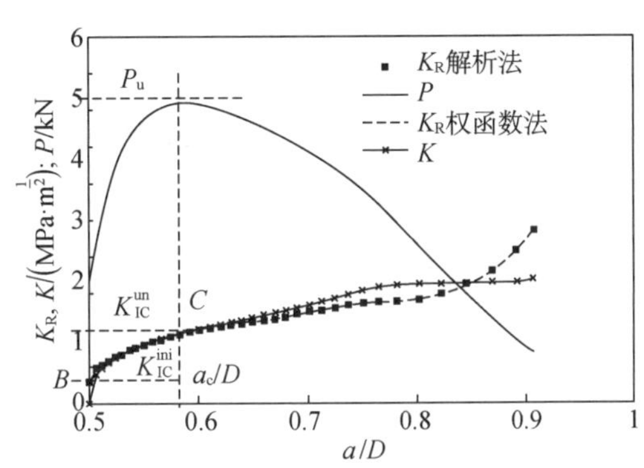

图 8.31 CT 试件

$D=300$ mm，$a_0/D=0.5$

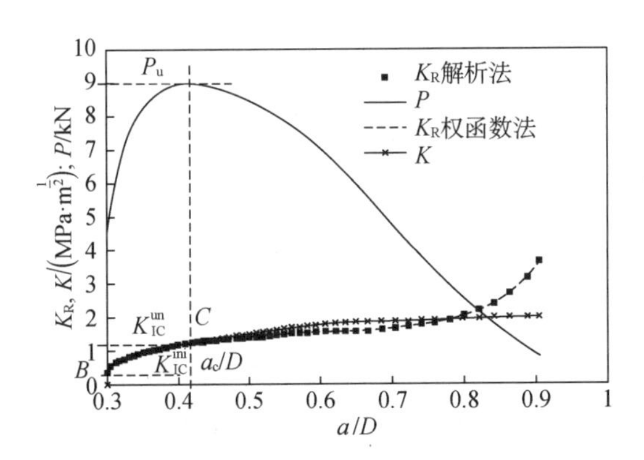

图 8.32 CT 试件

$D=400$ mm，$a_0/D=0.3$

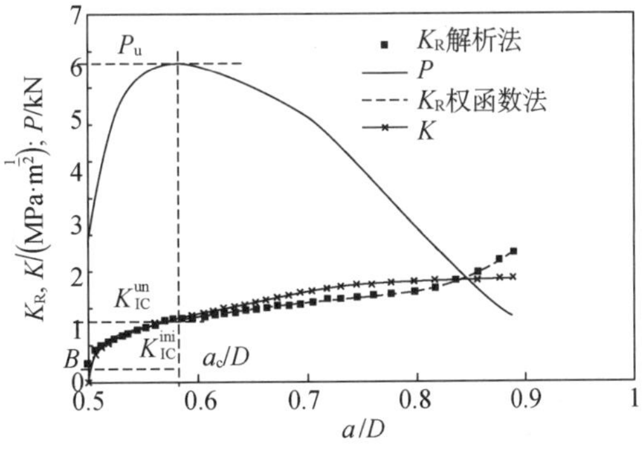

图 8.33 CT 试件

$D=400$ mm，$a_0/D=0.5$

K_R 曲线、K 曲线以及 P 曲线(图 8.18—图 8.33)可以用来研究混凝土断裂过程中裂缝扩展的起始点和临界不稳定点。材料韧度随着裂缝长度的增加而增加,从 B 点对应的固有韧度 K_{IC}^{ini} 一直增加到临界不稳定点 C 对应的裂缝扩展阻力 $K_R(\Delta a_c)$。在这种情况下,K_R 曲线上出现一个拐点,其相应的荷载成为峰值荷载 P_u,裂缝长度达到临界值 a_c。材料在任意扩展裂缝长度时的韧度依赖于黏聚韧度和初始韧度。

断裂全过程的裂缝扩展稳定分析可以通过比较图 8.18—图 8.33 中的 K 曲线和 K_R 曲线来进行。最初,K 曲线产生较低的应力强度因子,直到裂缝产生并在 B 点和 C 点之间的区域稳定扩展。进一步,K 曲线在 C 点处与 K_R 曲线重合,裂缝在该点之后将开始不稳定扩展。

8.5.3 试件几何形状对 K_R 曲线的影响和尺寸效应

对于尺寸范围为 100 mm≤D≤400 mm,a_0/D 为 0.3 和 0.5 的 TPBT 和 CT 试件,使用五项式权函数法计算的 K_R 曲线分别如图 8.34 和图 8.35 所示。从图中可以观察到,在给定的试件尺寸和 a_0/D 条件下,TPBT 和 CT 试件所得的 K_R 曲线没有明显不同。此外,从图中可以看出,K_R 曲线受试件尺寸的影响,但很难根据图形来量化尺寸对 K_R 曲线的影响。从图中还可以看出,试件尺寸的影响在 K_{IC}^{ini} 和 K_{IC}^{un} 值附近表现得更为显著。

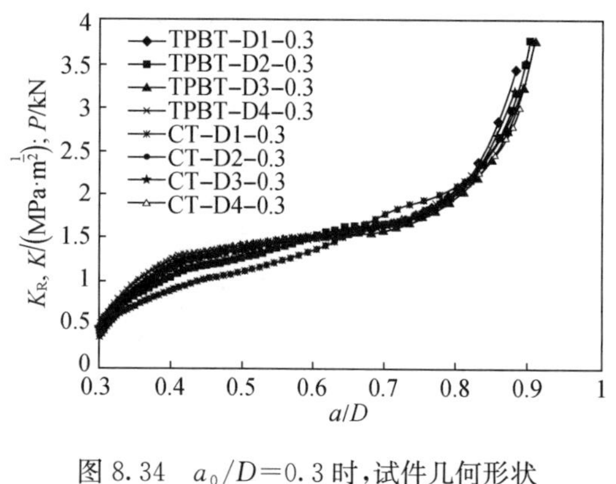

图 8.34 $a_0/D=0.3$ 时,试件几何形状对 K_R 曲线的影响

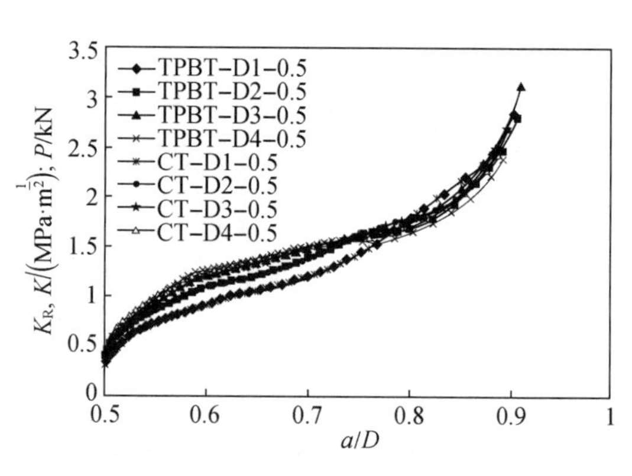

图 8.35 $a_0/D=0.5$ 时,试件几何形状对 K_R 曲线的影响

8.5.4 试件几何形状对 *CTOD* 曲线的影响和尺寸效应

图 8.36 和图 8.37 分别绘制了所有 a_0/D 为 0.3 和 0.5 的 TPBT 和 CT 试件在裂缝扩展的不同加载阶段,裂缝尖端张开位移和裂缝扩展长度之间的关系(*CTOD* 曲线)。有趣的是,在给定的试件尺寸和 a_0/D 条件下,试件几何形状没有影响。这一观察结果与试件几何形状对 TPBT 和 CT 试件测试中所得 K_R 曲线的影响类似。

8.5.5 试件几何形状对断裂过程区长度的影响和尺寸效应

断裂过程区的发展是混凝土中的一个重要现象,使用基于数值方法如虚拟裂缝模型

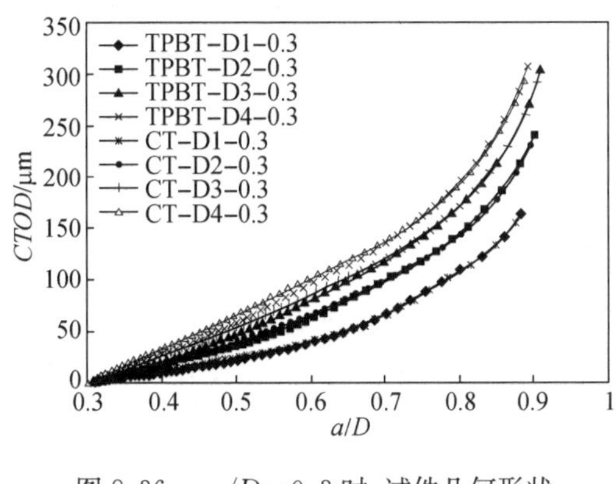

图 8.36　$a_0/D=0.3$ 时，试件几何形状对 $CTOD$ 曲线的影响

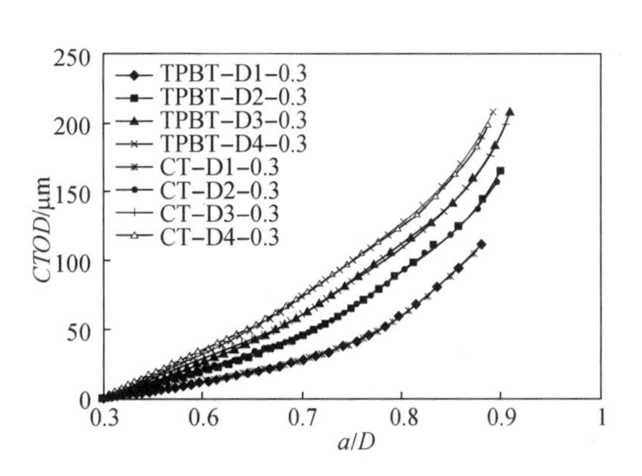

图 8.37　$a_0/D=0.5$ 时，试件几何形状对 $CTOD$ 曲线的影响

或裂缝带模型的非线性断裂分析法可以分析计算断裂过程区长度(见第 9 章)。但是，与修正的 LEFM 模型相比，基于数值方法涉及更大的计算量。修正的 LEFM 模型由于计算工作较少，对于简单的工程实践更加实用。在这种情况下，基于虚拟裂缝带中黏聚力分布的 K_R 曲线法能够提供与那些通过非线性断裂力学获得的类似信息。本章阐述了所有基于数值分析得到的 TPBT 和 CT 试件过程区长度的结果。对于每个测试试件，使用 a_0 和 a_{wc} 计算过程区长度 c_p 的公式如下：

$$c_p=a_{wc}-a_0 \tag{8.19}$$

对于几何参数 $a_0/D=0.3$ 和 0.5 的 TPBT 和 CT 测试试件，图 8.38 绘制了其无量纲参数 c_p/D 相对于无量纲参数 l_{ch}/D 的曲线。从图中可以看出，对给定的 a_0/D，试件几何形状对过程区的发展几乎没有影响。初始裂缝长度/深度较低时，过程区长度相对较高，并且两种不同试件过程区长度均随着试件尺寸的减少而增加，这是混凝土断裂过程的一个显著现象。进一步可以观察到，从平均上来说，对于尺寸较小的试件，在不同 a_0/D(0.3 和 0.5) 下所获得的过程区长度差异更大，并且似乎对两种不同 a_0/D 在尺寸无穷大时都渐进趋于收敛。以上与 K_R 曲线分析相关的观察未来还需要更多的数值和试验研究。

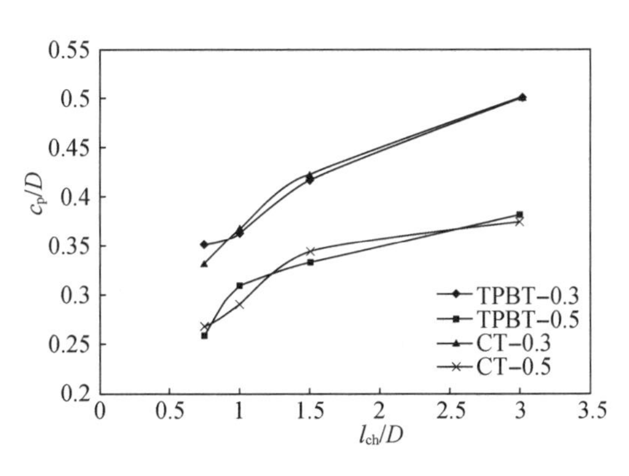

图 8.38　试件几何形状对过程区长度的影响

8.6　小结

本章采用权函数法确定了断裂过程区中基于黏聚力分布的 K_R 曲线。另外，还对不同参数对 K_R 曲线的影响进行了深入讨论，得出了以下两点结论：

(1) 基于三点弯曲试件的 K_{R} 曲线试验结果,验证了解析法和四项式权函数法。可以发现,使用权函数法获得的 K_{R} 曲线与用解析法所得结果产生的差异并不明显。因此,权函数法可以作为一个替代工具,来更高效地计算虚拟裂缝扩展中基于黏聚力分布的 K_{R} 曲线。试验结果同样表明,K_{R} 曲线具有尺寸效应。

(2) 从数值分析获得的数据中可以发现 K_{R} 曲线的许多重要特征。尺寸效应对 $CTOD$ 曲线的影响比对 K_{R} 曲线更显著。在初始韧度以及材料不稳定断裂韧度区域附近,也可以观察到尺寸效应对 K_{R} 曲线的影响。然而在曲线的其他部分,这一影响几乎不存在。断裂区长度受试件尺寸的影响,对于一个给定的相对裂缝尺寸,该区域长度几乎不依赖于试件几何形状。

第 9 章　基于有限元的混凝土断裂模型

9.1　概述

混凝土断裂模型除了基于线弹性断裂力学（LEFM）和弹塑性断裂力学（EPFM）的修正模型外，还可以基于一些十分强大的数值分析方法，如有限元法或边界元法等。前文介绍的两参数断裂模型（TPFM）、尺寸效应模型（SEM）、等效裂缝模型（ECM）、双 K 断裂模型（DKFM）属于前者。本章介绍的黏聚裂缝模型（CCM）、虚拟裂缝模型（FCM）、裂缝带模型（CBM）是基于有限元的分析模型。

9.2　黏聚裂缝模型

黏聚裂缝模型（CCM），或称为虚拟裂缝模型（FCM），首先由 Barenblatt（1959，1962）和 Dugdale（1960）提出。Barenblatt 将该模型用于分析脆性断裂行为，而 Dugdale 将其用于分析延性断裂行为。基于离散裂缝法（Ngo 和 Scordelis，1967），Hillerborg 等人（1976）初次用黏聚裂缝模型（或虚拟裂缝模型）模拟混凝土结构的软化破坏行为。在具有先驱性的工作中，他们表示即使使用（网格划分程度）粗糙的有限单元，黏聚裂缝模型依然可以分析裂缝形成、扩展以及失效破坏。在随后一段时间内，黏聚裂缝法被许多研究者修正和使用。

黏聚裂缝模型是一种严格考虑断裂过程区宽度为零的单轴方法，其在出现多轴应力的结构中的一般化应用能力有限，这种方法不适合大规模的分析。除去这些局限，黏聚裂缝模型是物理局域化断裂区的一个理想近似。这种模型具有数学计算过程简单的优点，对模拟标准试件有其方便之处。

关于黏聚裂缝模型的更多概述，包括数值方面、优势、局限以及挑战可以在相关文献中找到（Guinea，1995；Elices 和 Planas，1996；Bažant，2002；Elices 等，2002；de Borst，2003；Planas 等，2003；Carpinteri 等，2003，2006）。

9.2.1　CCM（FCM）的材料特性

描述黏聚裂缝模型需要用到三种材料属性，分别是弹性模量 E、单轴拉伸强度 f_t，以及断裂能 G_F。G_F 定义为产生单位面积裂缝所必需的能量。Hillerborg（1985a）和国际结构与材料研究联合会混凝土断裂力学委员会(1985)均提出了通过三点弯曲梁得到 G_F 的方法。根据该方法,考虑初始低载、试件自重和其余固定装置荷载对最终结果的非线性行为进行校正,修正荷载-位移(P-δ) 曲线与横轴间的面积,得到断裂能计算公式如下:

$$G_F = \frac{W_0 + W_s \delta_0}{A_{lig}} \tag{9.1}$$

式中,W_0 是图 9.1 中的面积;W_s 是支座之间试件自重和两倍荷载布置的总和;δ_0 是梁最终破坏时的变形量;A_{lig} 是试验样本预缺口的面积。

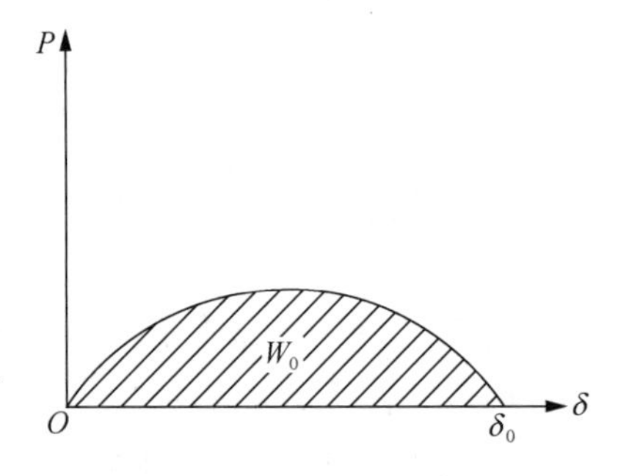

图 9.1 荷载-位移(P-δ)曲线

Hillerborg(1985b)进行了一项研究,从全世界各个实验室约 700 根混凝土梁的试验数据中确定断裂能,该项调查表明,断裂能是与试件尺寸相关的,即具有一定的尺寸效应。

通过裂缝尖端附近裂缝面的应力-裂缝张开位移关系(即软化曲线),黏聚裂缝模型自动考虑了非线性,能自然使得混凝土扩展裂缝尖端的应力强度因子为零。因此,软化曲线是黏聚裂缝模型输入的基本材料特性之一。此本构关系将裂缝面上的黏聚应力 σ 和相对应的裂缝张开位移w 联系起来,即$\sigma = f(w)$。σ-w 曲线的端点 w_c 是断裂区还能够传递应力的最大宽度,即有 $f(w_s)=0$。由软化法则的定义,$f(0)=f_t$,即张开位移为零时,为混凝土的拉伸强度。G_F 的值等于图 9.2 中 σ-w 曲线所包围的阴影部分面积。

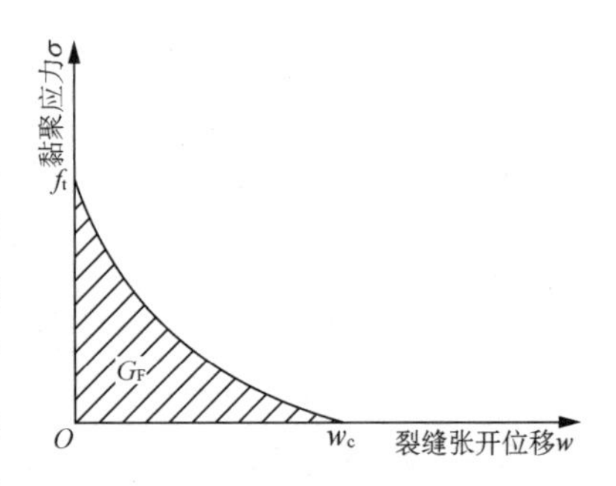

图 9.2 混凝土软化曲线示意图

Hillerborg 等人(1976)考虑将 f_t 和 G_F 作为材料属性,首次将线性软化法则用于有限元分析中。如前文所述,随后 Petersson(1981)提出了针对缺口梁的双线性软化函数(双直线近似),其与试验结果有很好的一致性。此后经过修正,双线性软化曲线及其参数被许多研究者广泛讨论和使用(Alvaredo 和 Torrent, 1987; Wittmann 等,1988; Hilsdorf 和 Brameshuber, 1991; Guinea 等, 1994; Bažant, 2002; Bažant 和 Becq-Giraudon, 2002)。在理论推导和试验数据的基础上,Hilsdorf 和 Brameshuber(1991)验证了混凝土的断裂性质和应力变形特征,并被 CEB-FIP Model Code 1990 采用(1993)。多种基本的软化关系,如三线性(Cho 等,1984)、指数(Gopalaratnam 和 Shah, 1985; Karihaloo, 1995)、非线性(Reinhardt 等,1986)以及准指数(Planas 和 Elices, 1990)软化函数,被相继开发,如前文所述。Xu(1999)则针对不同混凝土等级和最大集料尺寸,提出了公式化的方法以确定双线性软化曲线、非线性软化曲线和指数软化曲线的参数。

9.2.2 基本假设

在黏聚裂缝模型的发展中考虑引入以下假设(Petersson, 1981; Carpinteri, 1989a,

b，c；Carpinteri 和 Colombo，1989；Carpinteri 等，2006)：

(1) 除了非线性黏聚力，材料表现为线弹性和各向同性；

(2) 当最大主应力等于拉伸强度时，黏聚过程区域开始发展；

(3) 材料处于部分损坏状态，并且在形成黏聚过程区之后仍能够传递应力，该应力称为黏聚应力σ，黏聚应力取决于裂缝开口位移w。对于Ⅰ型张开裂缝，σ和裂缝面垂直(图9.3)，并且与w的关系如下：

$$\sigma = f(w) \tag{9.2}$$

断裂量G_F可以写成如下表达式：

$$G_F = \int_0^{w_c} f(w)\,\mathrm{d}w \tag{9.3}$$

引入材料脆性的反向量度，即特征长度l_{ch}如下：

$$l_{ch} = \frac{EG_F}{f_t^2} \tag{9.4}$$

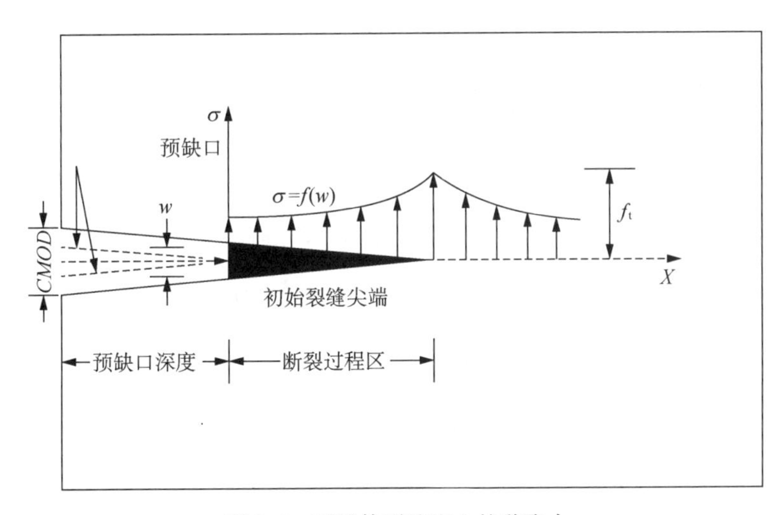

图9.3 裂缝体裂缝面上的黏聚力

9.2.3 有限元离散

CCM(FCM)假定FPZ在二维和三维分析中分别坍塌成线和面。纯Ⅰ型加载时，当一个单一的宏观裂缝在固定方向张开时，黏聚裂缝可以很容易地通过Petersson(1981)提出的方法模拟，由Carpinteri(1989a，b，c)以及Planas和Elices(1991)进一步修改。在这种方法中，沿着潜在裂缝线，断裂节点的数量保持不变，取决于前处理中建立的模型。在有限元执行时，沿着潜在断裂线，裂缝张开节点从底部到顶部依次标记为1和n，如图9.4所示。

为了方便起见，沿着潜在断裂区n个节点的裂缝张开位移列向量以下面的形式表达：

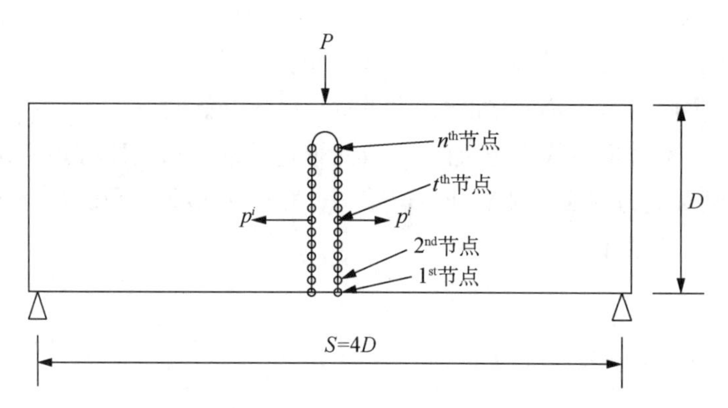

图 9.4 混凝土Ⅰ型张开裂缝的黏聚裂缝扩展模拟

$$\{w\}=[K]\{p\}+\{C\}P+\{p_g\} \tag{9.5}$$

式中，$\{w\}$是n阶断裂节点的裂缝张开位移向量；$[K]$是对称矩阵，K_{ij}是作用在j断裂节点的单位力引起的i断裂节点的裂缝张开位移；$\{p\}$是节点力向量；$\{C\}$是$P=1$时n阶断裂节点的裂缝张开位移向量；$\{p_g\}$是试件自重引起的n阶断裂节点裂缝张开位移向量。

使用增强影响法(Planas 和 Elices, 1991)来求解式(9.5)。假设断裂节点总数为n，初始裂缝尖端位于第k个节点，根据增强影响法，式(9.5)可以分割为缺口部分的节点$i=1, 2, 3, \cdots, (k-1)$和连接部分的节点$i=k, (k+1), (k+2), \cdots, n$。那么，分割后的式(9.5)可以写成如下形式：

$$\begin{Bmatrix} w_N \\ w_L \end{Bmatrix}=\begin{bmatrix} K_{NN} & K_{NL} \\ K_{LN} & K_{LL} \end{bmatrix}\begin{Bmatrix} p_N \\ p_L \end{Bmatrix}+\begin{Bmatrix} C_N \\ C_L \end{Bmatrix}p+\begin{Bmatrix} p_{gN} \\ p_{gL} \end{Bmatrix} \tag{9.6}$$

下标N和L分别表示缺口部分的$i=1, 2, \cdots, (k-1)$和连接部分的$i=k, (k+1), (k+2), \cdots, n$。由于连接区裂缝开口宽度为零，而初始缺口部分为无牵拉区，故可写成：

$$\begin{cases} \{p_N\}=\{0\}, \ i=1, 2, 3, \cdots, (k-1) \\ \{w_L\}=\{0\}, \ i=k, (k+1), (k+2), \cdots, n \end{cases} \tag{9.7}$$

式(9.6)和式(9.7)可以写成：

$$\{p_L\}=[M_{LL}]\{w_L\}-[M_{LL}]\{C_L\}P-[M_{LL}]\{p_{gL}\} \tag{9.8}$$

其中，

$$\begin{cases} M_{LL}=K_{LL}^{-1} \\ \{T_L\}=[M_{LL}]\{C_L\} \\ \{T_g\}=[M_{LL}]\{p_{gL}\} \\ \{p_L\}=[M_{LL}]\{w_L\}-\{T_L\}P-\{T_g\} \end{cases} \tag{9.9}$$

此外，沿着断裂线，纽带部分可以分割为黏聚(受损)区和未破裂(未受损)区。假设黏

聚区节点是 $j=k,(k+1),\cdots,l$，未受损区节点为 $j=(l+1),(l+2),\cdots,n$。因此，在进一步分割式(9.7)之后，可以写成：

$$\begin{Bmatrix} p_{LC} \\ p_{LU} \end{Bmatrix} = \begin{bmatrix} M_{LLCC} & M_{LLCU} \\ M_{LLUC} & M_{LLUU} \end{bmatrix} \begin{Bmatrix} w_{LC} \\ w_{LU} \end{Bmatrix} - \begin{Bmatrix} T_{LC} \\ T_{LU} \end{Bmatrix} P - \begin{Bmatrix} T_{gC} \\ T_{gU} \end{Bmatrix} \tag{9.10}$$

下标 C 和 U 分别表示黏聚区的 $j=k,(k+1),\cdots,l$ 和未受损区的 $j=(l+1),(l+2),\cdots,n$。未受损区和黏聚区的最后一个节点的裂缝张开位移为零，在数学上可以表示为

$$\{w_{LU}\}=\{0\},\ \{w_{LC}\}_{j=l}=0 \tag{9.11}$$

根据式(9.10)和式(9.11)得出：

$$\{p_{LC}\}=[M_{LLCC}]\{w_{LC}\}-\{T_{LC}\}P-\{T_{gC}\} \tag{9.12}$$

对于 $j=l^{\text{th}}$ 节点，施加的荷载 P 可以写成以下形式：

$$P=\frac{\sum_{j=k}^{l-1}\{M_{LLCC}\}_{l,j}\{w_{LC}\}_j-\{p_{LC}\}_{j=l}-\{T_{gC}\}_{j=l}}{\{T_{LC}\}_{j=l}} \tag{9.13}$$

对于节点 $j=k,(k+1),(k+2),\cdots,(l-1)$，使用式(9.12)和式(9.13)，随着黏聚区裂缝的张开，可以形成许多非线性联立方程，其函数形式可以表示为

$$\{Z\}=[M_{LLCC}]\{w_{LC}\}-\{p_{LC}\}-\{T_{LC}\}\frac{\sum_{j=k}^{l-1}\{M_{LLCC}\}_{l,j}\{w_{LC}\}_j-\{p_{LC}\}_{j=l}-\{T_{gC}\}_{j=l}}{\{T_{LC}\}_{j=l}}-\{T_{gC}\} \tag{9.14}$$

采用适当的符号规约，则可以写为 $\{p_{LC}\}=-F_{uc}f(w_{LC})$，对于规则离散化为均匀网格尺寸 h 的情况，除了 $i=k$ 和 $i=n$ 之外，对于所有 i 值，$F_{uc}=Bhf_t$；对于 $i=k$ 和 $i=n$，$F_{uc}=\frac{1}{2}Bhf_t$。式(9.14) 可用牛顿-拉夫逊方法求解，求解式(9.14) 得到 $\{w_{LC}\}$，再分别使用式(9.13) 和式(9.12) 确定 P 和 $\{p_{LC}\}$。返回到式(9.11)— 式(9.5)，可以确定 $\{w\}$ 和 $\{p\}$ 的所有未知值。

对于已知的 $\{p\}$ 和 P 的值，梁的跨中挠度 δ 可以由下式确定：

$$\delta=D_LP+\{D_p\}^T\{p\}+D_g \tag{9.15}$$

式中，D_L 是外部荷载 P 为单位力时加载点的挠度；$\{D_p\}$ 是单位荷载矢量 $\{p\}=\{1\}$ 时的加载点挠度矢量；D_g 是由试件自重引起的加载点挠度。

9.2.4 TPBT 试件分析示例

如图 9.5—图 9.8 所示，采用半结构法使用四节点正方形等参单元离散 TPBT 试件。图 9.5 显示了所使用的平面四节点等参单元。梁沿其纵向分为三个长度带：0.25D，

0.75D 和 D。考虑三种不同的有限元网格尺寸，在有限元网格中断裂节点的数量分别取为55，27和14。计算的断裂能和抗拉强度分别取为G_F=150 N/m和f_t=4.15 MPa。两个试件梁的厚度都相同，取为 80 mm。

对于 D=250 mm 的尺寸，对于断裂节点为 55，27 和 14 的情况，由数值结果确定的峰值荷载分别为 8.084 9 kN，8.057 6 kN 和 8.054 5 kN；而对于 D=150 mm，峰值荷载分别为 5.572 1 kN，5.576 kN 和 5.571 5 kN。很明显，即使网格尺寸相对较粗糙，该模型所预测的试件峰值荷载值几乎相同。然而，正如其他文献（Petersson，1981）中所提到的，对于混凝土来说，在黏聚力之间使用比 0.2l_{ch} 更大的网格距离似乎不太合适，对于混凝土，其范围为 40～80 mm。

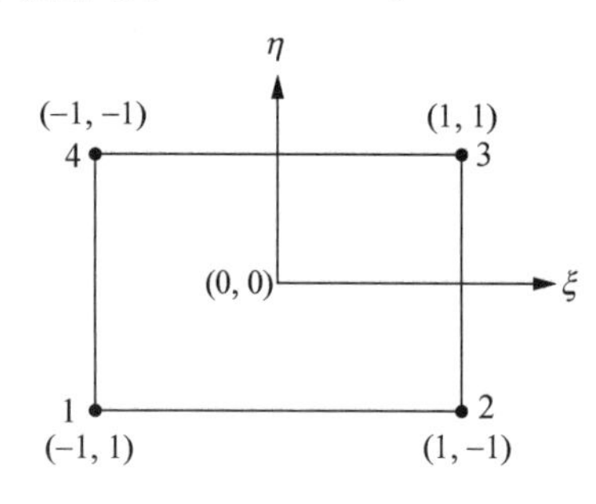

图 9.5 平面四节点等参单元

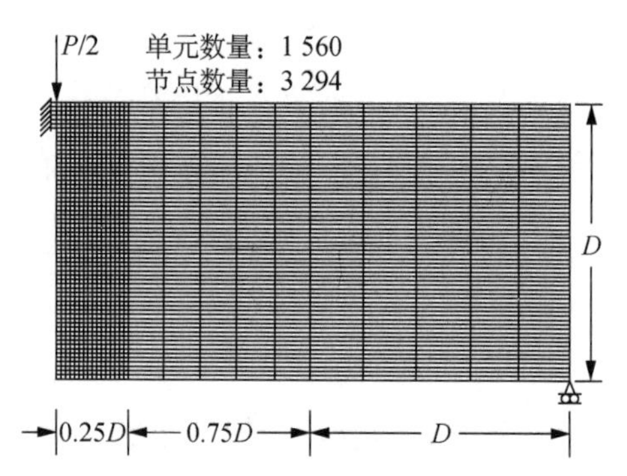

图 9.6 包含 55 个断裂节点的有限元网格

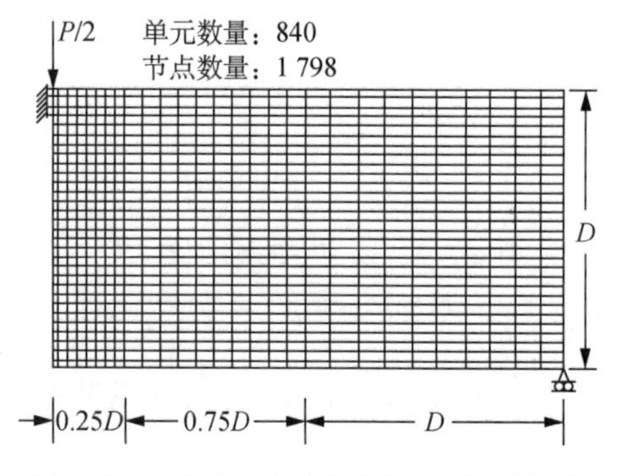

图 9.7 包含 27 个断裂节点的有限元网格

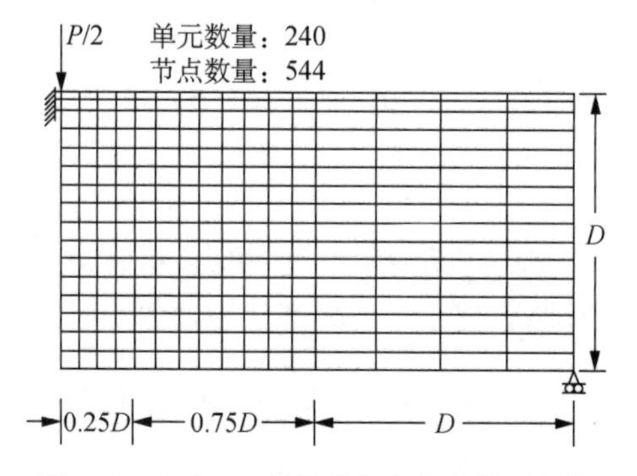

图 9.8 包含 14 个断裂节点的有限元网格

9.2.5 考虑网格重划分的离散裂缝法

黏聚裂缝法（CCM）也称为虚拟裂缝法（FCM），或离散裂缝法，其通过对虚拟裂缝处的节点进行分离，模拟混凝土的开裂过程，根据节点分离距离施加黏聚应力，混凝土裂缝的断裂扩展过程中的软化行为，从而真实地反映结构开裂后的变形力学行为。对于简单的结构，裂缝的萌生位置以及后续扩展路径能预先确定时，一般的处理方法是在构建有限元离散网格时，在裂缝将要扩展的路径上预留单元剖分边界。这样求解域内的离散单元数目不需要增加，当裂缝路径上生成双节点时，系统的总自由度才略有增加。

当分析的混凝土结构对象以及荷载模式比较复杂，裂缝萌生位置以及扩展路径无法预先判定时，在初始划分有限元网格时将无法预留待定的单元边界以模拟裂缝路径。因此，在数值求解中需要在相应的荷载步对单元网格进行重新划分。对于一般情形，裂缝路径可能穿过单元内部，此时要求将该单元以及邻近单元网格进行拆分和重组，使重新划分后的网格能捕捉住裂缝扩展在节点上，从而可以上述单节点生成双节点的办法进行开裂模拟。但该方法有时显得过于复杂，计算稳定性等可能存在一些问题。

9.3　裂缝带模型

Rashid(1968)最早提出了基于弥散裂缝框架的考虑混凝土应变-软化行为的一种模型。Bažant 和 Oh(1983)在 Hillerborg 等人(1976)的基础上提出了裂缝带模型(CBM)，其假设有限元的断裂过程区中分布着一群紧密平行排列的裂缝。材料特性通过应力-应变本构关系表征，并根据断裂能和单元尺寸计算得出。假设断裂过程区的宽度 (h_c) 为常量，对于普通混凝土而言，假设其值大约为集料尺寸的 3 倍。让断裂带的宽度保持不变是为了避免伪网格敏感性，这确保了断裂过程中单位长度的裂缝所需的能量损耗保持不变，且刚好等于材料常数断裂能(G_F)。在该模型中，通过将各向同性弹性模量矩阵变为正交异性弹性模量矩阵来模拟裂缝，从而合理模拟了减小了的开裂面垂直方向上的刚度。通过在弹性应变上叠加断裂应变 ε_f 来模拟混凝土的软化行为。Bažant 和 Oh(1983)给出了该模型在笛卡尔坐标系(直角坐标系)中的简要数学基础，如图 9.9 所示。如果混凝土被理想化为匀质材料，那么三轴应力-应变关系由下式给出：

$$\begin{bmatrix}\varepsilon_x\\ \varepsilon_y\\ \varepsilon_z\end{bmatrix}=\frac{1}{E}\begin{bmatrix}1 & -\nu & -\nu\\ -\nu & 1 & -\nu\\ -\nu & -\nu & 1\end{bmatrix}\begin{bmatrix}\sigma_x\\ \sigma_y\\ \sigma_z\end{bmatrix}+\begin{bmatrix}0\\ 0\\ \varepsilon_f\end{bmatrix} \tag{9.16}$$

式中，σ_x、σ_y 和σ_z 为主应力；ε_x、ε_y 和ε_z 为主应变；ε_f 为微裂缝张开引起的(附加)断裂应变；E 是混凝土的杨氏模量；ν 为泊松比。

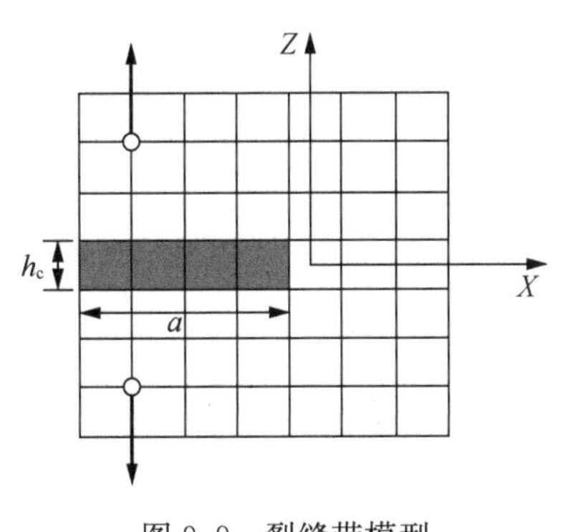

图 9.9　裂缝带模型

当材料中的微裂缝发展时，微裂缝的张开并不对 X 方向和 Y 方向(Y 方向垂直于裂缝表面，见图 9.9) 的应变造成影响。假设断裂带宽度 h_c 为材料常数，由试验确定，并与素混凝土的集料尺寸成比例。断裂应变 ε_f 通过所有微裂缝引起的变形求和确定，$\delta_f=\sum_i \delta_f^i$ 是与 Z 轴相交的微裂缝引起的变形总和。直线裂缝上正应力 σ_z 的相对位移 δ_f 为

$$\delta_f=\varepsilon_f h_c \tag{9.17}$$

当裂缝尖端的应力达到拉伸强度时，开始发生断裂行为，此时 ε_f 仍为零。当裂缝张开时，δ_f 开始增加，而 σ_z 则逐渐减小。建模的简便方法是选择线性函数，如图 9.10 所示。

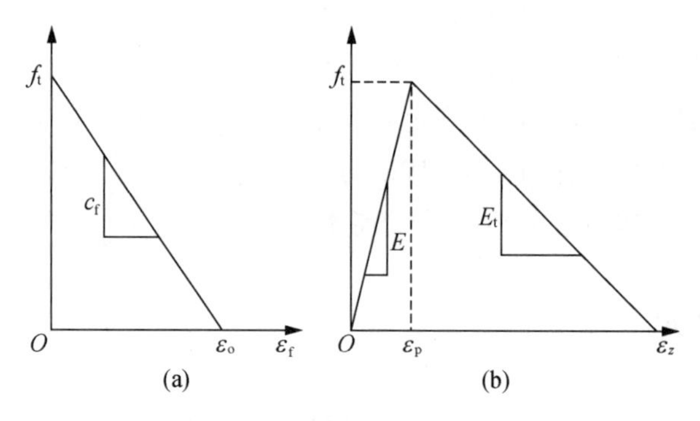

图 9.10　CBD 的应力-应变关系

断裂应变 ε_f 可以表示为关于应力 σ_z 的函数：

$$\varepsilon_f = f(\sigma_z) = \frac{1}{C_f}(f_t - \sigma_z) \tag{9.18}$$

式中，$C_f = f_t/\varepsilon_o$，ε_o 是应变软化曲线的端点应变值，应变达到该点时，微裂缝聚集形成连续的裂缝，同时 σ_z 消失。由式(9.18)，将式(9.16)修正为

$$\begin{bmatrix} \varepsilon_x \\ \varepsilon_y \\ \varepsilon_z \end{bmatrix} = \frac{1}{E}\begin{bmatrix} 1 & -\nu & -\nu \\ -\nu & 1 & -\nu \\ -\nu & -\nu & \dfrac{E}{E_t} \end{bmatrix}\begin{bmatrix} \sigma_x \\ \sigma_y \\ \sigma_z \end{bmatrix} + \begin{bmatrix} 0 \\ 0 \\ \varepsilon_o \end{bmatrix} \tag{9.19}$$

荷载峰值之后的应力-应变关系由切线模量 E_t 描述，由下式给出：

$$\frac{1}{E_t} = \frac{1}{E} - \frac{1}{C_f} \leqslant 0 \tag{9.20}$$

定义形成裂缝所需要吸收的能量为断裂能 G_F，由下式给出：

$$G_F = h_c\int_0^{\varepsilon_o} \sigma_Z(\varepsilon)\mathrm{d}\varepsilon \tag{9.21}$$

积分式表示应力达到 f_t 之后应力-应变曲线包围的面积。假设应力-应变之间为线性关系，那么有：

$$G_F = h_c\frac{1}{2}f_t\varepsilon_o \text{ 或 } G_F = \frac{f_t^2}{2C_f}h_c \tag{9.22}$$

如果 G_F、f_t 和 h_c 由试验已知，那么应力-应变关系的基本参数可由下式计算：

$$C_F = \frac{f_t^2 h_c}{2G_F},\ \varepsilon_o = \frac{f_t}{C_f} = \frac{2G_F}{f_t h_c} \tag{9.23}$$

同样地，断裂能也可由应力-应变关系的总面积表达。利用式(9.20)可得：

$$G_{F}=\frac{1}{2}\left(\frac{1}{E}-\frac{1}{E_{t}}\right)f_{t}^{2}h_{c} \tag{9.24}$$

裂缝带模型是一种弥散裂缝方法，它基于传统连续介质力学的概念，其本构关系是随着局域化最小尺寸而变的软化应力-应变曲线。该裂缝带宽度本质上是一个处理的数值，需要根据特定的问题来准确确定。

裂缝带模型也存在一些局限(Bažant 和 Lin, 1989)，例如，①网格划分的尺寸不能小于断裂区宽度；②锯齿形的裂缝带扩展需要特殊的数值处理；③对于斜裂缝，方形网格会导致一定程度的方向偏差。为了改善这些缺陷，Bažant 及其团队发展出了非局域弥散裂缝等方法(Bažant, 1986, 2002; Planas 等,1993a; de Borst, 2003; de Borst 等,2004)。

9.4 循环加载下的旋转弥散裂缝模型

9.4.1 概述

在对钢筋混凝土结构进行精确分析时，对混凝土的开裂进行建模的重要性毋庸置疑。如上所述，在早期基于有限元法(Ngo, 1967; Nilson, 1968)的研究中，采用了离散裂缝方法。该方法的实施需要使用自动网格生成器来跟踪裂缝的发展，否则裂缝轨迹将被限制在预定义的单元边界。此外，Rashid(1968)引入的裂缝带方法，也称为模糊裂缝方法或弥散裂缝方法，该方法在计算上相对简单并且十分有效。因此，该方法自提出以来已得到不断发展，如上文所述裂缝带模型。Vecchio(1989)将改进的压缩场理论纳入非线性有限元分析中，其中使用旋转弥散裂缝法将开裂混凝土视为正交各向异性材料。Rabczuk 等人(2005)描述了一种二维方法来模拟钢筋混凝土结构在单调荷载作用下的断裂，并将其应用于预应力混凝土梁。Darwin 和 Pecknold(1977)提出了一种预测钢筋混凝土结构循环响应的数值方法，其中忽略了开裂混凝土的拉应力和局部黏结滑移效应。

与钢筋混凝土结构开裂有关的一个重要问题是局部黏结滑移效应。一些研究人员忽略了黏结滑移，并通过适当改变材料特性来弥散整个混凝土构件中的钢筋(Cervenka, 1970; Yuzugullu, 1972)。Foster 等人(1995)通过将黏结滑移效应合并到钢筋单元中来考虑黏结滑移问题。Carpinteri 和 Carpinteri(1984)提出了钢筋混凝土梁横截面的滞回模型，同时考虑了钢筋的滑移和屈服。Carpinteri 等(2005)开发了一种基于断裂力学的理论模型来分析脆性基质复合梁受到循环弯曲的滞回性能，这种间接过程也可以获得相当好的荷载-挠度关系，然而却无法捕获裂缝扩展的弥散裂缝带。一些局部黏结滑移效应的模拟技术的提出已经有一段时间了(Ngo, 1967; Hoshino, 1974; Schaefer, 1975; Dinges, 1985)。然而，采用弥散裂缝模型的钢筋混凝土结构的非线性有限元分析中很少直接考虑局部黏结滑移效应。正如本节所述，这种组合可以捕获相当好的荷载-挠度关系和弥散裂缝带，显示出钢筋混凝土梁的裂缝弥散轮廓图案。对于那些需要了解荷载-挠度关系和裂缝相关信息的结构，这将是十分令人感兴趣的。

因此，本节介绍一种可用于分析单调和循环荷载下钢筋混凝土梁的二维非线性有限元程序，该程序采用正割模量法以应对拉伸软化函数的负刚度效应（Au 和 Bai，2007）。混凝土有限单元采用一种正交各向异性本构模型。为了理想模拟开裂模式，钢筋混凝土的局部黏结滑移效应直接由线性接触元件建模。通过研究分别在单调和非反向循环加载下的两组试件，观察到了试验结果与计算得到的荷载-挠度关系之间合理良好的一致性。如果在有限元建模中使用的网格足够精细，则断裂区域将形成弥散裂缝轨迹，这与试验中观察到的裂缝模式相当吻合。结果表明，该程序能够通过选择适当合理的黏结参数来模拟弯曲和弯曲剪切裂缝的形成。

9.4.2 混凝土平面单元

1. 混凝土双轴本构模型

混凝土双轴本构模型中混凝土采用正交各向异性本构模型，采用正交主应变轴上的等效单轴应力-应变关系（Darwin，1974）。由于主应变轴的方向通常在荷载施加期间旋转，因此又称为旋转裂缝法。该模型的完整描述包括双轴强度包络线的定义以及单调和循环单轴应力-应变关系。

所采用的双轴强度包络线描述了双轴压缩区域、压缩-拉伸区域和双轴拉伸区域三种情形。为简单起见，混凝土的压缩应变和拉伸应变分别表示为正和负，也适用于应力。但是，强度值始终视为绝对值。对于双轴压缩区域，采用 Vecchio（1992）提出的模型，其与 Kupfer 等人的试验数据能很好地吻合（1969）。两个正交方向上的主应力分别表示为 σ_1 和 σ_2，并且 $\sigma_1 \geqslant \sigma_2$。如图 9.11(a)所示的双轴压缩区域的破坏面由下式给出：

$$K_{c1}=1+0.92\left(\frac{\sigma_2}{f_{co}}\right)-0.76\left(\frac{\sigma_2}{f_{co}}\right)^2 \tag{9.25a}$$

$$K_{c2}=1+0.92\left(\frac{\sigma_1}{f_{co}}\right)-0.76\left(\frac{\sigma_1}{f_{co}}\right)^2 \tag{9.25b}$$

$$\sigma_{1p}=K_{c1}f_{co} \tag{9.25c}$$

$$\sigma_{2p}=K_{c2}f_{co} \tag{9.25d}$$

式中，f_{co} 是单轴混凝土抗压强度；σ_{ip} 是沿正交各向异性 i 轴的抗压强度。

对于压缩-拉伸区域，采用基于剪切板试验（Vecchio，1982）结果的模型。假设压应力不影响正交方向上的拉伸强度，但拉应力将降低正交方向上的抗压强度，如下式所示：

$$\sigma_{2p}=\beta f_{co} \tag{9.26a}$$

$$\beta=\frac{1}{0.8-0.34\dfrac{\varepsilon_i}{\varepsilon_o}}\leqslant 1 \tag{9.26b}$$

式中，β 是折减系数；ε_i 是横向拉伸应变；ε_o 是与单轴抗压强度相对应的应变。图 9.11(b)显示了折减系数 β 随 $\varepsilon_i/\varepsilon_o$ 的绝对值的变化。

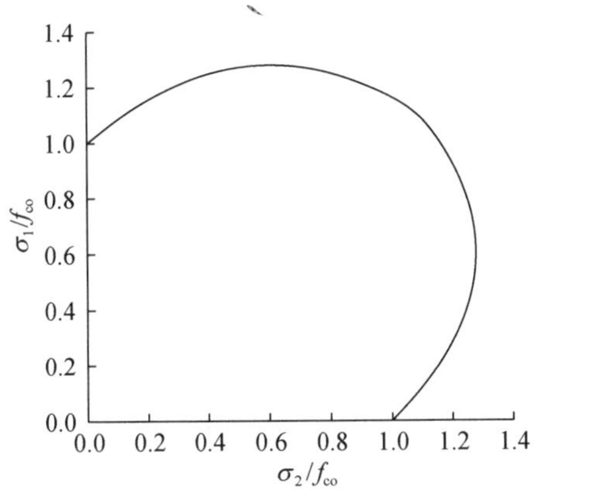

(a) 抗压强度包络曲线

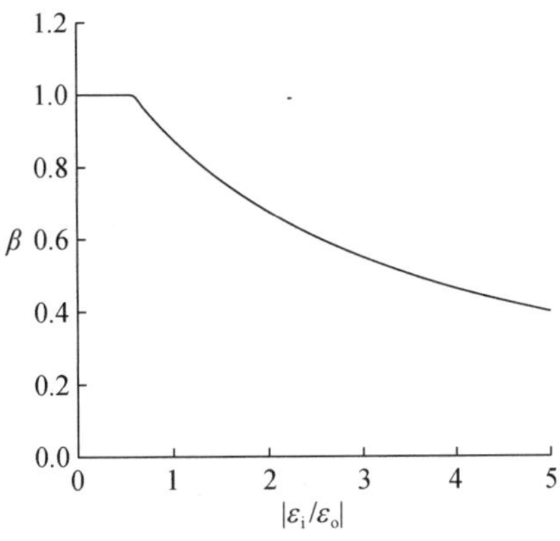

(b) 抗压强度折减

图 9.11　混凝土双轴强度包络曲线

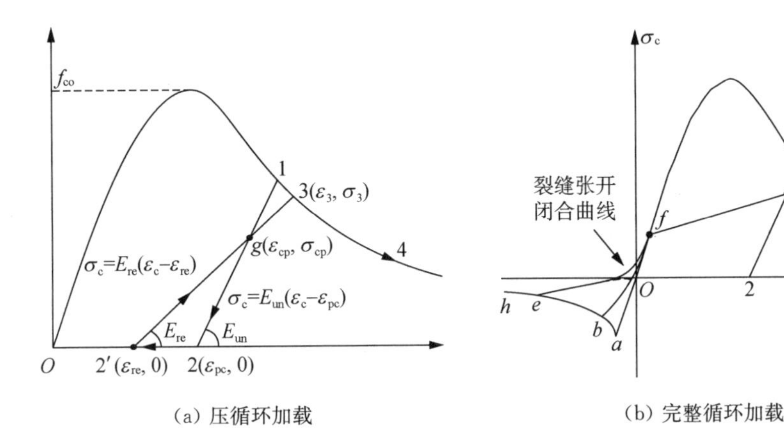

(a) 压循环加载　　　　(b) 完整循环加载

图 9.12　混凝土单轴循环加载响应

由 Attard 和 Setunge(1996)提出的完整的压应力-应变曲线，可适用于强度为 20～130 MPa 范围的现浇混凝土。在该模型中，用于建立应力-应变曲线的参数是初始杨氏模量 E_c，峰值压缩应力 f_{co} 和相应的应变 ε_{co}，以及曲线下降分支上拐点处的压应力 f_{ci} 和应变 ε_{ci}。在压应力下，混凝土的应力 σ_c 与应变 ε_c 有关：

$$\frac{\sigma_c}{f_{co}}=\frac{A\left(\dfrac{\varepsilon_c}{\varepsilon_{co}}\right)+B\left(\dfrac{\varepsilon_c}{\varepsilon_{co}}\right)^2}{1+(A-2)\left(\dfrac{\varepsilon_c}{\varepsilon_{co}}\right)+(B+1)\left(\dfrac{\varepsilon_c}{\varepsilon_{co}}\right)^2} \tag{9.27}$$

式中，A 和 B 是取决于具体等级的系数。需要两组系数 A 和 B，一组用于曲线的上升分支，另一组用于曲线的下降分支。

对于上升分支 $\varepsilon_c \leqslant \varepsilon_{co}$，它们取值是

$$A=\frac{E_c\varepsilon_{co}}{f_{co}};\ B=\frac{(A-1)^2}{0.55}-1 \tag{9.28a}$$

对于下降分支 $\varepsilon_c > \varepsilon_{co}$，它们取值为

$$A = \frac{f_{ci}(\varepsilon_{ci} - \varepsilon_{co})^2}{\varepsilon_{co}\varepsilon_{ci}(f_{co} - f_{ci})};\ B = 0 \tag{9.28b}$$

参数 E_c，ε_{co}，f_{ci} 和 ε_{ci} 理论上与 f_{co} 的值有关：

$$E_c = 4\ 370(f_{co})^{0.52} \tag{9.29a}$$

$$\varepsilon_{co} = \frac{4.11(f_{co})^{0.75}}{E_c} \tag{9.29b}$$

$$\frac{f_{ci}}{f_{co}} = 1.41 - 0.17\ln f_{co} \tag{9.29c}$$

$$\frac{\varepsilon_{ci}}{\varepsilon_{co}} = 2.50 - 0.30\ln f_{co} \tag{9.29d}$$

考虑到拉应力下的抗裂后阻力，采用 Guo 和 Zhang(1987)提出的模型，即：

$$\frac{\sigma_c}{f_t} = \frac{\dfrac{-\varepsilon_c}{\varepsilon_t}}{\alpha\left(\dfrac{\varepsilon_c}{\varepsilon_t} - 1\right)^{1.7} + \dfrac{\varepsilon_c}{\varepsilon_t}} \tag{9.30}$$

式中，f_t 是抗拉强度；ε_t 是抗拉强度对应的应变；α 是与混凝土相关的参数。

对于循环响应，采用 Elmorsi 等人(1998)提出的模型，如图 9.12 所示。图 9.12(a)显示了压应力下在典型路径 0—1—2—2′—3—4 的循环响应。在沿着包络线加载到点 1(ε_{un}^c，σ_{un}^c)之后，卸载沿着直的初始卸载区域 1—2 朝向点 2(ε_{pc}，0)，然后是零刚度区域 2—2′。根据 Elmorsi 等人(1998)的假定，初始卸载路径 1—2 的斜率 E_{un} 可以根据卸载应变 ε_{un}^c 和峰值压缩应力下的应变 ε_{co} 给出：

$$\frac{E_{un}}{E_c} = \begin{cases} 1, & \dfrac{\varepsilon_{un}^c}{\varepsilon_{co}} \leqslant 1 \\ 1 - 0.3\left(\dfrac{\varepsilon_{un}^c}{\varepsilon_{co}} - 1\right) \geqslant 0.25, & \dfrac{\varepsilon_{un}^c}{\varepsilon_{co}} > 1 \end{cases} \tag{9.31}$$

如果在初始卸载区域 1—2 中重新加载，则它将沿袭相同的卸载路径，直到它到达包络曲线。然而，在零应力区域中的点重新加载将遵循不同的路径，如路径 2′—g—3。路径 2′—3 和 1—2 在公共点 g(ε_{cp}，σ_{cp})处相交，该公共点被假设为满足 $\sigma_{cp} = 0.7\sigma_{un}^c$(Elmorsi，1998)，因此可以相应地计算出重新加载时的刚度 E_{re}。在卸载和重新加载过程中，应力 σ_c 与应变 ε_c 相关：

$$\sigma_c = \begin{cases} E_{un}(\varepsilon_c - \varepsilon_{pc}), & \varepsilon_{pc} \leqslant \varepsilon_c \leqslant \varepsilon_{un}^c(\text{初始卸载段}) \\ 0, & \varepsilon_{re} < \varepsilon_c < \varepsilon_{pc}(\text{零刚度段}) \\ E_{re}(\varepsilon_c - \varepsilon_{re}), & \varepsilon_{re} \leqslant \varepsilon_c \leqslant \varepsilon_3(\text{重新加载}) \end{cases} \tag{9.32}$$

如果循环荷载延伸到超过原点 O 的拉伸力，则它将沿着直线 O—a，直至达到抗拉强度，然后是拉伸软化曲线 a—b。如果荷载在点 $b(\varepsilon_{un}^t, \sigma_{un}^t)$ 处再次反转，则裂缝张开和闭口曲线 b—f 和直线 f—g—3，直到再次达到压应力包络线，其中 $f(\varepsilon_{fp}, \sigma_{fp})$ 是应力为 $0.1f_{co}$ 时压应力包络线的公共点。用于描述裂缝开闭效应的曲线最初是由 Menegotto 和 Pinto(1973)开发用于钢筋的，但其性能使其适用于当前的应用。该曲线的方程表示为

$$\sigma^* = b\varepsilon^* + \frac{(1-b)\varepsilon^*}{(1+\varepsilon^{*R})^{1/R}} \tag{9.33}$$

式中，$b = \dfrac{\sigma_{un}^t/\varepsilon_{un}^t}{\sigma_{fp}/\varepsilon_{fp}}$；$R = R_0 - \dfrac{a_1\varepsilon_{un}^t}{a_2 + \varepsilon_{un}^t}$；$\sigma^* = \dfrac{\sigma_{fp} - \sigma_c}{\sigma_{fp}}$；$\varepsilon^* = \dfrac{\varepsilon_{fp} - \varepsilon_c}{\varepsilon_{fp}}$；常数 R_0，a_1 和 a_2 分别取 20，18.5 和 0.0015。

2. 等效单轴应变

等效单轴应变是一种虚拟应变，没有真正的材料意义。Darwin 和 Pecknold(1977)首先引入了这一概念，将多轴材料响应解耦合为正交各向异性单轴响应。对于给定的一组应力 σ_i(i=1，2)，等效单轴应变 ε_{ei} 是在等效单轴应力-应变曲线上引起相同应力的应变。主应变方向上的等效单轴应变和相应的割线刚度可以根据增量法得出(Ayoub，1998)：

$$\begin{Bmatrix} \varepsilon_{e1} \\ \varepsilon_{e2} \end{Bmatrix}_{t+1} = \begin{Bmatrix} \varepsilon_{e1} \\ \varepsilon_{e2} \end{Bmatrix}_t + \frac{1}{1-\nu^2}\begin{bmatrix} 1 & \nu \\ \nu & 1 \end{bmatrix}\left(\begin{Bmatrix} \varepsilon_1 \\ \varepsilon_2 \end{Bmatrix}_{t+1} - \begin{Bmatrix} \varepsilon_1 \\ \varepsilon_2 \end{Bmatrix}_t\right) \tag{9.34}$$

$$E_i = \frac{\sigma_i}{\varepsilon_{ei}} \tag{9.35}$$

式中，ε_i 是方向 i 上的主应变；ε_{ei} 是方向 i 上的等效单轴应变；ν 是泊松比；σ_i 是主应变方向 i 上的应力；E_i 是主应变方向 i 上的割线模量；t 是结果收敛时先前的迭代次数，$t+1$ 是当前的迭代次数。

3. 材料刚度矩阵

正交异性主轴上的两个正应力和剪应力对应的局部材料刚度矩阵 $\boldsymbol{D}_{Local}$ 形式(Chen 1976)如下：

$$\boldsymbol{D}_{Local} = \frac{1}{1-\nu^2}\begin{bmatrix} E_1 & \nu\sqrt{E_1E_2} & 0 \\ \nu\sqrt{E_1E_2} & E_2 & 0 \\ 0 & 0 & (1-\nu^2)G \end{bmatrix} \tag{9.36}$$

式中，G 是割线剪切模量。

割线剪切模量 G 和泊松比 ν 分别取为

$$G = 0.25\frac{E_1 + E_2 - 2\nu\sqrt{E_1E_2}}{1-\nu^2} \tag{9.37}$$

$$\nu = \sqrt{\nu_1\nu_2} \tag{9.38}$$

式中，ν_i 为方向 i 上的泊松比，如 ν_1 表示方向 1 上的一个单位应变对方向 2 的影响。泊松比 ν_i 可以用方向 i 上的等效单轴应变 ε_{ei} 和初始泊松比来表示。如果 ε_{ei} 是拉伸，则 ν_i 将其作为初始泊松比 ν_0，并在开裂后的范围内减小到零，包括裂缝开启和关闭曲线。如果 ε_{ei} 是抗压的，ν_i 则由 Kupfer 等人(1969)提出的公式计算，这是有试验数据支持的，即：

$$\nu_i = \nu_0\left[1 + 1.5\left(\frac{\varepsilon_{ei}}{\varepsilon_{ico}}\right)^2\right] \leqslant 0.5 \tag{9.39}$$

式中，ε_{ico} 是在方向 i 处的压应变。

然后通过适当的变换获得材料整体刚度矩阵 $\boldsymbol{D}_{\text{Global}}$，即

$$\boldsymbol{D}_{\text{Global}} = \boldsymbol{T}^{\text{T}}\boldsymbol{D}_{\text{Local}}\boldsymbol{T} \tag{9.40a}$$

$$\boldsymbol{T} = \begin{bmatrix} \cos^2\theta & \sin^2\theta & \cos\theta\sin\theta \\ \sin^2\theta & \cos^2\theta & -\cos\theta\sin\theta \\ -2\cos\theta\sin\theta & 2\cos\theta\sin\theta & \cos^2\theta - \sin^2\theta \end{bmatrix} \tag{9.40b}$$

式中，$\boldsymbol{T}$ 是转换矩阵；θ 是从局部正交各向轴到全局轴的旋转角度，逆时针旋转为正。

4. 单元刚度矩阵

采用如图 9.13 所示的四节点矩形线性位移单元，在确定了材料整体刚度矩阵 $\boldsymbol{D}_{\text{Global}}$ 后，可以采用 2×2 高斯积分方案，按照标准有限元方法(Cook, 2001)计算单元刚度矩阵。

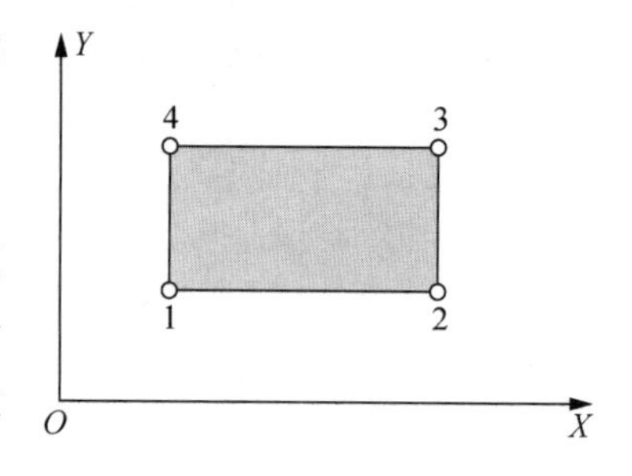

图 9.13 混凝土四节点矩形单元

9.4.3 钢筋单元

利用具有线性位移函数的双节点杆单元模拟钢筋。钢筋的拉伸应变和压缩应变分别为正和负，也适用于应力。但是，强度值始终视为绝对值。本节使用如图 9.14 所示的弹塑性应力-应变模型。对于给定的应变 ε_s，拉伸包络线上的应力 σ_s 以杨氏模量 E_s 和屈服应力 f_y 给出：

$$\sigma_s = \begin{cases} E_s\varepsilon_s, & \varepsilon_s \leqslant \dfrac{f_y}{E_s}(\text{弹性阶段}) \\ f_y, & \varepsilon_s > \dfrac{f_y}{E_s}(\text{屈服后}) \end{cases} \tag{9.41}$$

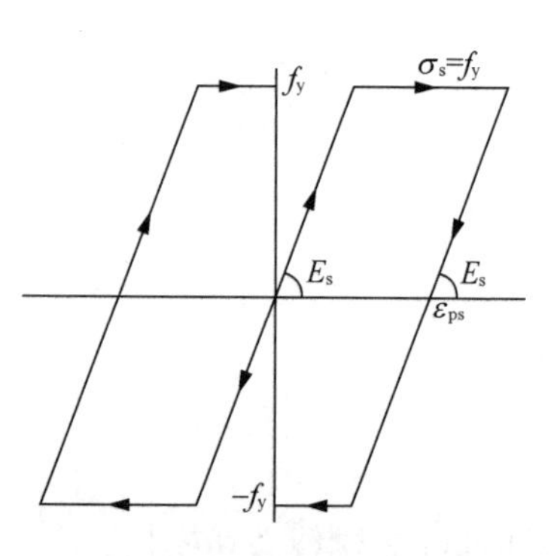

图 9.14 单调和循环加载下的钢筋响应

当应变从拉伸屈服平台上的典型点反转时，它沿着斜率为 E_s 的倾斜路径，当达到压缩屈服应力时沿着水平线。沿倾斜和水平路径的应力-应变关系由下式给出：

$$\sigma_s = \begin{cases} E_s(\varepsilon_s - \varepsilon_{ps}), & \text{适用于倾斜段} \\ -f_y, & \text{适用于水平段} \end{cases} \tag{9.42}$$

式中，ε_{ps} 是倾斜路径的残余应变。

9.4.4 钢筋局部黏结滑移效应的接触单元

钢筋的局部黏结滑移效应在钢筋混凝土结构的性能中起着关键作用。为了模拟这种效应，本节采用 Hoshino(1974)和 Schaefer(1975)提出的接触单元，随后由 Dinges 等人(1985)进行了修改。图 9.15 显示了具有两组双节点的接触单元，还表示出了假定的单元线性黏结滑移位移。

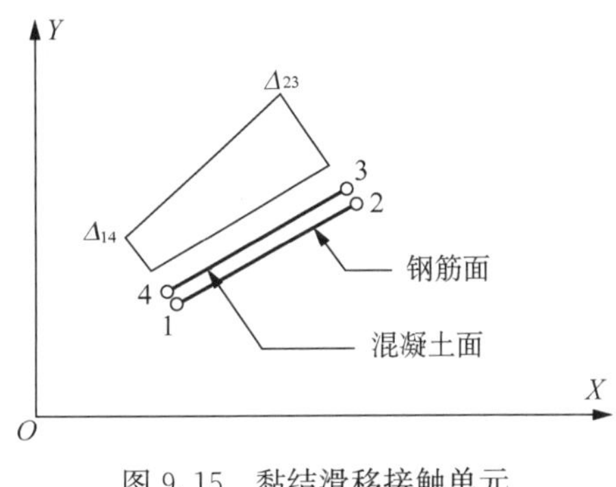

图 9.15　黏结滑移接触单元

黏结应力-滑移包络曲线通常也包括上升部分和下降部分，并且已有学者提出了不同模型。图 9.15 显示了根据 CEB - FIP Model Code 1990(1993)得到的典型 4 段包络线 0—1—2—3—E。组成黏结应力-滑移包络线的主要参数是最大黏结应力 τ_u，残余黏结应力 τ_r，对应于最大黏结应力的滑移值 S_1 和 S_2，以及对应于残余黏结应力的滑移值 S_3。CEB - FIP Model Code 1990 推荐 $\tau_u = \sqrt{f_{co}}$，$\tau_r = 0.15\sqrt{f_{co}}$，$S_1 = S_2 = 0.6$ mm，$S_3 = 2.5$ mm 用于正常设计目的。

根据 Reynolds 和 Beeby(1982)的研究，黏结强度与混凝土抗拉强度或抗压强度的平方根成正比。黏结强度随着保护层厚度的增加而增加，但随着钢筋尺寸的增加而减小。横向钢筋也增强了黏结强度。尽管对上述陈述已有普遍的一致性，但关于黏结参数的相对大小几乎没有共识。Nilson(1968)基于试验结果得出局部黏结应力-滑移关系，并给出峰值黏结应力和滑移值分别为 $\tau = 4.95$ MPa 和 $S_1 = 0.011$ mm。Mirza 和 Houde(1979)后来列出了局部黏结应力-滑移关系，并考虑了混凝土强度的影响。他们给出了峰值黏结应力为 $\tau = 4.62\sqrt{f_{co}/40.7}$ MPa 和相应的黏结滑移 $S_1 = 0.032\sqrt{f_{co}/40.7}$，其中 f_{co} 的单位是 MPa。根据 ACI 委员会 408(1991)的一项研究，黏结强度对应的滑移表现出相当大的离散，通常低于 0.25 mm。Edwards 和 Yannopoulos(1979)从试验中观察到直径 16 mm 的热轧变形钢筋的散射范围为 0.1～0.3 mm。

图 9.16 显示了 Tassios(1979)提出的单调加载和循环加载下黏结应力 τ 与滑移 S 的关系。初始单调加载遵循包络曲线 0—1—2—3，从点 3 开始的卸载反转将遵循路径 3—4—5—6—7—8，从点 8 开始的卸载反转将遵循路径 8—9—9′—3—E。如果负载反转从点 3 再次发生，则遵循路径 3—4—5′—8—E′。其中 3—4 和 8—9 的加载路径和卸载路径是

平行于原点包络线切线的直线。在相反方向上卸载和再加载时，黏结应力达到初始平台9—9′和4—5—5′处的残余黏结强度$\pm\tau_r$。

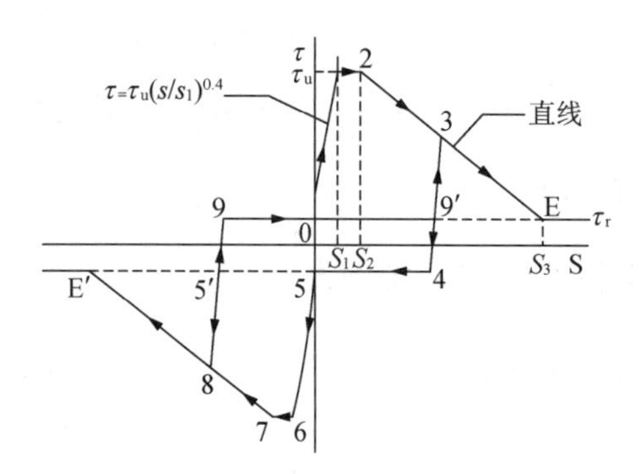

图 9.16　单调和循环加载下的黏结应力-滑移关系

9.4.5　非线性有限元分析流程

当混凝土、钢筋和黏结滑移本构模型确定后，可采用直接迭代法进行钢筋混凝土梁的非线性有限元分析。在每个迭代步骤中，使用割线刚度(即E_1和E_2用于混凝土，E_s用于钢筋，G_v用于黏结层)的先前收敛值来确定每个单元的相应材料刚度和单元刚度，然后组装整体刚度矩阵。在引入新荷载矢量和施加边界条件后，可以得到新的位移矢量，材料性质必须更新以进行下一次迭代。重复这一点，直到相应的解向量与材料性质吻合。然后，继续求解下一个加载步骤直到结束。

9.4.6　数值模拟示例

总共研究了在跨中施加集中荷载的6根简支梁，典型的横截面如图9.17所示。梁B1，B2，B3和B4在单调荷载下进行测试，其中B1和B2由作者测试，B3和B4取自Burns和Siess(1966)的Beam J-1和Beam J-10。对于经历循环加载的梁B5和B6的结果分别取自Burns和Siess(1966)的Beam J-11和Park等人(1972)的Beam 24。由于对称性，可以仅使用半梁结构的规则网格进行分析。

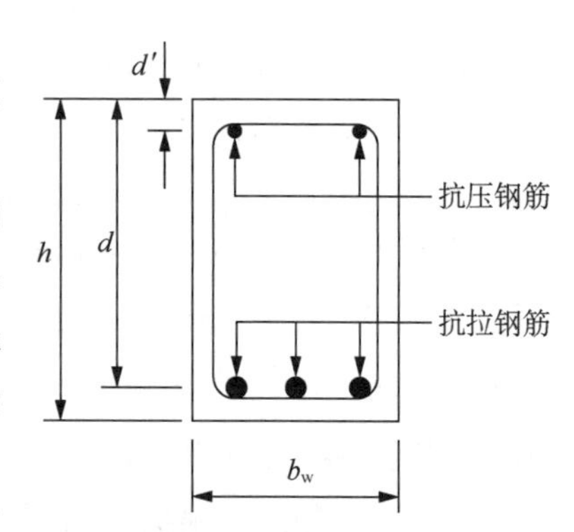

图 9.17　矩形梁的典型截面

高屈服变形钢筋和低碳钢圆钢分别用符号“T”和“R”表示，直径的单位为“mm”。6根梁的主要特性如表9.1和表9.2所示。L表示简支梁的总长度，L_0表示简支梁的净跨度，b_w和h是矩形截面的宽度和高度，f_{co}，f_t和E_c分别是混凝土的抗压强度、抗拉强度和初始模量，f_y是拉伸钢筋的屈服应力。6根梁的初始泊松比均取为0.15。

表 9.1　**试验简支梁的结构尺寸**　（单位：mm）

简支梁	总长度 L	净跨长 L_0	梁宽 b_w	梁高 h	d'	d	抗拉钢筋	抗压钢筋	箍筋
B1	3 000	2 600	200	300	30	260	3T16	2T12	R12-175
B2	3 000	2 600	200	300	30	250	2T25	2T12	R12-175
B3	3 962	3 658	203	305	—	245	2T25	—	T10-175
B4	3 962	3 658	203	406	—	340	2T25	—	T10-175
B5	3 962	3 658	203	305	—	245	2T25	—	T10-175
B6	3 048	2 743	125	203	32	170	2T12.7	2T12.7	R6.4-50.8

表 9.2　**试验梁的材料属性**

梁	f_{co} /MPa	f_t /MPa	E_c /GPa	f_y /MPa	E_s /GPa
B1	52.0	4.5	27	488	200
B2	52.0	4.5	27	488	200
B3	34.0	3.0	24.5	327	200
B4	24.8	2.6	30	310	200
B5	28.3	2.8	24	323	200
B6	47.9	3.8	26	327	180

6 根梁的数值模拟中局部黏结应力-滑移关系的假设参数如表 9.3 所示。由于黏结参数具有较大的离散性，已经尝试用正常范围内的各种值来模拟裂缝图形，该裂缝图形对黏结参数特别敏感。残余黏结应力取自 CEB-FIP Model Code 1990(1993)，即 $\tau_r = 0.15\tau_u$。滑移值 S_1，S_2 和 S_3 的选择主要采用 Mirza 和 Houde(1979)推荐的值，并且 6 根梁都采用相同的值。

表 9.3　**局部黏结-滑移关系**

梁	f_{co} /MPa	τ_u/MPa	$\tau_r=0.15\tau_u$/MPa	$S_1=S_2$/mm	S_3/mm
B1	52.0	$0.76\sqrt{f_{co}}=5.48$	0.82	0.03	0.2
B2	52.0	$0.80\sqrt{f_{co}}=5.77$	0.87	0.03	0.2
B3	34.0	$0.90\sqrt{f_{co}}=5.25$	0.79	0.03	0.2
B4	24.8	$0.90\sqrt{f_{co}}=4.48$	0.67	0.03	0.2
B5	28.3	$0.90\sqrt{f_{co}}=4.78$	0.72	0.03	0.2
B6	47.9	$0.90\sqrt{f_{co}}=6.23$	0.93	0.03	0.2

1. *在单调荷载作用下的试验梁*(B1，B2，B3 和 B4)

梁 B1，B2 均设有 R12 箍筋，间距 175 mm，屈服应力为 328 MPa，弹性模量为 186 GPa。在分析中，用一个 30(垂直)×150(水平)的规则网格来建立半梁结构模型。跨中荷载分布在 7 个节点上，每个反力分布在 5 个节点上。这里研究的梁 B3 和梁 B4 实际上分别是 Burns 和 Siess(1966)的 Beam J-1 和 Beam J-10。梁中还有间距为 152 mm 的

T10 箍筋。在分析中,采用 30(垂直)×198(水平)的规则网格对梁的一半进行建模。跨中荷载也同样分布在 7 个节点上,每个反力分布在 5 个节点上。

4 根梁的荷载-位移关系的试验和数值模拟对比如图 9.18 所示,表明二者具有良好的一致性。在每种情况下,荷载-位移曲线由一个陡峭的初始部分和一个相当平坦的部分组成,陡峭的初始部分代表高的未开裂刚度,一个较小的陡峭部分与降低的开裂刚度有关,一个相当平坦的部分则代表加载中的钢筋屈服。

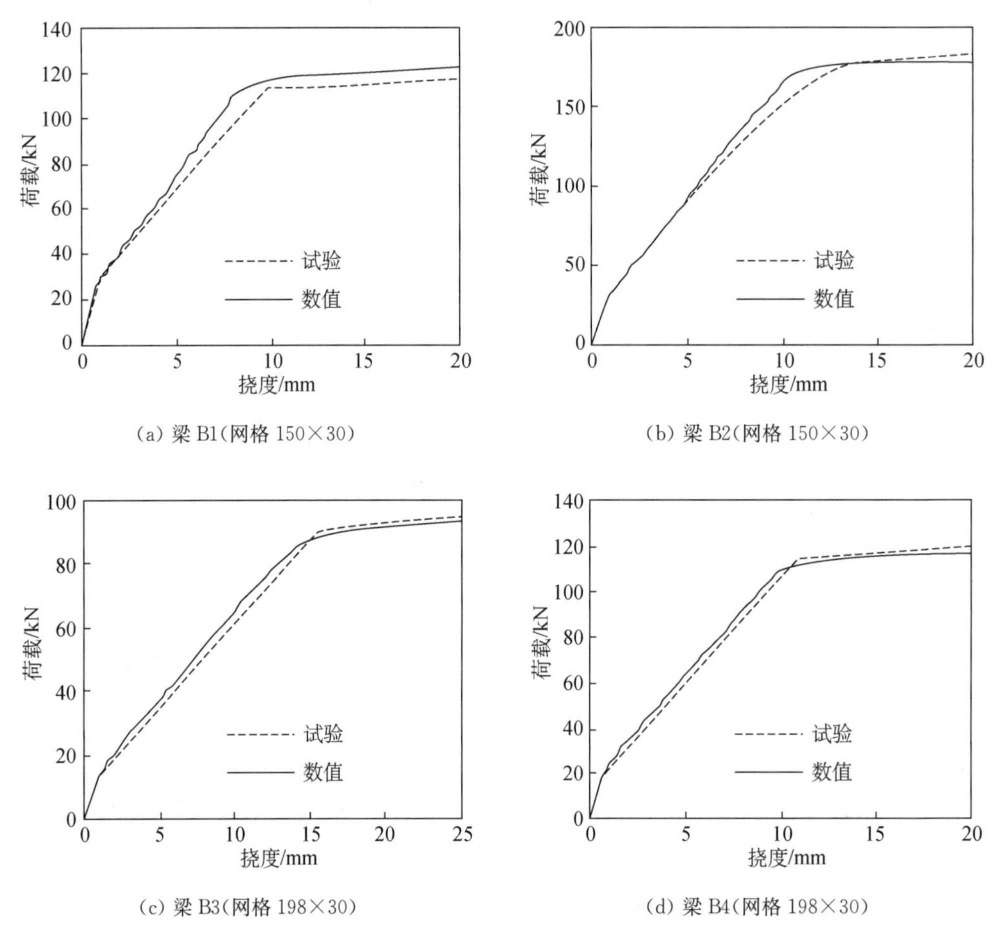

(a) 梁 B1(网格 150×30)

(b) 梁 B2(网格 150×30)

(c) 梁 B3(网格 198×30)

(d) 梁 B4(网格 198×30)

图 9.18 单调加载下荷载-位移曲线比较

图 9.19 和图 9.20 分别显示了试验梁 B1 和 B2 的裂缝模式,阴影为拉伸开裂的混凝土。由于所使用的网格相当精细并且在有限元建模中考虑了黏结滑移,因此破坏区域形成裂缝带,这与试验中观察到的裂缝模式十分一致。根据发生的顺序,裂缝从 0 开始编号。在每种情况下,第一条裂缝(裂缝 0)大致形成在中间跨度处,其对应梁的横断面弯矩是最大的。随着施加荷载的增加,数条裂缝(B1 的裂缝 1~3; B2 的裂缝 1 和 2)在梁中间 1/3 范围内逐渐形成。这些初级裂缝主要是由弯矩引起的。随着施加荷载的进一步增加,在先前的初级裂缝之间形成一些二次裂缝(B1 的裂缝 4; B2 的裂缝 3)。在目前的试验装置中,只有中跨处的裂缝是真正的弯曲裂缝。在中跨以外位置的裂缝基本上是弯曲

剪切裂缝，由弯曲引起，但是在沿着大致垂直的路线行进之后它们逐渐变得倾斜。结果表明，该断裂模型和所开发的程序能够很好地模拟弯曲和弯曲剪切裂缝的形成。

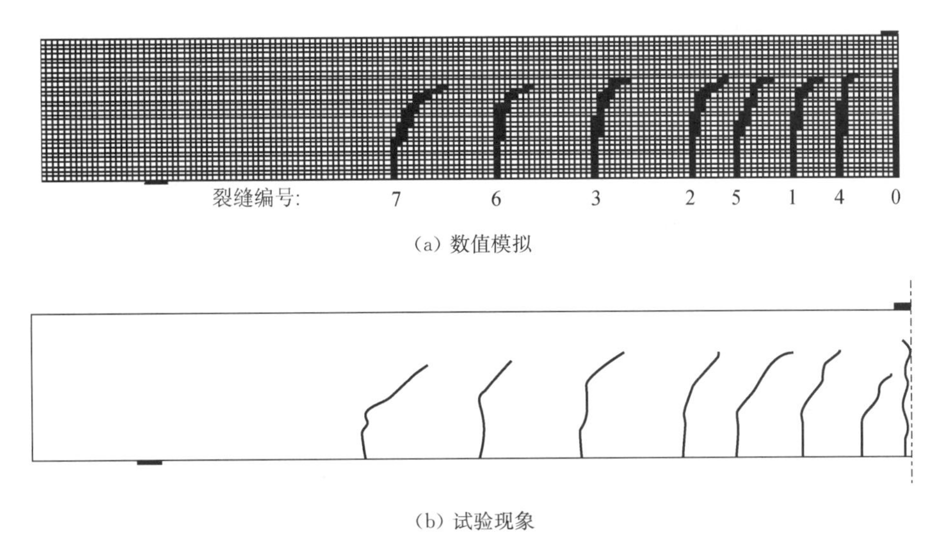

(a) 数值模拟

(b) 试验现象

图 9.19 试验梁 B1 的裂缝模式(荷载 105 kN)

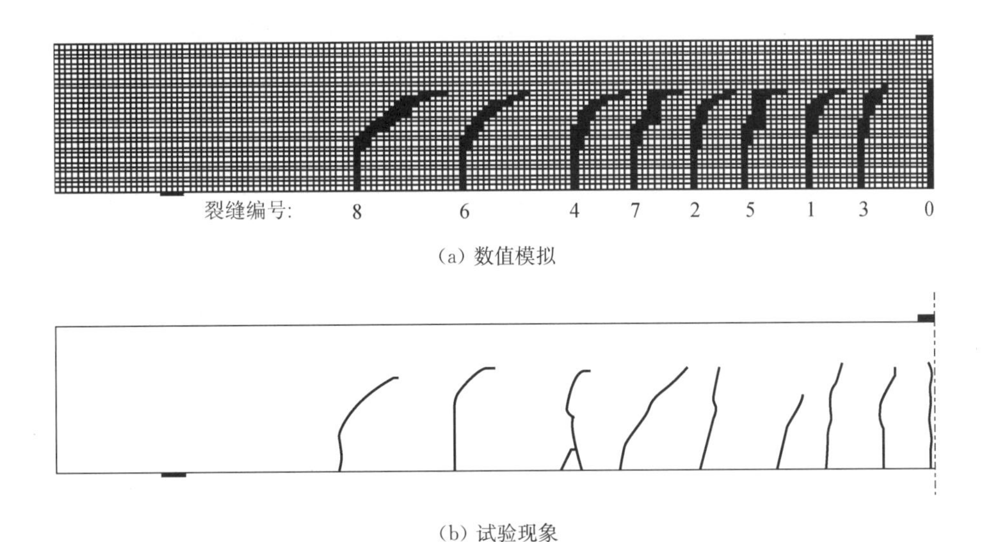

(a) 数值模拟

(b) 试验现象

图 9.20 试验梁 B2 的裂缝模式(荷载 150 kN)

图 9.21 显示了试验梁 B1 和 B2 主梁中钢筋应力的变化以及裂缝顺序编号。钢筋应力的变化清楚地反映了钢筋与混凝土之间的相互作用以及黏结滑移的影响。应力变化不是遵循弯矩图的三角形形状，而是由一系列对应于裂缝位置的局部峰以及它们之间的凹陷曲线组成，这是裂缝形成和黏结滑移的特征。显然，在裂缝处，钢筋基本上承载所有张力，从而产生局部峰值，而在裂缝之间，混凝土承受部分张力，从而引起下垂曲线。根据观察，随着施加荷载的增加，钢筋和混凝土中的拉应力趋于相应增加。当混凝土拉伸应力变得过大时，在初级裂缝之间可能发生二次开裂。

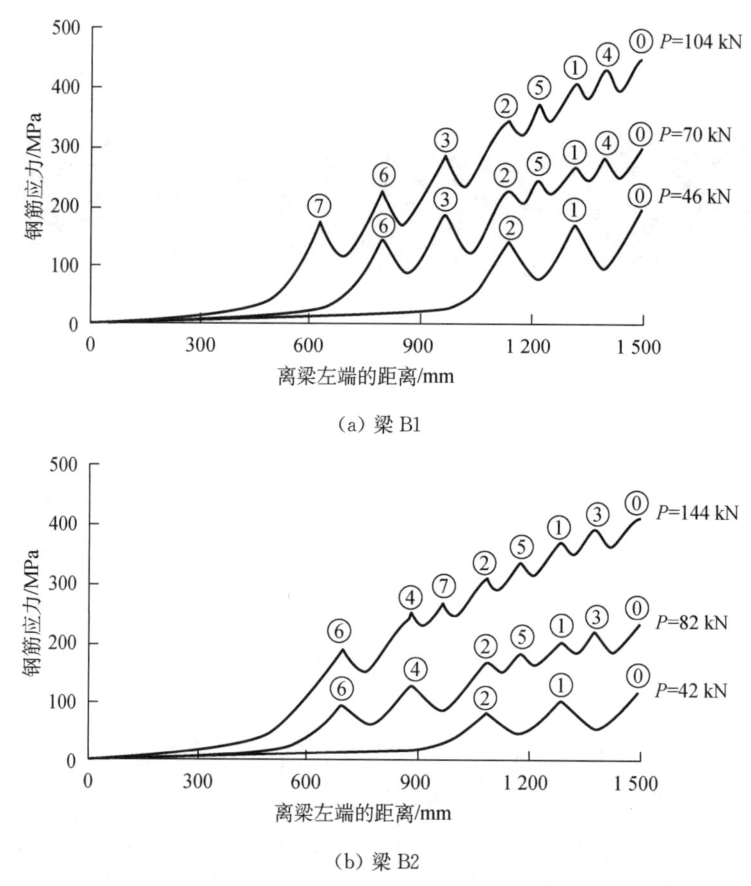

(a) 梁 B1

(b) 梁 B2

图 9.21　抗拉钢筋应力的纵向变化特征

图 9.22 显示了试验梁 B1 和 B2 抗拉钢筋的黏结应力和黏结滑移沿纵向的分布特征。注意到黏结应力和黏结滑移在裂缝处突然改变方向。在裂缝之间存在一个位置，其中黏结应力和黏结滑移均为零，并且该部分两侧的黏结应力方向相反。裂缝之间的黏结滑移光滑变化，在有些裂缝处达到局部最大值或最小值。然而，在许多情况下，裂缝处不会发生局部最大或最小黏结应力，这是因为裂缝处的黏结滑移量已经超过了与最大黏结强度相对应的黏结滑移值。

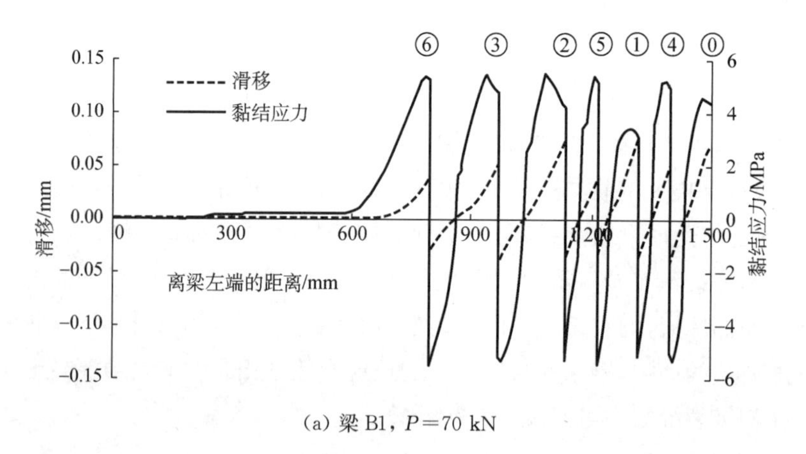

(a) 梁 B1，$P=70$ kN

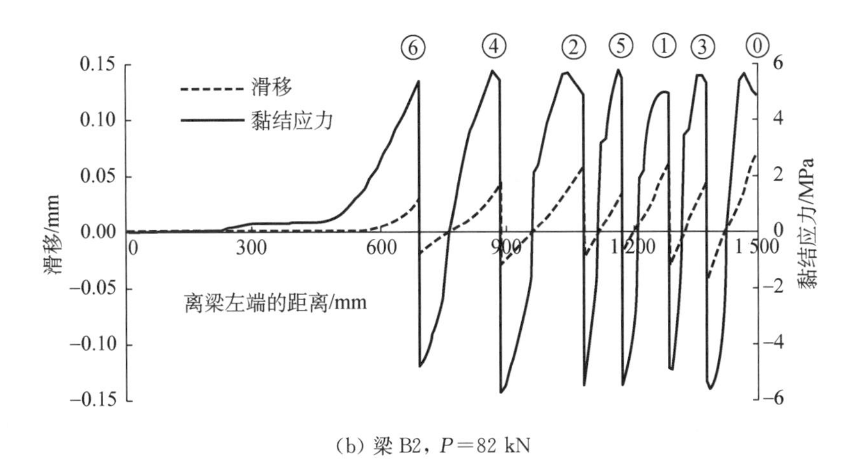

(b) 梁 B2，$P=82$ kN

图 9.22 黏结应力和滑移沿纵向的变化特征

还存在这样的情况，即裂缝间局部最大黏结应力可能小于黏结强度，即使裂缝间的黏结滑移超过了与黏结强度对应的滑移。图 9.22 中的例子包括梁 B1 的裂缝 4 和 5 之间的正黏结滑移和应力分布，梁 B2 的裂缝 3 和 5 之间的正黏结滑移和应力分布。这是由于新的裂纹形成时，黏结滑移和应力的重新分布造成的。例如，梁 B1 的裂缝 1 和裂缝 2 之间形成裂缝 4 之前，尚未形成的裂缝 1 和裂缝 2 之间的黏结滑移和应力大多为正。裂缝 4 的形成对邻近区域的影响尤为明显，导致了黏结滑移和应力的重新分布，降低了裂缝 1 和裂缝 2 之间的黏结滑移和应力。在裂纹 1 和裂纹 2 之间存在一个与黏结强度对应的黏结滑移点，但这实际上是由黏结应力滑移包络线下降支路上的一个点卸载引起的，因此黏结应力要低得多。因此，即使结构受力单调，局部黏结滑移沿钢筋仍可能发生荷载反转。进一步加载时，如果黏结滑移未超过与黏结强度相对应的滑移量，则裂缝间的黏结应力仍有可能达到黏结强度。

为了进一步评估黏结强度 τ_u 和相关黏结滑移 S_1 的变化对荷载-位移响应和裂缝模式的影响，对梁 B1 使用 4 个不同的 τ_u 值进行参数研究，对梁 B2 使用 4 个不同的 S_1 值进行参数研究。梁 B1 和 B2 的荷载-挠度响应分别如图 9.23 和图 9.24 所示，结果表明，荷载-挠度响应对黏结参数相对不敏感。梁 B1 和 B2 的相应裂缝图案分别绘制于图 9.25 和图 9.26，结果表明裂缝图形对黏结参数非常敏感。观察到当 τ_u 增加或 S_1 减小时，主要裂缝间距减小。中间跨度的主要裂缝以及梁 B1 和 B2 的近支撑之间的平均间距分别列于表 9.4 和表 9.5 中。图 9.27 简单演示了梁 B1 的中性轴变化特征，由图可知，中性轴随着裂缝而波动。

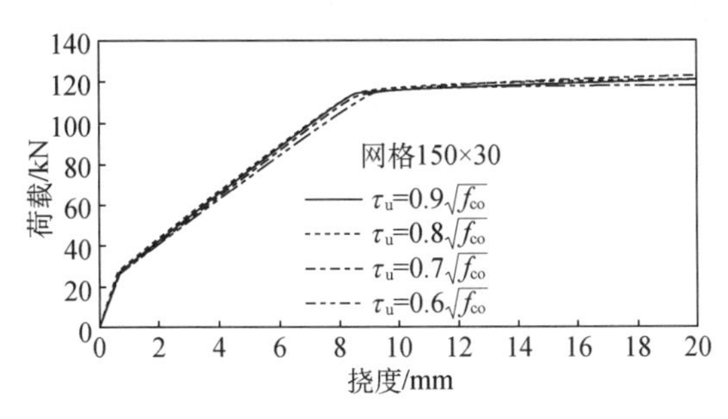

图 9.23 试验梁 B1 荷载-位移关系曲线($S_1=S_2=0.03$ mm，$S_3=0.2$ mm，$\tau_r=0.15\tau_u$)

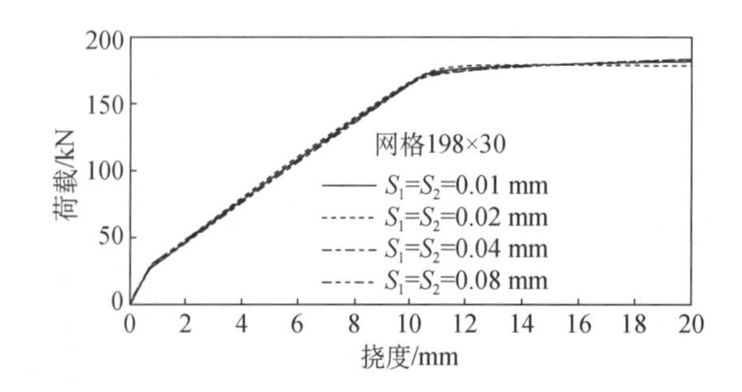

图 9.24　试验梁 B2 荷载-位移关系曲线($S_3=0.2$ mm，$\tau_u=0.8\sqrt{f_{co}}$，$\tau_r=0.15\tau_u$)

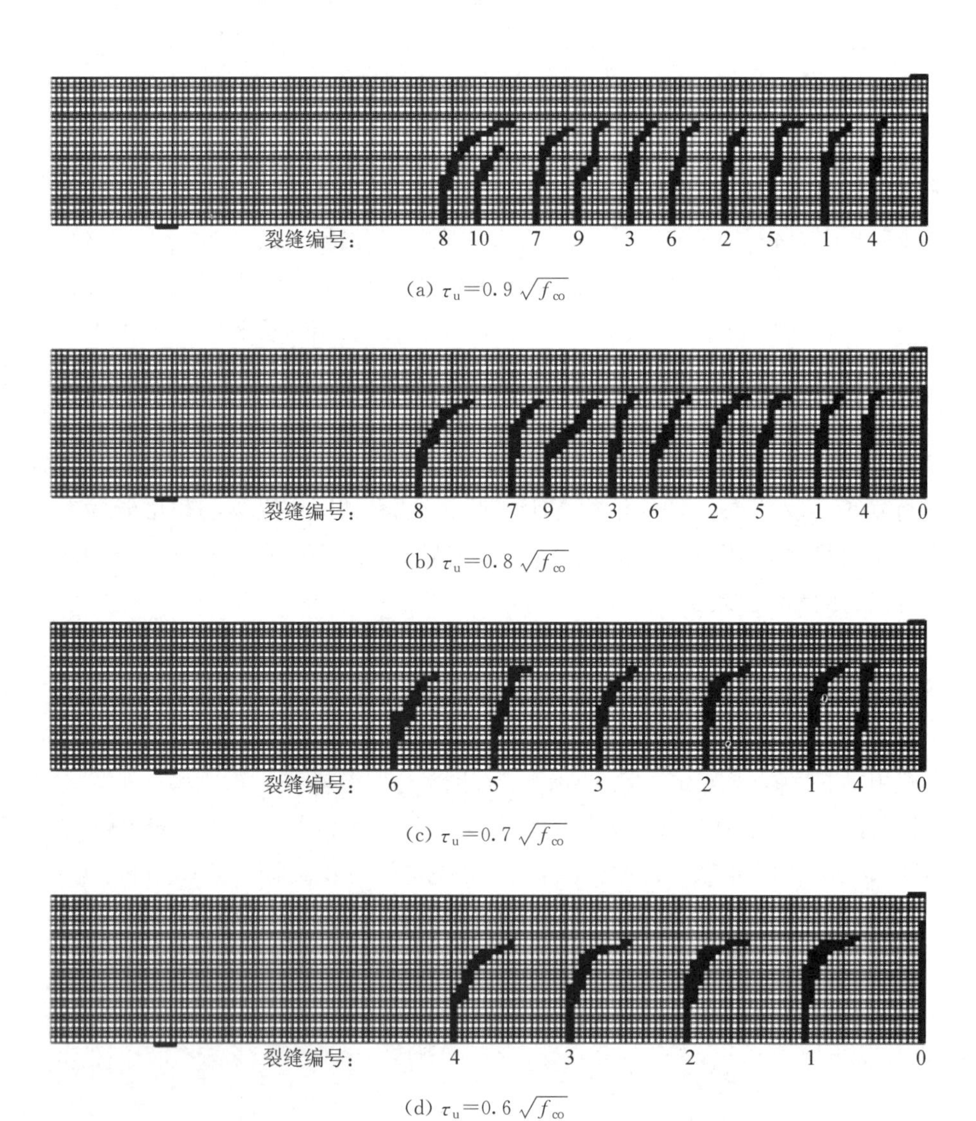

(a) $\tau_u=0.9\sqrt{f_{co}}$

(b) $\tau_u=0.8\sqrt{f_{co}}$

(c) $\tau_u=0.7\sqrt{f_{co}}$

(d) $\tau_u=0.6\sqrt{f_{co}}$

图 9.25　试验梁 B1 开裂模式($S_1=S_2=0.03$ mm，$S_3=0.2$ mm，$\tau_r=0.15\tau_u$，$P=105$ kN)

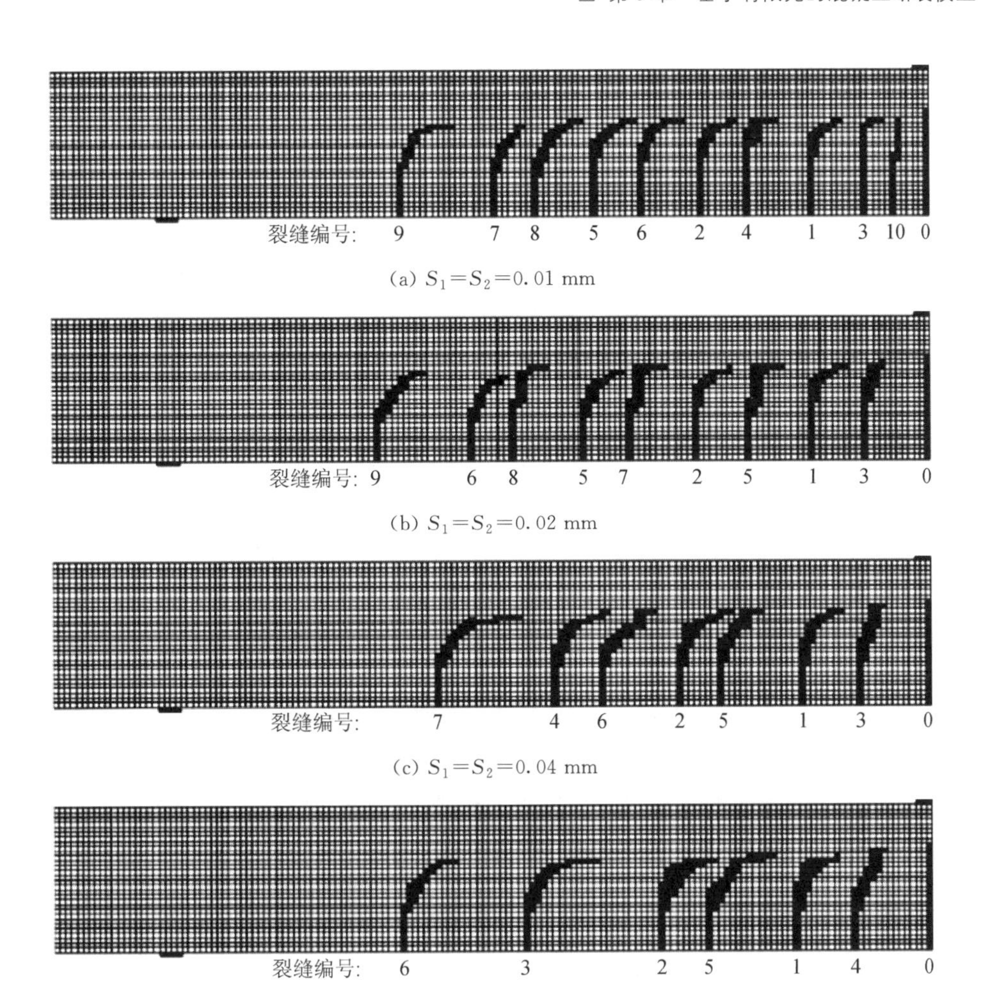

图 9.26 试验梁 B2 开裂模式($S_1=S_2$, $S_3=0.2$ mm, $\tau_u=0.8\sqrt{f_{co}}$, $\tau_r=0.15\tau_u$, $P=150$ kN)

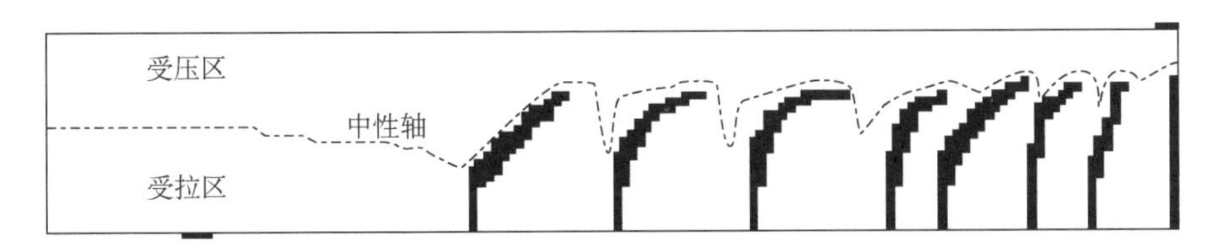

图 9.27 试验梁 B1 的中性轴变化特征($P=110$ kN)

表 9.4 **试验梁 B1 的一级裂缝间距**

($S_1=S_2=0.03$ mm, $S_3=0.2$ mm, $\tau_r=0.15\tau_u$)

f_{co} /MPa	τ_u /MPa	跨中/mm	支座/mm
52.0	$0.9\sqrt{f_{co}}$	170	160
	$0.8\sqrt{f_{co}}$	180	170
	$0.76\sqrt{f_{co}}$	180	170
	$0.7\sqrt{f_{co}}$	190	180
	$0.6\sqrt{f_{co}}$	200	200

表 9.5　　　　　　　　　试验梁 B2 的一级裂缝间距

($S_1=S_2=0.03$ mm, $S_3=0.2$ mm, $\tau_u=0.8\sqrt{f_{co}}$, $\tau_r=0.15\tau_u$)

f_{co} /MPa	τ_u /MPa	跨中/mm	支座/mm
52.0	0.01	200	170
	0.02	200	180
	0.03	210	190
	0.04	220	200
	0.08	230	210

2. 在循环加载下的试验梁(B5 和 B6)

这里研究的梁 B5 实际上是 Burns 和 Siess(1966)的 Beam J-11。梁上设有间距为 152 mm 的 T10 箍筋。使用 30(垂直) ×198(水平)的规则网格来对分析中的半梁结构进行建模。在试验中应用了非逆循环加载。如图 9.28 所示,试验和数值计算结果之间吻合理想。

这里研究的梁 B6 实际上是 Park 等人(1972)研究的 Beam 24。与梁 B5 一样,箍筋未进行建模。在分析中使用 20(垂直)×152(水平)分度的规则网格来对半结构进行建模。图 9.29 显示了加载行为可以得到较好的近似模拟。

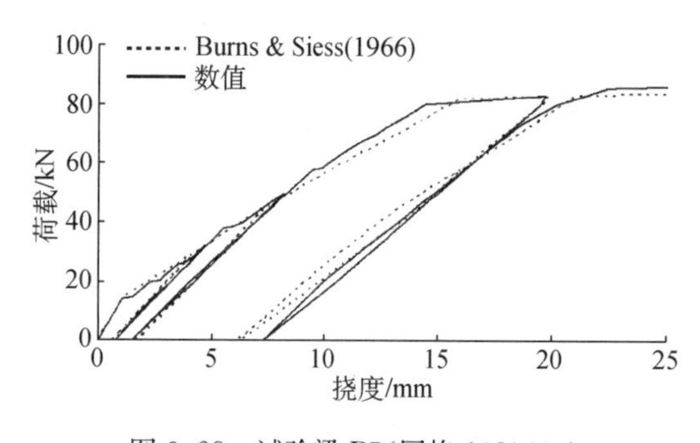

图 9.28　试验梁 B5(网格 198×30)

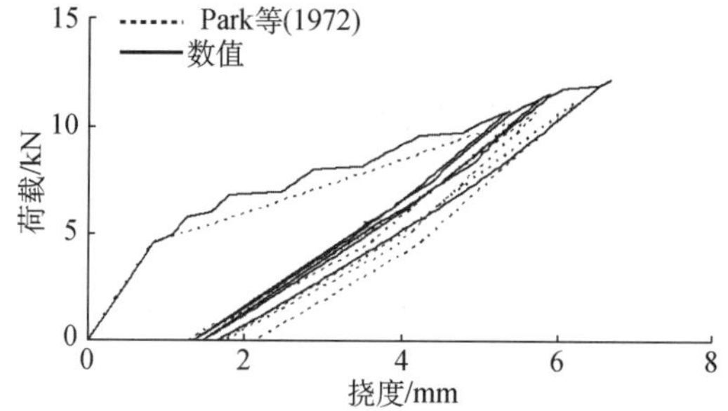

图 9.29　试验梁 B6(网格 152×20)

3. 网格划分的影响

为了评估网格尺寸对结果的影响,使 75×15 和 50×15 的较粗网格重新分析梁 B1。结果表明,载荷-位移响应对网格尺寸不敏感,如图 9.30 所示。图 9.31 显示了不同网格方案下的计算裂缝图形,结果显示,所有网格可以合理地预测初级裂缝间距,但只有精细细网格能够预测次级裂缝。

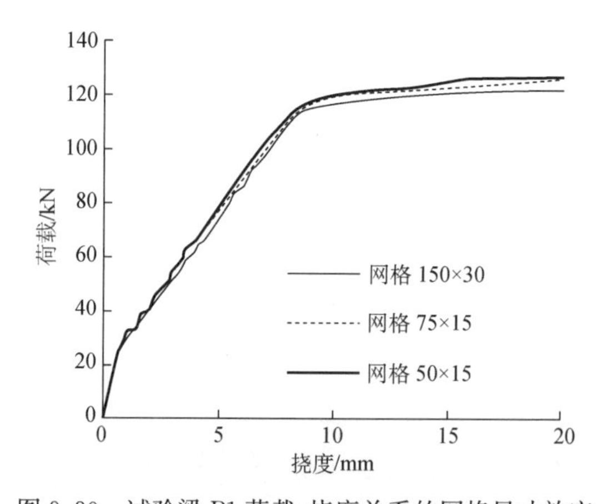

图 9.30　试验梁 B1 荷载-挠度关系的网格尺寸效应

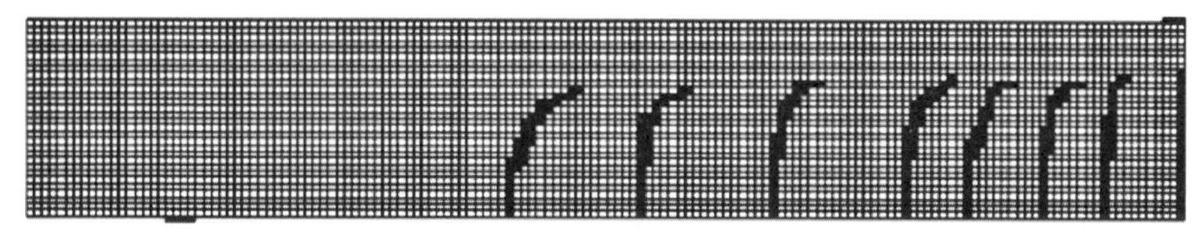

(a) 网格 150×30

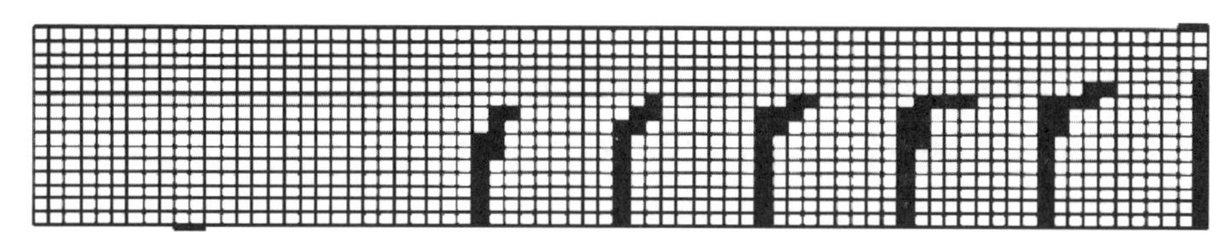

(b) 网格 75×15

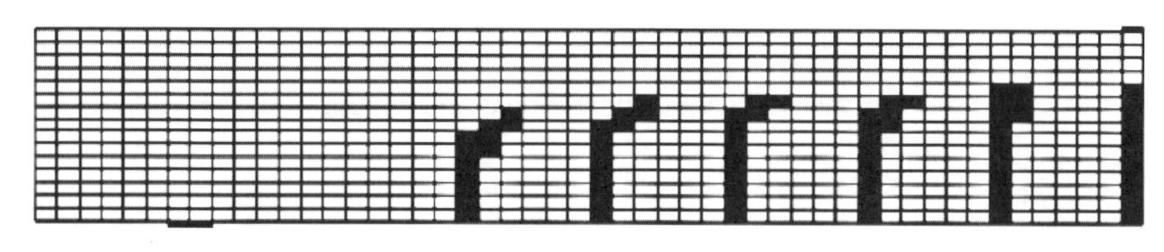

(c) 网格 50×15

图 9.31　试验梁 B1 开裂模式的网格尺寸效应

9.4.7　小结

本节开发了一种基于割线模量法的二维非线性有限元程序。混凝土材料采用基于弥散和旋转裂缝方法的正交各向异性本构模型。除此之外，该分析模型中，钢筋的局部黏结滑移效应直接由线性位移接触单元模拟。与试验结果对比表明，该程序能够模拟弯曲和弯曲剪切裂缝的形成。通过选择适当的黏结参数，可以合理地模拟开裂模式和黏结应力。数值结果还表明，即使结构单调加载，沿钢筋的局部黏结滑移仍可能经历循环反复加载。需要指出的是，该模型的演示中尚未考虑断裂能对混凝土单元的抗拉本构模型的影响。

参 考 文 献

ACI Committee 408，1991. Bond Stress — The State of the Art. ACI J，63(11)：1161-1188.

ACI Committee 446，Fracture Mechanics，1992. Fracture mechanics of concrete structures. Part I，State-of-Art Report (Edited by Z. P. Bažant). Elsevier Applied Science，London and New York：1-140.

Alvaredo A M，Torrent R J，1987. The effect of the shape of the strain-softening on the bearing capacity of concrete beams diagram. Mater Struct，20(6)：448-454.

Anderson T L，2005. Fracture mechanics fundamentals and applications. CRC Press，Taylor & Francis Group，Boca Raton，F L.

Anderson T L，Glinka G，2006. A closed-form method for integrating weight functions for part-through cracks subject to mode I loading. Eng Fract Mech，73：2153-2165.

Ansari F，1989. Mechanism of microcrack formation in concrete. ACI Mater J，41：459-464.

ASTM International Standard E399-06，2006. Standard test method for linear-elastic method plane-strain fracture toughness KIC of metallic materials. Copyright ASTM International，West Conshohocken，PA：1-32.

Attard M M，Setunge S，1996. The stress-strain relationship of confined and unconfined concrete. ACI Mater J，93(5)：432-442.

Au F T K，Bai Z Z，2007. Two-dimensional nonlinear finite element analysis of monotonically and non-reversed cyclically loaded RC beams. Engineering Structures，29(11)：2291-2934

Ayoub A，Fillippou F C，1998. Nonlinear finite-element analysis of RC shear panels and walls. J Struct Eng，124(3)：298-308.

Barenblatt G I，1959. The formation of equilibrium cracks during brittle fracture：General ideas and hypotheses，axially symmetric cracks. J Appl Math Mech，23：622-636.

Barenblatt G I，1962. The mathematical theory of equilibrium cracks in brittle fracture. Adv Appl Mech，7(1)：55-129.

Barker D B，Hawkins N M，Jeang F L，et al.，1985. Fracture in CLWL specimen. J Eng Mech ASCE，111 (5)：623-638.

Bažant Z P，1984. Size effect in blunt fracture：Concrete，rock，metal. J Eng Mech ASCE，110(4)：518-535.

Bažant Z P，1986. Mechanics of distributed cracking. Appl Mech Rev ASME，39(5)：675-705.

Bažant Z P，1990. Smeared-tip superposition method for nonlinear and time-dependent fracture. Mech

Res Commun，17(5)：343-351.

Bažant Z P，1994. Discussion of "Fracture mechanics and size effect of concrete in tension". J Struct Eng ASCE，120(8)：2555-2558.

Bažant Z P，2002. Concrete fracture models：testing and practice. Eng Fract Mech，69：165-205.

Bažant Z P，Becq-Giraudon E，2002. Statistical prediction of fracture parameters of concrete and implications for choice of testing standard. Cem Concr Res，32：529-556.

Bažant Z P，Beissel S，1994. Smeared-tip superposition method for cohesive fracture with rate effect and creep. Int J Fract，65：277-290.

Bažant Z P，Cedolin L，1984. Approximate linear analysis of concrete fracture by R-curve. J Struct Eng ASCE，110(6)：1336-1355.

Bažant Z P，Gettu R，Kazemi M T，1991. Identification of nonlinear fracture properties from size effect tests and structural analysis based on geometry-dependent R-curve. Int J Rock Mech Min Sci，28(1)：43-51.

Bažant Z P，Jirasek M，1993. R-curve modeling of rate and size effects in quasi-brittle fracture. Int J Fract，62：355-373.

Bažant Z P，Kazemi M T，1990. Determination of fracture energy，process zone length and brittleness number from size effect，with application to rock and concrete. Int J Fract，44：111-131.

Bažant Z P，Kazemi M，1991. Size dependence of concrete fracture energy determined by RILEM work-of-fracture method. Int J Fract，51：121-138.

Bažant Z P，Kim J-K，Pfeiffer P A，1986. Determination of fracture properties from size effect tests. J Struct Eng ASCE，112(2)：289-307.

Bažant Z P，Li Y N，1995a. Stability of cohesive crack model：Part I—energy principles. J Appl Mech ASME，62：959-964.

Bažant Z P，Li Y N，1995b. Stability of cohesive crack model：Part II—Eigenvalue analysis of size effect on strength and ductility of structures. J Appl Mech ASME，62：965-969.

Bažant Z P，Lin F-B，1989. Nonlocal smeared cracking model for concrete fracture. J Struct Eng ASCE，114(11)：2493-2510.

Bažant Z P，Oh B H，1983. Crack band theory for fracture of concrete. Mater Struct，16(93)：155-177.

Bažant Z P，Planas J，1998. Fracture and size effect in concrete and other quasi-brittle materials. Florida，CRC Press.

Bažant Z P，Zi G，2003. Asymptotic stress intensity factor density profiles for smeared-tip method for cohesive fracture. Int J Fract，119：145-159.

Bhargava J，Rehnström A，1975. High speed photography for fracture studies of concrete. Cem Concr Res，5：239-248.

Bocca P，Carpinteri A，Valente S，1991. Mixed mode fracture of concrete. Int J Solid Struct，27(9)：1139-1153.

Brown J H，1972. Measuring the fracture toughness of cement paste and mortar. Magn Concr Res，

24(81)：185-196.

Brown J H，Pomeroy C D，1973. Fracture toughness of cement paste and mortars. Cem Concr Res，3：475-480.

Brühwiler E，Wittmann F H，1990. The wedge splitting test：A method of performing stable fracture mechanics tests. Eng Fract Mech，35：117-125.

Bueckner H F，1970. A novel principle for the computation of stress intensity factors. Z Angew Math Mech，50：529-546.

Burns N H，Siess C P，1966. Plastic hinging in reinforced concrete. J Struct Division，Proceedings，ASCE，92(5)：45-64.

Carpinteri A，1982. Application of fracture mechanics to concrete structures. J Struct Div ASCE，108 (ST4)：833-847.

Carpinteri A，1989a. Decrease of apparent tensile and bending strength with specimen size：two different explanations based on fracture mechanics. Int J Solid Struct，25(4)：407-429.

Carpinteri A，1989b. Cusp catastrophe interpretation of fracture instability. J Mech Phys Solid，37(5)：567-582.

Carpinteri A，1989c. Post-peak and post-bifurcation analysis of cohesive crack propagation. Eng Fract Mech，32：265-278.

Carpinteri A，1990. A catastrophe theory approach to fracture mechanics. Int J Fract，44：57-69.

Carpinteri A，Carpinteri A，1984. Hysteretic behavior of RC beams. J Struct Eng，110(9)：2073-2084.

Carpinteri A，Colombo G，1989. Numerical analysis of catastrophic softening behaviour (snap-back instability). Comput Struct，31(4)：607-636.

Carpinteri A，Cornetti P，Barpi F，et al.，2003. Cohesive crack model description of ductile to brittle size-scale transition：dimensional analysis vs. renormalization group theory. Eng Fract Mech，70：1809-1839.

Carpinteri A，Cornetti P，Puzzi S，2006. Scaling laws and multiscale approach in the mechanics of heterogeneous and disordered materials. Appl Mech Rev ASME，59：283-305.

Carpinteri A，Spagnoli A，Vantadori S，2005. A fracture mechanics model for a composite beam with multiple reinforcements under cyclic bending. Int J Solids Struct，41(20)：5499-5515.

CEB-Comite Euro-International du Beton-EB-FIP Model Code 1990，1993. Bulletin D'Information No. 2123/214，Lausanne.

Cendón D A，Gálvez J C，Elices M，et al.，2000. Modelling the fracture of concrete under mixed loading. Int J Fract，103：293-310.

Cervenka V，1970. Inelastic finite element analysis of reinforced concrete panels under in-plane loads，thesis presented to the University of Colorado，at Boulder，Colorado in partial fulfillment of the requirements for the degree of Doctor of Philosophy.

Chen W F，1976. Plasticity in Reinforced Concrete，McGraw-Hill Book Co，Inc，New York.

Cho K Z，Kobayashi A S，Hawkins N M，et al.，1984. Fracture process zone of concrete cracks. J Eng Mech ASCE，110(8)：1174-1184.

Comite Euro-International du Beton，1993. Bulletin D'information No. 213/214 CEB-FIP Model Code 1990(Concrete Structures)，Lausanne.

Cook D J，Crookham G D，1978. Fracture toughness measurements of polymer concretes. Magn Concr Res，30(105)：205-214.

Cook R D，Malkus D S，Plesha M E，et al.，2001. Concepts and Applications of Finite Element Analysis，4th Ed.，Wiley，New York.

Cusatis G，Schauffert E A，2009. Cohesive crack analysis of size effect. Eng Frac Mech，76：2163-2173.

Daniewicz S R，1994. Accurate and efficient numerical integration of weight function using Gauss-Chebyshev quadrature. Eng Fract Mech，48：541-544.

Darwin D，Pecknold D A，1977a. Analysis of cyclic loading of plane R/C Structures. Comput and Struct，7(1)：137-147.

Darwin D，Pecknold D A，1977b. Nonlinear biaxial stress strain law for concrete. Journal of Engineering Mechanics，ASCE，103(2)：229-241.

de Borst R，2003. Numerical aspects of cohesive-zone models. Eng Fract Mech，70：1743-1757.

de Borst R，Remmers J J C，Needleman A，et al.，2004. Discrete vs smeared crack models for concrete fracture：bridging the gap. Int J Numer Anal Meth Geomech，28：583-607.

Derucher K N，1978. Application of the scanning electron microscope to fracture studies of concrete. Build Environ，13：135-141.

Dhir R K，Sangha R M，1974. Development and propagation of microcracks in plain concrete. Mater Struct，7(1)：17-23.

Dinges D，1985. Untersuchung verschiedener Elementsteifigkeitsmatrizen auf ihre Eignung zur Berechnung von Stahlbetonkonstruktionen，Final Research Report.

Du J J，Kobayashi A S，Hawkins N M，1987. Fracture process zone of a concrete fracture specimen. SEM/RILEM International Conference on Fracture of Concrete and Rock(Edited by SP Shah，SE Swartz)，Springer-Verlag，Houston，TX：199-204.

Dugdale D S，1960. Yielding of steel sheets containing slits. J Mech Phys Solid，8(2)：100-104.

Edwards A D，Yannopoulos P J，1979. Local bond stress to slip relationships for hot rolled deformed bars and mild steel plain bars. ACI J，76(3)：405-420.

Elices M，Guinea G V，Gómez J，et al.，2002. The cohesive cone model：Advantages，limitation sand challenges. Eng Fract Mech，69：137-163.

Elices M，Guinea G V，Planas J，1992. Measurement of the fracture energy using three-point bend tests：Part 3 - Influence of cutting the P- δ tail. Mater Struct，25(6)：327-334.

Elices M，Planas J，1993. The equivalent elastic crack：1. Load-Y equivalences. Int J Fract，61：159-172.

Elices M，Planas J，1996. Fracture mechanics parameters of concrete an overview. Adv CemBased Mater，4：116-127.

Elices M，Rocco C，RosellóC，2009. Cohesive crack modeling of a simple concrete：Experimental and numerical results. Eng Fract Mech，76：1398-1410.

Elmorsi M，Kianoush M R，Tso W K，1998. Nonlinear analysis of cyclically loaded reinforced concrete structures. ACI Struct J，95(6)：725-739.

Evans A G，Clifton J R，Anderson E，1976. The fracture mechanics of mortars. Cem Concr Res，6：535-548.

Evans R H，Marathe M S，1968. Microcracking and stress-strain curves for concrete in tension. Mater Struct，1(1)：61-64.

Feldman R F，Sereda P J，1970. Engineering Journal of Canada，53(8/9)：53-59

Fett T，1988. Limitations of the Petroski-Achenbach procedure demonstrated for a simple loadcase. Eng Fract Mech，29：713-716.

Fett T，Mattheck C，Munz D，1987. On calculation of crack opening displacement from the stress intensity factor. Eng Fract Mech，27：697-715.

Foster S J，Budiono B，Gilbert R I，1995. Rotating crack finite element model for reinforced concrete structures. Comput & Struct，58(1)：43-50.

Gálvez J C，Cervenka J，Cendón D A，et al.，2002. A discrete crack approach to normal/shear cracking of concrete. Cem Concr Res，32：1567-1585.

Gálvez J C，Elices M，Guinea G V，et al.，1998. Mixed mode fracture of concrete under proportional and nonproportional loading. Int J Fract，94：267-284.

Gdoutos E E，2005. Fracture Mechanics an Introduction，Second Edition，Dordrecht，The Netherlands，Springer.

Gerstle H，Xie M，1992. FEM modeling of fictitious crack propagation in concrete. J Eng Mech ASCE，118(2)：416-434.

Gettu R，Bažant Z P，Karr M E，1990. Fracture properties and brittleness of high strength concrete. ACI Mater J，87(6)：608-618.

Gjørv O E，Sørensen S I，Arnesen A，1977. Notch sensitivity and fracture toughness of concrete. Cem Concr Res，7：333-344.

Glinka G，Shen G，1991. Universal features of weight functions for cracks in Mode I. Eng Fract Mech，40：1135-1146.

Glucklich J，1963. Fracture of plain concrete. J Eng Mech Div ASCE，89(EM6)：127-137.

Gopalaratnam V S，Shah S P，1985. Softening response of plain concrete in direct tension. J Am Concr Inst，82：310-323.

Gopalaratnam V S，Ye B S，1991. Numerical characterization of the nonlinear fracture process in concrete. Eng Fract Mech，40：991-1006.

Griffith A A，1921. The phenomena of rupture and flow in solids. Philos Trans Roy Soc A，221：163-197.

Guinea G V，1995. Modelling the fracture of concrete：the cohesive crack. Mater Struct，28(4)：187-194.

Guinea G V，Elices M，Planas J，1997. On the initial shape of the softening function of cohesive materials. Int J Fract，87：139-149.

Guinea G V，Planas J，Elices M，1992. Measurement of the fracture energy using three-point bend tests：

Part 1 - Influence of experimental procedures. Mater Struct, 25(4):212-218.

Guinea G V, Planas J, Elices M, 1994. A general bilinear fit for the softening curve of concrete. Mater Struct, 27(2): 99-105.

Guo Z H, Zhang X Q, 1987. Investigation of complete stress-deformation curves for concrete in tension. ACI Mater J, 84(4):278-285.

Hadjab H S, Thimus J-Fr, Chabaat M, 2007. The use of acoustic emission to investigate fracture process zone in notched concrete beams. Curr Sci, 93(5): 648-653.

Hanson J H, Ingraffea A R, 2003. Using numerical simulations to compare the fracture toughness values for concrete from the size-effect, two-parameter and fictitious crack models. Eng Fract Mech, 70: 1015-1027.

Heilmann H G, Hilsdorf H H, Finsterwalder K, 1969. Festigkeit und Verformung von Beton unter Zugspannungen. Deutscher Ausschuss für Stahlbeton, Heft 203, Berlin, W. Ernst & Sohn.

Hillemeier B, Hilsdorf H K, 1977. Fracture mechanics studies on cement compound. Cem Concr Res, 7: 523-536.

Hillerborg A, 1985a. The theoretical basis of a method to determine the fracture energy GF of concrete. Mater Struct, 18(4): 291-296.

Hillerborg A, 1985b. Results of three comparative test series for determining the fracture energy GF of concrete. Mater Struct, 18(5): 407-413.

Hillerborg A, Modeer M, Petersson P E, 1976. Analysis of crack formation and crack growth in concrete by means of fracture mechanics and finite elements. Cem Concr Res, 6: 773-782.

Hilsdorf H K, Brameshuber W, 1984. Size effects in the experimental determination of fracture mechanics parameters. Application of Fracture Mechanics to Cementitious Composites(Edited by S. P. Shah), NATOARW, Northwestern University, USA: 361-397.

Hoshino M, 1974. Ein Beitrag zur Untersunchung des Spannumgszustandes an Arbeitsfugen mitSpannglied-Kopplungen von abschnittsweise in Ortbeton hergestellten Spannbetonbrucken, Dissertation presented to Technischeltoch Schale, Darmstadt, Germany in partial fulfillment of the requirements for the degree of Doctor of Philosophy.

Hu X Z, Wittmann F H, 1990. Experimental method to determine extension of fracture-process zone. J Mater Civ Eng ASCE, 2(1): 459-464.

Hughes B P, Chapman G P, 1966. The complete stress-strain curve for concrete in direct tension. Bull RILEM 30: 95-97.

Inglis C E, 1913. Stresses in a plate due to the presence of cracks and sharp corners. Trans Inst Naval Archit, 55: 219-241.

Ingraffea A R, Gerstle W H, 1984. Nonlinear fracture models for discrete crack propagation. Proceedings of the NATO Advanced Workshop on Application of Fracture Mechanics to Cementitious Composites(Edited by SP Shah), M. Nijhoff, Hingham, MA: 171-209.

Ingraffea A R, Gerstle W H, Gergely P, et al., 1984. Fracture mechanics of bond in reinforced concrete. J Struct Eng ASCE, 110(4): 871-890.

Irwin G R，1955. Fracturing of Metals，ASM，Cleveland，OH：147-166.

Irwin G R，1957. Analysis of stresses and strains near the end of a crack traversing a plate. J Appl Mech Trans ASME，24：361-364.

Irwin G R，1960. Crack extension force for a part-through crack in a plate. ASTM Bullet，243:29-40.

Issa M A，Hammad A M，Chudnovsky A，1993. Correlation between crack tortuosity and fracture toughness in cementitious material. Int J Fract，69：97-105.

Issa M A，Issa M A，Islam M S，et al.，2000a. Size effects in concrete fracture：Part I：experimental setup and observations. Int J Fract，102：1-24.

Issa M A，Issa M A，Islam M S，et al.，2000b. Size effects in concrete fracture — Part II：Analysis of test results. Int J Fract，102：25-42.

Issa M A，Issa M A，Islam M S，et al.，2003. Fractal dimension—a measure of fracture roughness and toughness of concrete. Eng Fract Mech，70：125-137.

Jenq Y S，Shah S P，1985. A fracture toughness criterion for concrete. Eng Fract Mech，21：1055-1069.

Jenq Y S，Shah S P，1985. Two parameter fracture model for concrete. J Eng Mech ASCE，111(10)：1227-1241.

Jenq Y S，Shah S P，1985b. A fracture toughness criterion for concrete. Eng Fract Mech，21：1055-1069.

Jenq Y S，Shah S P，1988a. Geometrical effects on mode I fracture parameters. Report to RILEM Committee.

Jenq Y S，Shah S P，1988b. On concrete fracture testing methods. In Fracture Toughness and Fracture Energy：Test Method for Concrete and Rock.(Edited by Mihashi H，Takahashi H，Wittmann F H)，Balkema，Rotterdam：443-463.

Jirásek M，Zimmermann T，2001a. Embedded crack model：Part I：Basic formulation. Int J Numer Meth Eng，50：1269-1290.

Jirásek M，Zimmermann T，2001b. Embedded crack model. Part II：Combination with smeared cracks. Int J Numer Meth Eng，50：1291-1305.

Kaplan M F，1961. Crack propagation and the fracture of concrete. J Am Concr Inst，58(5)：591-610.

Karihaloo B L，1987. Do plain and fiber-reinforced concretes have an R-curve behaviour? Fracture of Concrete and Rock(Edited by SP Shah，SE Swartz)，Springer，Houston，Texas：96-105.

Karihaloo B L，1995. Fracture mechanics and structural concrete，concrete design and construction series. Longman Scientific & Technical，Harlow，Essex.

Karihaloo B L，Nallathambi P，1989a. An improved effective crack model for the determination off racture toughness of concrete. Cem Concr Res，19：603-610.

Karihaloo B L，Nallathambi P，1989b. Fracture toughness of plain concrete from three-point bend specimens. Mater Struct，22(3)：185-193.

Karihaloo B L，Nallathambi P，1990. Size-effect prediction from effective crack model for plain concrete. Mater Struct，23(3)：178-185.

Karihaloo B L，Nallathambi P，1991. Notched beam test：Mode I fracture toughness. Fracture Mechanics Test Methods for Concrete. Report of RILEM Technical Committee 89-FM T（Edited by SP Shah，A Carpinteri），Chapman & Hall，London：1-86.

Kaya A C，Erdogan F，1980. Stress intensity factors and COD in an orthotropic strip. Int J Fract，16：171-190.

Kesler C E，Naus D J，Lott J L，1972. Fracture mechanics：its applicability to concrete. Proceedings of the International Conference on Mechanical Behavior of Materials，The Society of Material Science，Kyoto，Japan 4：113-124.

Kiciak A，Glinka G，Burns D J，2003. Calculation of stress intensity factors and crack opening displacements for cracks subjected to complex stress fields. J Press Vessel Technol Trans ASME，125：260-266.

Kim J K，Lee C S，Park C K，et al.，1997. The fracture characteristics of crushed limestone sand concrete. Cement Concr Res，27：1719-1729.

Kim J K，Lee Y，Yi S T，2004. Fracture characteristics of concrete at early ages. Cem Concr Res，34：507-519.

Krafft J M，Sullivan A M，Boyle R W，1961. Effect of dimensions on fast fracture instability of notched sheets. Proceedings of the Crack Propagation Symposium，College of Aeronautics，Cranfield，England，1：8-26.

Kumar M P，Monteiro P J M，2013. Concrete：Microstructure，Properties，and Materials. MCGraw-Hill Professional Publishing.

Kumar S，2010. Behaviour of fracture parameters for crack propagation in concrete. Ph. D. Thesis submitted to Department of Civil Engineering，Indian Institute of Kharagpur，India.

Kumar S，Barai S V，2008. Cohesive crack model for the study of nonlinear fracture behaviour of concrete. J Inst Eng（India），CV 89：7-15.

Kumar S，Barai S V，2008. Influence of specimen geometry on determination of double-K fracture parameters of concrete：A comparative study. Int J Fract，149：47-66.

Kumar S，Barai S V，2008a. Influence of specimen geometry and size-effect on the K_R-curve based on the cohesive stress in concrete. Int J Fract，152：127-148.

Kumar S，Barai S V，2008b. Influence of specimen geometry on determination of double-K fracture parameters of concrete：A comparative study. Int J Fract，149：47-66.

Kumar S，Barai S V，2008c. Cohesive crack model for the study of nonlinear fracture behaviour of concrete. J Inst Eng（India），CV 89：7-15.

Kumar S，Barai S V，2009. Effect of softening function on the cohesive crack fracture parameters of concrete CT specimen. Sadhana-Acad Proc Eng Sci，36（6）：987-1015.

Kumar S，Barai S V，2009a. Determining double-K fracture parameters of concrete for compact tension and wedge splitting tests using weight function. Eng Fract Mech，76：935-948.

Kumar S，Barai S V，2009a. Equivalence between stress intensity factor and energy approach based fracture parameters of concrete. Eng Fract Mech，76：1357-1372.

Kumar S，Barai S V，2009a. Weight function approach for determining crack extension resistance based on the cohesive stress distribution in concrete. Eng Fract Mech，76：1131−1148.

Kumar S，Barai S V，2009b. Determining double-K fracture parameters of concrete for compact tension and wedge splitting tests using weight function. Eng Fract Mech，76：935−948.

Kumar S，Barai S V，2009b. Effect of softening function on the cohesive crack fracture parameters of concrete CT specimen. Sadhana-Acad Proc Eng Sci，36(6)：987−1015.

Kumar S，Barai S V，2009b. Size-effect of fracture parameters in concrete：A comparative study. Comput Concr Int J(under review).

Kumar S，Barai S V，2009c. Equivalence between stress intensity factor and energy approach based fracture parameters of concrete. Eng Fract Mech，76：1357−1372.

Kumar S，Barai S V，2009c. Influence of loading condition and size-effect on the K R-curve based on the cohesive stress in concrete. Int J Fract，156:103−110.

Kumar S，Barai S V，2009d. Size-effect of fracture parameters in concrete：A comparative study. Comput Concr An Int J(under review).

Kumar S，Barai S V，2009e. Weight function approach for determining crack extension resistance based on the cohesive stress distribution in concrete. Eng Fract Mech，76：1131−1148.

Kumar S，Barai S V，2009f. Influence of loading condition and size-effect on the K R-curve based on the cohesive stress in concrete. Int J Fract，156:103−110.

Kumar S，Barai S V，2010. Determining the double-K fracture parameters for three-point bending notched concrete beams using weight function. Fatigue Fract Eng Mater Struct，33(10):645−660.

Kumar S，Barai S V，2010. Size-effect prediction from the double-K fracture model for notched concrete beam. Int J Damage Mech，9：473−497.

Kumar S，Barai S V，2010a. Determining the double-K fracture parameters for three-point bending notched concrete beams using weight function. Fatigue Fract Eng Mater Struct，33(10):645−660.

Kumar S，Barai S V，2010b. Size-effect prediction from the double-K fracture model for notched concrete beam. Int J Damage Mech，9：473−497.

Kupfer H，Hilsdorf H K，Rusch H，1969. Behavior of concrete under biaxial stresses. ACI J，66(8)：656−666.

Kwon S H，Zhao Z，Shah S P，2008. Effect of specimen size on fracture energy and softening curve of concrete：Part II. Inverse analysis and softening curve. Cem Concr Res，38：1061−1069.

Lee N K，Mayfield B，Snell C，1981. Detecting the progress of internal cracks in concrete by using embedded graphite rods. Magn Concr Res，33(116)：180−183.

Li V C，Liang E，1986. Fracture processes in concrete and fiber reinforced cementitious composites. J Eng Mech ASCE，112(6)：567−586.

Li Y N，Bažant Z P，1994. Eigenvalue analysis of size effect for cohesive crack model. Int J Fract，66：213−226.

Li Y N，Liang R Y，1992. Stability theory of cohesive crack model. J Eng Mech ASCE，118(3):587−603.

Li Y N，Liang R Y，1993. The theory of the boundary eigenvalue problem in the cohesive crack model and its application. J Mech Phys Solid，41(2)：331-350.

Li Y N，Liang R Y，1994. Peak load determination in linear fictitious crack model. J Eng Mech ASCE，120(2)：232-249.

Liang R Y K，Li Y N，1991a. Simulations of nonlinear fracture process zone in cementitious material—a boundary element approach. Comput Mech，7：413-427.

Liang R Y，Li Y N，1991b. Study of size effect in concrete using fictitious crack model. J Eng Mech ASCE，117(7)：1931-1651.

Linsbauer H N，Tschegg E K，1986. Fracture energy determination of concrete with cube-shaped specimens. Zem Beton 31:38-40.

Mai Y W，1984. Fracture measurements of cementitious composites. Application of Fracture Mechanics to Cementitious Composites (Edited by Shah S P)，NATO-ARW，Northwestern University，USA：399-429.

Maji A，Ouyang C，Shah S P，1990. Fracture mechanisms of concrete based on acoustic emission. J Mater Res，5(1)：206-217.

Maji A，Shah S P，1988. Process zone and acoustic-emission measurements in concrete. Exp Mech，28(1)：27-33.

Mariani S，Perego U，2003. Extended finite element method for quasi-brittle fracture. Int J Numer Meth Eng，58：103-126.

MATLAB Version 7，The MathWorks Inc. Copyright 1984-2004.

Menegotto M，Pinto P E，1973. Method of analysis for cyclically loaded reinforced concrete plane frames including changes in geometry and non-elastic behavior of elements under combined normal force and bending. IABSE Symposium，Resistance and Ultimate Deformability of Structures Acted on by Well-Defined Repeated Loads，Lisbon，Spain.

Mergheim J，Kuhl E，Steinmann P，2005. A finite element method for the computational modeling of cohesive cracks. Int J Numer Meth Eng，63：276-289.

Meschke G，Dumstorff P，2007. Energy-based modeling of cohesive and cohesionless cracks via X-FEM. Comput Meth Appl Mech Eng，196：2338-2357.

Mindess S，Diamond S，1980. A preliminary SEM study of crack propagation in mortar. Cem Concr Res，10：509-519.

Mindess S，Diamond S，1982. A device for direct observation of cracking of cement paste or mortar under compressive loading within a scanning electron microscope. Cem Concr Res，12:569-576.

Mindess S，Nadeau J S，1976. Effect of notch width on K IC for mortar and concrete. Cem Concr Res，6：529-534.

Mirza S M，Houde J，1979. Study of bond stress-slip relationships in reinforced concrete. ACI J，76(1):19-46.

Moës N，Belytschko T，2002. Extended finite element method for cohesive crack growth. Eng Fract Mech，69：813-833.

Moftakhar A A，Glinka G，1992. Calculation of stress intensity factors by efficient integration of weight function. Eng Fract Mech，43：749－756.

Mulmule S V，Dempsey J P，1997. Stress-separation curves for saline ice using fictitious crack model. J Eng Mech ASCE，123(8)：870－877.

Murakami Y，1987. Stress Intensity Factors Hand Book（Committee on Fracture Mechanics，The Society of Materials Science，Japan）. Oxford，Pergamon Press.

Nallathambi P，Karihaloo B L，1986. Determination of specimen-size independent fracture toughness of plain concrete. Magn Concr Res，38(135)：67－76.

Nallathambi P，Karihaloo B L，Heaton B S，1984. Effect of specimen and crack size，water/cement ratio and coarse aggregate texture upon fracture toughness of concrete. Magn Concr Res，36(129)：227－236.

Nallathambi P，Karihaloo B L，Heaton B S，1985. Various size effects in fracture of concrete. Cement Concr Res，15：117－126.

Naus D J，Lott J L，1969. Fracture toughness of P or T Land cement concretes. Am Concr Inst J TiT LeNo，66-39：481－489.

Naus D，Batson G B，Lott J L，1974. Fracture mechanics of concrete. Fracture Mechanics of Ceramics（Edited by Bradt R C，Hasselman D P H，Lange F F），Plenum，New York，2：469－481.

Ngo D，Scordelis A C，1967. Finite element analysis of reinforced concrete beams. J Am ConcrInst，64：152－163.

Nilson A H，1968. Finite Element Analysis of Reinforced Concrete，PhD Thesis，University of California at Berkeley.

Nilson A H，1968. Nonlinear analysis of reinforced concrete by the finite element method. ACI J，65 (9)：757－766.

Oliver J，1995. Continuum modelling of strong discontinuities in solid mechanics using damage models. Comput Mech，17：49－61.

Orowan E，1955. Energy criteria of fracture. Weld J，34：1575－1605.

Ostuka K，Date H，2000. Fracture process zone in concrete tension specimen. Eng Fract Mech，65：111－131.

Ouyang C，Barzin M B，Shah S P，1990. An R-curve approach for fracture of quasi-brittle materials. Eng Fract Mech，37：901－913.

Ouyang C，Landis E，Shah S P，1991. Damage assessment in concrete using quantitative acoustic cemission. J Eng Mech ASCE，117(11)：2681－2698.

Ouyang C，Tang T，Shah S P，1996. Relationship between fracture parameters from two parameter fracture model and from size effect model. Mater Struct，29(2)：79－86.

Park K，Paulino G H，Roesler J R，2008. Determination of the kink point in the bilinear softening model for concrete. Eng Fract Mech，7：3806－3818.

Park R，Kent D C，Sampson R A，1972. Reinforced concrete members with cyclic loading. J Struct Div，ASCE，98(7)：1341－1359.

Petersson P E，1981. Crack growth and development of fracture zone in plain concrete and similar materials. Report No. TVBM-100，Lund Institute of Technology.

Petroski H J，Achenbach J D，1978. Computation of weight the function from a stress intensity factor. Eng Fract Mech，10：257-266.

Phillips D V，Zhang B S，1993. Direct tension tests on notched and un-notched plain concrete specimens. Magn Concr Res，45(162)：25-35.

Planas J，Elices M，1990. Fracture criteria for concrete：mathematical validations and experimental validation. Eng Fract Mech，35：87-94.

Planas J，Elices M，1991. Nonlinear fracture of cohesive material. Int J Fract，51：139-157.

Planas J，Elices M，1992. Asymptotic analysis of a cohesive crack：1. Theoretical background. Int J Fract，55：153-177.

Planas J，Elices M，Guinea G V，1992. Measurement of the fracture energy using three-point bend tests：Part 2 - influence of bulk energy dissipation. Mater Struct，25(5)：305-312.

Planas J，Elices M，Guinea G V，et al.，2003. Generalizations and specializations of cohesive crack models. Eng Fract Mech，70：1759-1776.

Planas J，Elices M，Ruiz G，1993b. The equivalent elastic crack：2. X - Y equivalences and asymptotic analysis. Int J Fract，61：231-246.

Planas J，Guinea G V，Elices M，1997. Generalized size effect equation for quasi-brittle materials. Fatigue Fract Engng Mater Struct，20(5)：671-687.

Plans J，Elices M，Guinea G V，1993a. Cohesive cracks versus nonlocal models：closing the gap. Int J Fract，63：173-187.

Powers T C，1958. Journal of American Ceram Society，61(1)：1-5，Brunauer，American Science，50(1)：210-226，1962

Powers T C，1958. Structure and physical properties of hardened Portland cement paste. Journal of the American Ceramic Society，41(1)：1-6.

Prasad M V K V，Krishnamoorthy C S，2002. Computational model for discrete crack growth in plain and reinforced concrete. Comput Meth Appl Mech Eng，191：2699-2725.

Rabczu T，Akkermann J，Eibl J，2005. A numerical model for reinforced concrete structures. Int J Solids Struct，42(5-6)：1327-1354.

Radjy F，Hansen T C，1973. Fracture of hardened cement paste and concrete. Cem Concr Res，3：343-361

Raghu P B K，Renuka D M V，2007. Extension of FCM to plain concrete beams with vertical tortuous cracks. Eng Fract Mech，74：2758-2769.

Rashid Y R，1968. Analysis prestressed concrete pressure vessels. Nucl Eng Des，7(4)：334-355.

Rashid Y R，1968. Ultimate strength analysis of prestressed concrete pressure vessels. Nucl Eng Des，7(4)：334-344.

Refai T M E，Swartz S E，1987. Fracture behavior of concrete beams in three-point bending considering the influence of size effects. Report No. 190，Engineering Experiment Station，Kansas State University.

Reinhardt H W, Cornelissen H A W, Hordijk D A, 1986. Tensile tests and failure analysis of concrete. J Struct Eng ASCE, 112(11): 2462-2477.

Reinhardt H W, Xu S, 1999. Crack extension resistance based on the cohesive force in concrete. Eng Fract Mech, 64: 563-587.

Reynolds G C, Beeby A W, 1982. Bond strength of deformed bars. Proceedings of the International Conference on Bond in Concrete, Applied Science Publishers, London, 434-445.

Rice J R, 1968a. A path independent integral and the approximate analysis of strain concentration by notches and cracks. J Appl Mech ASME, 35: 379-386.

Rice J R, 1968b. Mathematical analysis in the mechanics of fracture. In Fracture, An Advanced Treatise (Edited by Liebowitz H), Academic, New York, 2: 191-311.

Rice J R, 1972. Some remarks on elastic crack-tip stress fields. Int J Solid Struct, 8:751-758.

Richardson I G, 1999. The nature of C-S-H in harded cements. Cement and Concrete Research, 29: 1131-1147.

RILEM Draft Recommendation(TC50-FMC), 1985. Determination of fracture energy of mortar and concrete by means of three-point bend test on notched beams. Mater Struct, 18(4):287-290.

RILEM Draft Recommendations(TC89-FMT), 1990. Determination of fracture parameters K_s and $CTOD_c$ of plain concrete using three-point bend tests, proposed RILEM draft recommendations. Mater Struct, 23(138): 457-460.

RILEM Draft Recommendations(TC89-FMT), 1990. Size-effect method for determining fracture energy and process zone size of concrete. Mater Struct, 23(138): 461-465.

RILEM Draft Recommendations (TC89-FMT), 1990a. Determination of fracture parameters (K_{IC}^s and CTODc) of plain concrete using three-point bend tests, proposed RILEM draft recommendations. Mater Struct, 23(138): 457-460.

RILEM Draft Recommendations (TC89-FMT), 1990b. Size-effect method for determining fracture energy and process zone size of concrete. Mater Struct, 23(138): 461-465.

Roesler J, Paulino G H, Park K, et al., 2007. Concrete fracture prediction using bilinear softening. Cem Concr Compos, 29: 300-312.

Sakata Y, Ohtsu M, 1995. Crack evaluation in concrete members based on ultrasonic spectroscopy. ACI Mater J, 92(6): 686-698.

Saleh A L, Aliabad M H, 1995. Crack growth analysis in concrete using boundary element method. Eng Fract Mech, 51(4): 533-545.

Schaefer H, 1975. Contribution to the solution of contact problems with the aid of bond elements. Comput Method Appl M, 6(3):335-353.

Sha G T, Yang C T, 1986. Weight functions of radial cracks emanating from a circular hole in a plate. In Fracture Mechanics: Seventh Volume (Edited by Underwood J H et al.), ASTM STP, Philadelphia, 905: 573-600.

Shah S P, McGarry F J, 1971. Griffith fracture criterion and concrete. J Eng Mech ASCE, 97(EM6): 1663-1676.

Shah S P, Ouyang C, 1994. Fracture mechanics for failure of concrete. Annu Rev Mater Sci, 24: 193-320.

Shah S P, Swartz S E, Ouyang C, 1995. Fracture Mechanics of Concrete: Applications of Fracture Mechanics to Concrete, Rock and Other Quasi-Brittle Materials. Wiley, New York.

Shen G, Glinka G, 1991. Determination of weight functions from reference stress intensity factors. Theor Appl Fract Mech, 15: 237-245.

Simo J C, Oliver J, Armero F, 1993. An analysis of strong discontinuities induced by strain-softening in rate-independent inelastic solids. Comput Mech, 12: 277-296.

Strange P C, Bryant H, 1979. Experimental test on concrete fracture. J Eng Mech ASCE, 105(EM2): 337-342.

Swartz S E, Go C G, 1984. Validity of compliance calibration to cracked concrete beams in bending. Exp Mech, 24(2): 129-134.

Tada H, Paris P C, Irwin G, 1985. The Stress Analysis of Cracks Handbook. Del Research Corporation, Hellertown, Pennsylvania.

Tang T, Shah S P, Ouyang C, 1992. Fracture mechanics and size effect of concrete in tension. J Struct Eng ASCE, 118(11): 3169-3185.

Tassios T P, 1979. Properties of bond between concrete and steel under load cycles idealizing seismic actions. Bulletin d' Information No. 131, Commite Euro-international du Beton, Paris, 65-122.

Vecchio F J, 1989. Nonlinear finite element analysis of reinforced concrete membranes. ACI Struct J, 86(1):26-35.

Vecchio F J, 1990. Reinforced concrete membrane element formulations. J Struct Eng, 116(3): 730-750.

Vecchio F J, 1992. Finite element modeling of concrete expansion and confinement. J Struct Eng ASCE, 118(9):2390-2406.

Walsh P F, 1972. Fracture of plain concrete. Indian Concr J, 46(11): 469-470, 476.

Walsh P F, 1976. Crack initiation in plain concrete. Magn Concr Res, 28: 37-41.

Wecharatana M, Shah S P, 1982. Slow crack growth in cement composites. J Struct Div ASCE, 108 (ST6): 1400-1413.

Wecharatana M, Shah S P, 1983. Predictions of nonlinear fracture process zone in concrete. J Eng Mech ASCE, 109(5): 1231-1246.

Wells A A, 1962. Unstable crack propagation in metals: damage and fast fracture. Proceedings of the Crack Propagation Symposium Cranfield, 1: 210-230.

Wells G N, Sluys L J, 2001. A new method for modelling cohesive cracks using finite elements. Int J Numer Meth Eng, 50: 2667-2682.

Westergaard H M, 1939. Bearing pressures and cracks. J Appl Mech Trans ASME, 60: A49-A53.

Wittmann F H, Rokugo K, Bruhwiller E, et al., 1988. Fracture energy and strain softening of concrete as determined by compact tension specimens. Mater Struct, 21(1):21-32.

Wu X R, 1984. Approximate weight functions for center and edge cracks in finite bodies. Eng Fract

Mech，20(1)：35-49.

Wu Z，Jakubczak H，Glinka G，et al.，2003. Determination of stress intensity factors for cracks in complex stress fields. Arch Mech Eng L，(1)：s41-s67.

Xie M，Gerstle W H，1995. Energy-based cohesive crack propagation modeling. J Eng Mech ASCE，121(12)：1349-1358.

Xu S，1999. Determination of parameters in the bilinear，Reinhardt's non-linear and exponentially non-linear softening curves and their physical meanings. Werkstoffe und Werkstoffprüfung imBauwesen，Hamburg，Libri BOD：410-424.

Xu S，Reinhardt H W，1998. Crack extension resistance and fracture properties of quasi-brittle materials like concrete based on the complete process of fracture. Int J Fract，92：71-99.

Xu S，Reinhardt H W，1999a. Determination of double-K criterion for crack propagation in quasi-brittle materials，part I：Experimental investigation of crack propagation. Int J Fract，98：111-149.

Xu S，Reinhardt H W，1999b. Determination of double-K criterion for crack propagation in quasi-brittle materials，part II：Analytical evaluating and practical measuring methods for three-point bending notched beams. Int J Fract，98：151-177.

Xu S，Reinhardt H W，1999c. Determination of double-K criterion for crack propagation in quasi-brittle materials，Part III：compact tension specimens and wedge splitting specimens. Int J Fract，98：179-193.

Xu S，Reinhardt H W，2000. A simplified method for determining double-K fracture meter parameters for three-point bending tests. Int J Fract，104：181-209.

Xu S，Reinhardt H W，Wu Z，et al.，2003. Comparison between the double-K fracture model and the two parameter fracture model. Otto-Graf J，14：131-158.

Xu S，Zhang X，2008. Determination of fracture parameters for crack propagation in concrete using an energy approach. Eng Fract Mech，75：4292-4308.

Xu S，Zhao Y，Wu Z，2006. Study on the average fracture energy for crack propagation in concrete. J Mater Civ Eng ASCE，18(6)：817-824.

Xu S，Zhu Y，2009. Experimental determination of fracture parameters for crack propagation in hardening cement paste and mortar. Int J Fract，157：33-43.

Yuzugullu O，Schnobrich W C，1972. Finite Element Approach for the Prediction of Inelastic Behavior of Shear Wall-Frame Systems，Structural Research Series No. 386，Civil Engineering Studies，University of Illinois，Urbana-Champaign，Illinois.

Zhang X，Xu S，2007. Fracture resistance on aggregate bridging crack in concrete. Front ArchitCiv Eng China 1(1)：63-70.

Zhang X，Xu S，Zheng S，2007. Experimental measurement of double-K fracture parameters ofconcrete with small-size aggregates. Frontiers Archit Civ Eng China 1(4)：448-457.

Zhao G，Jiao H，Xu S，1991. Study on fracture behavior with wedge splitting test method. FractureProcesses in Concrete，Rock and Ceramics(Edited by van Mier et al.)，London，E & F. N. Spon：789-798.

Zhao Y，Xu S，2002. The influence of span/depth ratio on the double-K fracture parameters of concrete. J China Three Georges Univ(Nat Sci)，24(1)：35-41.

Zhao Y，Xu S，2004. An analytical and computational study on energy dissipation along fracture process zone in concrete. Comput Concr，1(1)：47-60.

Zhao Y，Xu S，Wu Z，2007. Variation of fracture energy dissipation along evolving fracture process zones in concrete. J Mater Civ Eng ASCE，19(8)：625-633.

Zhao Z，Kwon S H，Shah S P，2008. Effect of specimen size on fracture energy and softening curve of concrete：Part I. Experiments and fracture energy. Cem Concr Res，38：1049-1060.

Zhu X，1997. Transport organischer Flüssigkeiten in Betonbauteilen mit Mikro-und Biegerissen. Berlin，Deutscher Ausschuss für Stahlbeton，Heft 475，Beuth Verlag Gmb H S：1-104.

Zi G，Bažant Z P，2003. Eigenvalue method for computing size effect of cohesive cracks with residual stress，with application to kink-bands in composites. Int J Eng Sci，41：1519-1534.

Zi G，Belytschko T，2003. New crack-tip elements for X-FEM and applications to cohesive cracks. Int J Numer Meth Eng，57：2221-2240.

陈萍，1998.混凝土轴向拉伸应力-变形曲线试验研究.南京：河海大学.

潘家铮，1980.断裂力学方法在水工结构设计中的应用.水利学报，1：45-60.

徐世烺，1984.混凝土断裂韧度的概率统计分析.水利学报，10：51-58.

徐世烺，卜丹，张秀芳，2008.不同尺寸楔入式紧凑拉伸试件双K断裂参数的试验测定.土木工程学报，(2)：70-76.

徐世烺，赵国藩，1991.光弹性贴片法研究混凝土裂缝扩展过程.水力发电学报，(3)：8-18.

于骁中，居襄，1980.混凝土的断裂韧度.力学与实践，4：69-72.

章全，许念增，龚安特，1979.混凝土坝坝墩的断裂力学分析.冶金建筑，1：42-49.

赵志方，2004.大体积混凝土裂缝仿真断裂分析研究.北京：清华大学.

鸣　　谢

本书的出版受到以下基金的资助，作者对此表示衷心的感谢！

（1）同济大学研究生教育研究与改革项目（项目编号 2019JC15）。

（2）国家自然科学基金项目，海洋大气环境下桥梁钢结构持力腐蚀机理及多尺度多物理场模拟方法（51878493），2019—2022。